Karl Schilcher

Quantenelektrodynamik kompakt

De Gruyter Studium

Weitere empfehlenswerte Titel

Physik für das Lehramt
Band 2: Elektrodynamik und Optik
Hermann Nienhaus, 2018
ISBN 978-3-11-046908-0, e-ISBN (PDF) 978-3-11-046909-7,
e-ISBN (EPUB) 978-3-11-046923-3

Quantenmechanik 1
Pfadintegralformulierung und Operatorformalismus
Hugo Reinhardt, 2018
ISBN 978-3-11-058595-7, e-ISBN: 978-3-11-058602-2,
e-ISBN (EPUB) 978-3-11-058647-3

Quantenmechanik 2
Pfadintegralformulierung und Operatorformalismus
Hugo Reinhardt, 2019
ISBN 978-3-11-058596-4, e-ISBN (PDF) 978-3-11-058607-7,
e-ISBN (EPUB) 978-3-11-058649-7

Experimentalphysik
Band 5: Quanten, Atome, Kerne, Teilchen
Wolfgang Pfeiler, 2017
ISBN 978-3-11-044559-6, e-ISBN (PDF) 978-3-11-044571-8,
e-ISBN (EPUB) 978-3-11-044603-6

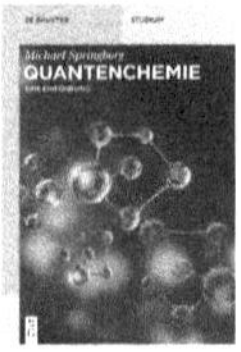

Quantenchemie
Eine Einführung
Michael Springborg, 2017
ISBN 978-3-11-050079-0, e-ISBN (PDF) 978-3-11-050080-6,
e-ISBN (EPUB) 978-3-11-049813-4

Karl Schilcher

Quantenelektrodynamik kompakt

DE GRUYTER

Author
Prof. Dr. Karl Schilcher
Johannes-Gutenberg-Universität Mainz
Institut für Physik
Staudingerweg 7
55128 Mainz
karl.schilcher@uni-mainz.de

ISBN 978-3-11-048858-6
e-ISBN (PDF) 978-3-11-048859-3
e-ISBN (EPUB) 978-3-11-048860-9

Library of Congress Control Number: 2019934284

Bibliografische Information der Deutschen Nationalbibliothek
Die Deutsche Nationalbibliothek verzeichnet diese Publikation in der Deutschen Nationalbibliografie; detaillierte bibliografische Daten sind im Internet über http://dnb.dnb.de abrufbar.

Umschlaggestaltung: duncan1890 / E+ / Getty Images
Satz: le-tex publishing services GmbH, Leipzig
Druck und Bindung: CPI books GmbH, Leck

www.degruyter.com

Inhalt

Vorwort

Von den vier bekannten Naturkräften Gravitation, elektromagnetische Kraft, schwache Kraft und starke Kraft haben für uns nur die ersten beiden unmittelbare Bedeutung. Im mikroskopischen Bereich sind Elektrizität, Licht, Chemie und Mikrobiologie Manifestationen der elektromagnetischen Wechselwirkung. Fast die gesamte Quantenmechanik bezieht sich auf die elektromagnetische Wechselwirkung zwischen Elektronen und Kernen. Die Objekte der klassischen Mechanik sind Massenpunkte, auch Teilchen genannt, deren Dynamik durch endlich viele Freiheitsgrade beschrieben wird. In der Schrödingerschen und Heisenbergschen Quantenmechanik werden die gleichen Freiheitsgrade zu Operatoren im Hilbertraum. Die Zahl der Freiheitsgrade bleibt bei Wechselwirkungen streng konstant. Wenn man nun versucht die Quantenmechanik mit der zweiten großen Entdeckung des zwanzigsten Jahrhunderts, der speziellen Relativitätstheorie, zu vereinigen, so findet man, dass das nicht geht. Der wesentliche Grund dafür ist, dass in der Kombination von Quantentheorie und spezieller Relativitätstheorie die Teilchenzahl nicht konstant sein kann. Neben der Heisenbergschen Unbestimmtheitsrelation für Impuls und Ort muss relativistisch auch eine entsprechende Unbestimmtheit für Energie und Zeit gelten. Wenn die Energie-Unbestimmtheit eines Teilchens der Masse m den Wert $\Delta E \approx 2mc^2$ übersteigt, dann können Teilchen-Antiteilchenpaare aus dem Vakuum erzeugt werden. Teilchen-Antiteilchen können erzeugt werden, wenn ein Teilchen auf eine Compton-Wellenlänge $\lambda_C = \hbar/mc$ lokalisiert ist. Die Existenz von Teilchen-Antiteilchenpaaren bei kurzen Abständen beschränkt den Anwendungsbereich der Quantenmechanik. Relativitätstheorie und konventionelle Quantenmechanik sind nicht kompatibel. Schon Schrödinger hatte erkannt, dass die relativistische Klein-Gordon-Gleichung, zu negativen Wahrscheinlichkeiten und Kausalitätsverletzung führt, wenn sie als relativistisch verallgemeinerte Version der Ein-Teilchen-Schrödingergleichung interpretiert wird. Eine konsistente relativistische Physik, klassisch oder quantisiert, ist nur für ein Kontinuum von Freiheitsgraden, d. h. für Felder möglich.

Die Elektrodynamik in ihrer klassischen und quantisierten Form ist die mit Abstand genaueste Theorie der Naturphänomene. Erstaunlich ist ihr Gültigkeitsbereich, der von Radiowellen mit Wellenlängen von hunderten von Metern über Laser und Synchrotronstrahlung bis zu Wellenlängen viel kleiner als die Compton-Wellenlänge des Elektrons von $\lambda_e \approx 2 \times 10^{-12}$ Metern reicht. Daneben beeindruckt auch die unglaubliche Genauigkeit der theoretischen Vorhersagen. So stimmt z. B. das gemessene magnetische Moment des Elektrons auf 11 Dezimalstellen mit dem theoretisch vorhergesagten Ergebnis überein.

Den Anfang des Buches bildet eine kurze Darstellung der relativistischen Raumzeitstruktur. Die Theorie der Lorentz- und Poincarè-Gruppen wird im Rahmen der klassischen relativistischen Feldtheorien entwickelt. Wichtiges Beispiel ist die Maxwellsche Elektrodynamik. Dies ist eine Feldtheorie mit unendlich vielen Freiheitsgraden,

https://doi.org/10.1515/9783110488593-201

die von sich aus relativistisch kovariant ist. Wenn man die Felder als dynamische Variable auffasst, dann lassen sich die Maxwellgleichungen auch aus dem, auf kontinuierliche Freiheitsgrade verallgemeinerten, Hamiltonschen Prinzip ableiten. Aus den Symmetrien der Lagrangedichte ergeben sich auf der Basis des Noetherschen Theorems klassische Erhaltungssätze.

Als nächstes Thema wird die Quantisierung der relativistischen Feldtheorie behandelt. Dies geschieht ganz analog zur gewöhnlichen Quantenmechanik, nur dass jetzt die Felder operatorwertige Funktionen von Ort und Zeit werden. Schon kurz nach der Formulierung der Quantenmechanik durch Schrödinger und Heisenberg zeigten Born, Heisenberg und Jordan, wie die Methode der kanonischen Quantisierung auf Felder angewendet werden kann. Die vollständige Quantisierung des elektromagnetischen Feldes und des Elektronfeldes erfolgte durch Dirac in den Jahren 1927 bis 1930. Es stellte sich aber bald heraus, dass in störungstheoretischen Rechnungen Unendlichkeiten auftraten, die von Hochenergieeffekten herrühren. Dies führte zu einem gewissen Stillstand der Entwicklung der Quantenelektrodynamik (QED), bis Dyson im Jahr 1950 zeigen konnte, dass die Unendlichkeiten systematisch in eine Renormierung der Ladung und der Elektronenmasse absorbiert werden können. Nach der Renormierung sind alle experimentellen Observablen, wie z. B. Streuquerschnitte, endlich.

Während die Maxwellsche Elektrodynamik eine abgeschlossene und weitgehend wohldefinierte Feldtheorie darstellt, lässt sich ihre Quantisierung bis heute praktisch nur perturbativ oder auf einem Gitter durchführen. Das Ziel des ersten Teiles dieses Buches ist eine möglichst verständliche Darstellung der bestehenden interpretatorischen und mathematischen Probleme der Quantisierung relativistischer Felder am Beispiel der Quantenelektrodynamik (QED). Das beginnt mit freien Feldern und einer Analyse des Begriffs „Teilchen“ in der freien Quantenfeldtheorie. Da die Fourier-Komponenten oder Moden des klassischen elektromagnetischen Feldes die Gleichungen des harmonischen Oszillators erfüllen, kann man jede Feldmode auch wie die letzteren quantisieren. Jeder quantisierten Mode wird dann ein Impuls $k = h\nu$ zugeordnet. Die n-te Anregung des Oszillators k wird als ein Zustand mit n Teilchen d. h. Photonen identifiziert, mit $n = 0, 1, 2, \dots \infty$. Für Fermionen erfolgt die Quantisierung ganz ähnlich, außer dass jetzt n nur 0 oder 1 sein kann. Photonen entstehen also durch die Quantisierung des elektromagnetischen Feldes und Elektronen durch die Quantisierung des Diracschen Materiefeldes.

Nach der Diskussion der QED freier Elektronen und Photonen in den Kapiteln 2–4 wird die Wechselwirkung zwischen den Feldern eingeführt. Man erhält eine fast eindeutige Lagrange-Dichte, wenn man Eichinvarianz und Lokalität fordert. Mit der Lagrange-Dichte ist das theoretische Gerüst der QED formuliert um physikalische Prozesse zu berechnen. Auf der Basis des Wickschen Theorems wird in diesem Kapitel die störungstheoretische Entwicklung von S-Matrixelementen in der Sprache der Feynman-Graphen anschaulich abgeleitet. Damit werden die Streuquerschnitte in niedrigster Ordnung für einige repräsentative elementare Prozesse berechnet.

Es folgt eine systematischere Ableitung der Störungsreihe. Um Streuprozesse in höherer Ordnung in der Wechselwirkung zu berechnen, werden zunächst asymptotische Zustände definiert und der Lehmann-Symanzik-Zimmerman-Formalismus (LSZ) eingeführt. Anschließend wird dann gezeigt, wie die Berechnung eines beliebigen Streumatrixelementes auf die Berechnung von zeitgeordneten Green-Funktionen zurückgeführt werden kann. Die Berechnung von Green-Funktionen der wechselwirkenden Theorie lässt sich mit Hilfe des Gell-Mann-Low-Theorems auf die Berechnung der freien Green-Funktionen reduzieren. Letztere lassen sich einfach mit dem Wickschen Theorem auswerten. Auf diese Weise wird gezeigt, wie man in jeder Ordnung der Störungstheorie ein S-Matrixelement durch eine Summe von Feynman-Graphen darstellt.

Einen Schwerpunkt des Buches bildet Konzept und Praxis der Renormierung. In der QED treten in höhere Ordnung in der Störungstheorie bei großen Impulsen im Ultravioletten (UV) divergente Integrale auf. Um mit diesen Ergebnissen weiterarbeiten zu können, müssen die entsprechenden Feynman-Integrale *regularisiert*, d. h. als Grenzwerte von endlichen Integralen definiert werden. Dabei ist von Vorteil, wenn das Regularierungsverfahren die Symmetrien der Theorie, wie Poincaré- und Eichinvarianz, erhalten. Einfaches kovariantes Abschneiden der Impulse in den Integralen verletzt z. B. die Eichinvarianz. Wir verwenden in diesem Buch zwei Regularisierungsverfahren. Für Ein-Schleifen-Integrale eignen sich die Pauli-Villars-Regulatoren, die zusätzliche unphysikalische Freiheitsgrade mit großen Massen darstellen. Weitaus eleganter und praktischer ist die dimensionale Regularisierung, die im Großteil des Buches verwendet wird. In der dimensionalen Regularisierung der Feynman-Diagramme wird die Dimension n der Raum-Zeit von $n = 4$ analytisch in die komplexe n-Ebene fortgesetzt. Die Divergenzen manifestieren sich dann als Potenzen von $1/(n-4)$. Nachdem die QED regularisiert ist, besitzt man eine UV-endliche, aber regulatorabhängige Theorie. Die Theorie ist *renormierbar*, wenn die Divergenzen von spezieller Form sind, d. h. proportional zu Termen, die in der ursprünglichen Lagrange-Dichte vorkommen. Dies ist für die QED der Fall. In anderen Worten, die Ladung e und die Masse m des Elektrons werden durch die Divergenzen renormiert. Danach sind alle anderen Observablen, z. B. Streuquerschnitte, endlich. Statt eines formalen Beweises, setzen wir in diesem Buch die Renormierbarkeit voraus und leiten daraus allgemeine Ergebnisse ab. Da die Renormierungsprozedur in niedrigster Ordnung fast trivial ist, wird am Beispiel der Vakuumpolarisation in Ordnung e^4 im Detail gezeigt, wie komplex Rechnungen höherer Ordnungen sein können und wie die iterative Renormierung der Parameter funktioniert. Vorausgesetzt, man hätte einen Prozess in allen Ordnungen Störungstheorie berechnet, so bleibt die Frage allerdings bis heute unbeantwortet, ob die QED außerhalb der Störungstheorie Sinn macht.

Feynman-Diagramme der QED können in höherer Ordnung auch infrarot (IR) divergent sein, was auf die Masselosigkeit des Photons zurückzuführen ist. Die IR-Divergenzen heben sich in physikalischen Prozessen gegen die Beiträge von reellen weichen Photonen weg. Dies wird am Beispiel der Strahlungskorrekturen zur Coulomb-Streuung im Rahmen der dimensionalen Regularisierung explizit gezeigt.

Die QED ist Poincaré-invariant aber nicht skaleninvariant. Die Ladung e des Elektrons kann in der Coulomb-Streuung bei Impulsübertrag $q = 0$ oder bei $q \neq 0$ definiert werden. Die renormierte Theorie hängt also von der Skala μ ab, bei der sie definiert ist. Für physikalische Amplituden entspricht die Skala μ einem charakteristischen Impuls. Da die Vorhersagen für experimentelle Größen eindeutig sein sollen, ist es wichtig, zu wissen, wie sich die Theorie mit der Skala ändert. Im Zugang von Callan und Symanzik wird die unrenormierte Theorie festgehalten und die Renormierungsskala variiert. Die sich ergebenden Renormierungsgruppengleichungen geben an, wie sich Green-Funktionen und Parameter der Lagrangedichte bei einer Variation der Skala ändern. Die Analyse erfolgt am einfachsten in massenunabhängigen Renormierungsschemata, wie z. B. dem minimalen Subtraktinsschema, bei dem nur die singulären $1/(n-4)$ -Terme bei der Renormierung abgezogen werden. Für feste unrenormierte Parameter e_0 und m_0 und Renormierungsskala μ verursacht eine Änderung von μ eine Änderung der renormierten Parameter e und m, so dass diese Funktionen von μ darstellen. Man spricht von laufenden Kopplungen und Massen. Geht man davon aus, dass die unrenormierten Green-Funktionen unabhängig von μ sind, so erhält man einfache Differentialgleichungen, deren Lösungen durch die Beta-Funktion β und die anomale Massendimension γ_m bestimmt sind. In der QED ist das Vorzeichen von β positiv und das von γ_m negativ, so dass die laufende Kopplung mit wachsender Skala ansteigt, während die laufende Masse abfällt.

In der Quantenfeldtheorie beschreibt die Renormierungsgruppe quantitativ, wie sich die Theorie ändert, wenn man von kleinen Abständen zu großen Abständen geht. Man muss zeigen, wie die Freiheitsgrade, die bei hohen Energien (kleine Abstände) aktiv sind, bei niedrigen Energien (große Abstände) verschwinden, man sagt ausintegriert werden, und eine effektive Niederenergie-Theorie entsteht. Eine äquivalente Aussage ist, dass in der effektiven Niederenergie-Theorie der QED die Effekte der schweren Leptonen μ und τ nicht berücksichtigt werden müssen. Diese Aussage der Entkopplung unterschiedlicher Skalen ist nicht trivial, weil die Feynman-Integrale divergent sind. Ohne die Entkopplung der Phänomene bei unterschiedlichen Skalen hätten wir die theoretisch Struktur der Physik vermutlich nie verstanden. Newton musste zum Glück die Quantenmechanik nicht berücksichtigen und Heisenberg und Schrödinger brauchten 1925 die Quantenfeldtheorie nicht zu verstehen. Trotzdem oder gerade deswegen entdeckten sie die im Bereich der jeweils relevanten Abstände gültigen Theorien der Mechanik und Quantenmechanik.

Für das Verständnis der Quantenelektrodynamik bedarf es gewisser Grundkenntnisse auf dem Gebiet der Hamiltonschen Mechanik, Elektrodynamik, Relativitätstheorie und Quantenmechanik. Diese werden zum Beispiel in dem Buch der Authors „Theoretische Physik Kompakt“, De Gruyter Studium (2015), vermittelt.

Danksagung. Das Buch beruht auf den Vorlesungen zur Quantenelektodynamik, die ich über eine Reihe von Jahren an der Universität Mainz gehalten habe. Daher gilt mein erster Dank den Mitarbeitern und der großen Zahl von Studierenden, die durch konstruktive Kritik wesentlich zum Konzept und zur Optimierung des Manuskripts beigetragen haben. Ich möchte auch meinen Kollegen und Freunden Jürgen Körner, Nikos Papadopoulos und Hubert Spiesberger danken, die ich oft in Diskussionen über Inhalte der Vorlesung verwickelt habe. Mein besonderer Dank gilt Hubert Spiesberger für das kritische Lesen des Manuskripts.

Schließlich möchte ich meiner Frau Regina für ihre Unterstützung und ihre Geduld danken, die sie in der Zeit als das Buch geschrieben wurde, aufbringen musste.

1 Klassische Felder

1.1 Relativistische Notation

Ein Ereignis wird in einem Inertialsystem I durch einen (kontravarianten) Vektor in einem vierdimensionalen Raum beschrieben,

$$x^\mu\,, \quad \mu = 0, 1, 2, 3\,,$$

wo $x^0 = ct$ die Zeit und $(x^1, x^2, x^3) = \vec{x}$ die Raumkoordinaten des Ereignisses sind. Die Raum-Zeitindizes $(0-3)$ werden mit griechischen Buchstaben und die reinen Raumindizes $(1, 2, 3)$ mit lateinischen Buchstaben bezeichnet. Im Folgenden sei $c = 1$ gesetzt, d. h. wir messen alle Geschwindigkeiten in Einheiten der Lichtgeschwindigkeit.

Das Skalarprodukt zweier Vierervektoren x^μ und y^ν sei definiert durch

$$(x \cdot y) = x^\mu g_{\mu\nu} y^\nu = x^0 y^0 - \vec{x} \cdot \vec{y}\,,$$

wo $g_{\mu\nu}$ der metrische Tensor ist,

$$(g_{\mu\nu}) = \begin{pmatrix} 1 & & & \\ & -1 & & \\ & & -1 & \\ & & & -1 \end{pmatrix}.$$

Bei je einem gleichen oberen und unteren Index gelte die *Einsteinsche Summenkonvention*. Das Skalarprodukt induziert eine Norm,

$$(x \cdot x) = x^\mu g_{\mu\nu} x^\nu = x^0 x^0 - \vec{x} \cdot \vec{x}\,. \tag{1.1}$$

Die Metrik ist somit pseudo-euklidisch und nicht positiv definit. Ein 4-dimensionaler Raum mit Metrik (1.1) heißt *Minkowski-Raum*.

Im Sinne einer kompakten Schreibweise haben sich folgende Notationen eingebürgert:

$$x = x^\mu = (x^0, \vec{x})\,, \quad x \cdot y = x^\mu g_{\mu\nu} x^\nu = x_\mu x^\mu \quad \text{mit} \quad x_\mu \equiv g_{\mu\nu} x^\nu\,,$$

wo $x_\mu \equiv g_{\mu\nu} x^\nu = (t, -\vec{x})$ der *kovariante 4-Vektor* ist. Für den metrischen Tensor gilt

$$g_{\mu\nu} = g^{\mu\nu} = \mathrm{diag}(1, -1, -1, -1), \quad g^{\mu\sigma} g_{\sigma\nu} = g^\mu{}_\nu = \delta^\mu_\nu\,.$$

Lorentz-Transformationen sind lineare Transformationen von einem Inertialsystem I in ein anderes Inertialsystem I',

$$x^\mu \to x'^\mu = \Lambda^\mu{}_\nu\, x^\nu, \quad y^\mu \to y'^\mu = \Lambda^\mu{}_\nu\, y^\nu\,,$$

die das Minkowski-Skalarprodukt invariant lassen,

$$x \cdot y = x' \cdot y'\,.$$

https://doi.org/10.1515/9783110488593-001

Die kovarianten Komponenten eines 4-Vektors transformieren sich unter Lorentz-Transformationen wie

$$v_\mu \to v'_\mu = v_\nu \left(\Lambda^{-1}\right)^\nu{}_\mu \,. \tag{1.2}$$

Aus der Invarianz des 4-Abstandes, $x^2 = x'^2$, folgt

$$g_{\mu\nu}\Lambda^\mu{}_\alpha \Lambda^\nu{}_\beta = g_{\alpha\beta} \tag{1.3}$$

oder

$$\Lambda^\top g \Lambda = g \quad \Rightarrow \quad g\Lambda^\top g = \Lambda^{-1}$$

Beweis.

$$x'^2 = g_{\mu\nu}x'^\mu x'^\nu = x^2 = g_{\mu\nu}x^\mu x^\nu = g_{\mu\nu}\Lambda^\mu{}_\sigma \Lambda^\nu{}_\rho\, x^\rho x^\sigma = g_{\rho\sigma}x^\rho x^\sigma \qquad \square$$

Wir bilden die Determinante von (1.3),

$$\det \Lambda^T \det \Lambda = 1 \quad \rightarrow \quad \det \Lambda = \pm 1 \,.$$

Im Folgenden beschränken wir uns auf Transformationen, die stetig aus **1** hervorgehen, d. h. $\det \Lambda = +1$.

Die Lorentz-Transformationen bilden die Gruppe SO(1,3). Wichtigste Eigenschaft ist, dass zwei aufeinanderfolgende Lorentz-Transformationen wieder eine Lorentz-Transformation bilden:

$$x''^\mu = \Lambda'^\mu{}_\gamma x'^\gamma = \Lambda'^\mu{}_\gamma \Lambda^\gamma{}_\sigma x^\sigma \stackrel{?}{=} \Lambda''^\mu{}_\alpha x^\alpha$$

Beweis. Man zeigt durch einsetzen, dass $\Lambda''^\mu{}_\alpha = \Lambda'^\mu{}_\gamma \Lambda^\gamma{}_\sigma$ die Gleichung (1.3) erfüllt. $\square$

Jede 4-komponentige Größe, die sich unter Lorentz-Transformationen wie die Koordinaten x^μ (x_μ) transformiert, bildet einen kontravarianten (kovarianten) 4-Vektor.

Der 4-*Gradient* $\partial_\mu \equiv \frac{\partial}{\partial x^\mu}$ ist ein natürlicher kovarianter 4-Vektor. Aus $x'^\mu = \Lambda^\mu{}_\nu\, x^\nu$ folgt

$$\partial_\mu \to \partial'_\mu \equiv \frac{\partial}{\partial x'^\mu} = \frac{\partial x^\lambda}{\partial x'^\mu}\frac{\partial}{\partial x^\lambda} = (\Lambda^{-1})^\lambda{}_\mu \frac{\partial}{\partial x^\lambda} = \partial_\lambda (\Lambda^{-1})^\lambda{}_\mu$$

Die relativistischen kinematischen Variablen sind 4-Vektoren.

Oft genügt es sich auf infinitesimale Lorentz-Transformationen zu beschränken,

$$\Lambda^\mu{}_\nu = \delta^\mu{}_\nu + \omega^\mu{}_\nu \quad \text{mit} \quad \omega^\mu{}_\nu \ll 1 \;\text{ und }\; \omega^{\mu\nu} = -\omega^{\nu\mu} \tag{1.4}$$

Die Antisymmetrie von $\omega^{\mu\nu}$ folgt aus der Bedingung Gl. (1.3) für die Lorentz-Transformationen.

Aus der Bedingung Gl. (1.3) lässt sich aber auch die explizite Form der Lorentz-Transformation ableiten. Die Matrix Λ hat $4 \times 4 = 16$ Elemente und $g_{\mu\nu}\Lambda^\mu{}_\alpha \Lambda^\nu{}_\beta = g_{\alpha\beta}$ liefert 10 Bedingungen. Die Lorentz-Gruppe hat somit 6 reelle Parameter. 3 Parameter beschreiben die relative Orientierung der Raumkoordinatenachsen und 3 Parameter die Relativgeschwindigkeit $\vec{v}$ der Systeme I und I'.

Eine Drehung um einen Winkel θ um die z-Achse $\Lambda(1,2;\theta)^{\mu}{}_{\nu}$ (von 1 nach 2) wird beschrieben durch die Matrix

$$\Lambda(1,2;\theta) = \begin{pmatrix} 1 & 0 & 0 & 0 \\ 0 & \cos\theta & \sin\theta & 0 \\ 0 & -\sin\theta & \cos\theta & 0 \\ 0 & 0 & 0 & 1 \end{pmatrix} \quad \theta \in [0, 2\pi) .$$

Lorentz-Transformationen, die keine Drehungen involvieren, werden als Spezielle Lorentz-Transformaionen oder Boosts bezeichnet. Diese transformieren Raum- und Zeitkomponenten gleichzeitig. Für einen *Boost* in x_1-Richtung $\Lambda(1,0;\xi)^{\mu}{}_{\nu}$ („Drehung" in der x^1x^0 Ebene) ergibt sich

$$\Lambda(1,0;\xi) = \begin{pmatrix} \cosh\xi\gamma & -\sinh\xi & 0 & 0 \\ -\sinh\xi & \cosh\xi\gamma & 0 & 0 \\ 0 & 0 & 1 & 0 \\ 0 & 0 & 0 & 1 \end{pmatrix} \quad \text{mit} \quad \xi \in \mathbb{R}$$

wo

$$\cosh\xi = \frac{1}{\sqrt{1-\frac{v^2}{c^2}}} \quad \text{und} \quad \sinh\xi = \frac{v}{c}\frac{1}{\sqrt{1-\frac{v^2}{c^2}}}$$

Andere gebräuchliche Bezeichnungen sind $\beta = v/c$ und $\gamma = 1/\sqrt{1-\frac{v^2}{c^2}}$. Für $\beta \ll 1$ wird

$$\Lambda(1,0;\xi) = \begin{pmatrix} \gamma & -\beta\gamma & 0 & 0 \\ -\beta\gamma & \gamma & 0 & 0 \\ 0 & 0 & 1 & 0 \\ 0 & 0 & 0 & 1 \end{pmatrix}$$

Analoge Ausdrücke bestehen für Drehungen um und Boosts entlang den anderen Achsen.

Die *infinitesimale Erzeugende* für einen Boost in x-Richtung, ist definiert durch

$$M^{10} = \frac{d}{d\xi}\Lambda(1,0,\xi)\Big|_{\xi=0}$$

$$\left([M^{10}]^{\alpha}{}_{\beta} = \frac{d}{d\xi}[\Lambda(1,0,\xi)]^{\alpha}{}_{\beta}\Big|_{\xi=0} \right)$$

oder

$$M^{10} = \begin{pmatrix} 0 & -1 & 0 & 0 \\ -1 & 0 & 0 & 0 \\ 0 & 0 & 0 & 0 \\ 0 & 0 & 0 & 0 \end{pmatrix}$$

Auf analoge Weise defiert man die restlichen Erzeugenden und erhält

$$M^{20} = \left(\begin{array}{c|ccc} 0 & 0 & -1 & 0 \\ \hline 0 & 0 & 0 & 0 \\ -1 & 0 & 0 & 0 \\ 0 & 0 & 0 & 0 \end{array}\right), \quad M^{30} = \left(\begin{array}{c|ccc} 0 & 0 & 0 & -1 \\ \hline 0 & 0 & 0 & 0 \\ 0 & 0 & 0 & 0 \\ -1 & 0 & 0 & 0 \end{array}\right)$$

$$M^{12} = \left(\begin{array}{c|ccc} 0 & 0 & 0 & 0 \\ \hline 0 & 0 & 1 & 0 \\ 0 & -1 & 0 & 0 \\ 0 & 0 & 0 & 0 \end{array}\right), \quad M^{23} = \left(\begin{array}{c|ccc} 0 & 0 & 0 & 0 \\ \hline 0 & 0 & 0 & 0 \\ 0 & 0 & 0 & 1 \\ 0 & 0 & -1 & 0 \end{array}\right),$$

$$M^{31} = \left(\begin{array}{c|ccc} 0 & 0 & 0 & 0 \\ \hline 0 & 0 & 0 & -1 \\ 0 & 0 & 0 & 0 \\ 0 & 1 & 0 & 0 \end{array}\right),$$

wo die Matrizen M^{ik} zu den Drehungen gehören und die M^{k0} zu den Boosts. Die Matrizen kann man in der Formel zusammenfassen

$$(M^{\mu\nu})_{\rho\sigma} = \delta^{\mu}{}_{\rho}\delta^{\nu}{}_{\sigma} - \delta^{\mu}{}_{\sigma}\delta^{\nu}{}_{\rho} \,.$$

Sie erfüllen die Vertauschungsrelationen der *Lorentz-Algebra*

$$[M^{\mu\nu}, M^{\lambda\rho}] = g^{\nu\lambda}M^{\mu\rho} - g^{\mu\lambda}M^{\nu\rho} + g^{\mu\rho}M^{\nu\lambda} - g^{\nu\rho}M^{\mu\lambda}$$

Die allgemeine infinitesimale Lorentz-Transformation (1.4) kann damit geschrieben werden als

$$\Lambda(\omega) = I + \frac{1}{2}\omega^{\mu\nu}M_{\mu\nu}\,; \quad \omega \ll 1\,, \tag{1.5}$$

mit

$$\omega^{\mu\nu} = -\omega^{\nu\mu}\,.$$

Die Matrizen $M_{\mu\nu}$ bilden die sechs Basiselemente der *Lie-Algebra* der Lorentz-Gruppe. Die sechs Zahlen $\omega^{\mu\nu}$ geben an um welche Lorentz-Transformation es sich handelt, z. B. um einen Boost in z-Richtung. Eine endliche „Rotation" in der $\mu\nu$-Ebene (von μ nach ν) erhält man durch Exponenzierung:

$$\Lambda(\mu\nu; \xi) = e^{\frac{1}{2}\omega^{\mu\nu}M_{\mu\nu}}$$

Wenn man definiert

$$\vec{M} = (M_{32}, M_{13}, M_{21})$$
$$\vec{N} = (M_{01}, M_{02}, M_{03})$$

dann zeigt man (am Besten mit Computeralgebra), dass folgende Vertauschungsrelationen gelten

$$[M_i, M_j] = \varepsilon_{ijk}M_k$$
$$[N_i, N_j] = -\varepsilon_{ijk}M_k$$
$$[M_i, N_j] = \varepsilon_{ijk}N_k$$

1.2 Relativistische Felder

Ein relativistisches klassisches Feld ist eine Funktion über dem Minkowski-Raum

$$x \mapsto \Phi(x) \,.$$

Für Felder, die aus n unabhängigen Komponenten bestehen, schreiben wir

$$\Phi(x) = (\Phi_1(x), \Phi_2(x) \ldots \Phi_n(x)) \,, \qquad n = 1, 2, \ldots \,.$$

Wir betrachten Transformationen $x \to x' = \Lambda x$ von einem Inertialsystem I in ein anderes Inertialsystem I'. Dabei transformiert sich das Feld $\Phi(x) \to \Phi'(x')$. Da der Raum linear und homogen sein soll, hängen $\Phi(x)$ und $\Phi'(x')$ über eine lineare Transformation zusammen,

$$\Phi_a(x) \to \Phi'_a(x') = \sum_{b=1}^{n} S_{ab}(\Lambda)\Phi_b(x) = S_{ab}(\Lambda)\Phi_b(\Lambda^{-1}x') \quad (a, b = 1 \ldots n) \tag{1.6}$$

Zur Veranschaulichung kann man sich ein skalares Feld $\Phi(x)$ vorstellen mit einem scharfen Maximum bei $\vec{x} = (1, 0, 0)$. Wenn das Koordinatensystem um 90° ↺ um die z-Achse gedreht wird, $\Phi(x) \to \Phi'(x')$, so befindet sich das Maximum bei $\vec{x}' = (0, 1, 0)$. Numerisch ist daher

$$\Phi'(0, 1, 0) = \Phi(1, 0, 0) \to \Phi'(x') = \Phi(x)$$

Gleichung (1.6) kann man auch als aktive Transformation schreiben

$$\Phi_a(x) \to \Phi'_a(x) = S^{-1}_{ab}(\Lambda)\Phi_b(x'(x)) = S^{-1}_{ab}(\Lambda)\Phi_b(\Lambda x) \,. \tag{1.7}$$

Betrachten wir zwei aufeinander folgende Lorentz-Transformationen $\Lambda_2\Lambda_1$, die $I \to I' \to I''$ transformieren, so sind diese äquivalent zu einer einzigen Transformation Λ_3 von $I \to I''$. Daher müssen wir verlangen, dass

$$S(\Lambda_1)S(\Lambda_2) = S(\Lambda_3) \,.$$

Man sagt, die $S(\Lambda)$ bilden eine *Matrixdarstellung* der Lorentz-Gruppe. Um eine Darstellung zu finden, betrachten wir infinitesimale Lorentz-Transformationen, d. h. die Lie-Algebra der Lorentz-Gruppe.

Reelles skalares Feld

Für ein Feld mit nur einer Komponente gilt

$$\Phi'(x') = \Phi(x) \,, \qquad S(\Lambda) = 1$$

Da $S(\Lambda_1)S(\Lambda_2) = S(\Lambda_3)$ sein muss, ist dies die einzige eindimensionale Darstellung. Als Beispiel betrachten wir ein reelles skalares Feld, das die *Klein-Gordon-Gleichung*

$$(\partial^\mu \partial_\mu + m^2)\Phi(x) = 0 \quad \text{mit} \quad \Phi^* = \Phi \tag{1.8}$$

erfüllt. Wir entwickeln das Feld in ebene Wellen

$$\Phi(x) \propto e^{i(p_0 t - \vec{k}\cdot\vec{x})}$$

Die Gleichung (1.8) ist erfüllt, wenn $p_0^2 - \vec{p}^2 = m^2$, oder

$$p_0 = \pm\sqrt{\vec{p}^2 + m^2}$$

Wenn wir die Energie definieren

$$E_p = \sqrt{\vec{p}^2 + m^2} > 0\,,$$

dann müssen wir zwei Arten von Lösungen betrachten

$$\Phi_+(x) \propto e^{i(E_p t - \vec{p}\cdot\vec{x})} \quad \text{und} \quad \Phi_-(x) \propto e^{i(-E_p t - \vec{p}\cdot\vec{x})}$$

Die allgemeine Lösung der Klein-Gordon-Gleichung ist dann eine Linearkombination vor Φ_+ und Φ_-,

$$\Phi(x) = \frac{1}{(2\pi)^3}\int \frac{d^3p}{2E_p}\left(a_p e^{-ipx} + a_p^* e^{ipx}\right) \quad \text{mit} \quad p = (E_p, \vec{p})\,, \tag{1.9}$$

wo $a(\vec{p})$ komplexe Koeffizienten sind und $px = E_p t - \vec{k}\cdot\vec{p}$. Der Normierungsfaktor $1/2E_p$ ist so gewählt, dass das Integrationsmaß lorentzinvariant ist.

Beweis. $\int d^4p$, die Dispersionsrelation $p^2 = m^2 = (p_0^2 - \vec{p}^2 - m^2)$ und die Bedingung $p_0 = +E_{\vec{p}}$ sind lorentzinvariant. Daher gilt

$$\int d^4p\,\delta^4(p^2 - m^2)|_{p_0>0} = \int d^4p\,\delta^4(p_0^2 - \vec{p}^2 - m^2)|_{p_0>0} = \int \frac{d^3p}{2E_{\vec{p}}}$$

Loretzinvarianz einer skalaren Theorie bedeutet, dass wenn $\Phi(x)$ Lösung der Bewegungsgleichungen ist, dann ist auch $\Phi(\Lambda x)$ Lösung. □

Vektorfeld

Ein Vektorfeld ist ein Feld mit 4 Komponenten, das sich unter Lorentz-Transformationen verhält wie

$$\Phi'^\mu(x') = \Lambda^\mu{}_\nu \Phi^\nu(x) \quad (S(\Lambda) = \Lambda)\,.$$

In der QED spielen auch Spinor-Darstellungen eine Rolle, die wir später im Rahmen der Dirac-Gleichung behandeln werden.

1.3 Die Lagrangeschen Gleichungen

Die *Wirkung* für ein skalares Feld $\Phi(x)$ wird definiert als

$$S = \int_{t_2}^{t_1} d^4 x L(\Phi(x), \partial_\mu \Phi(x)) ,$$

wo die *Lagrange-Dichte* L eine lorentzinvariante Funktion von $\Phi(x)$ und $\partial_\mu \Phi(x)$ ist. Die Lagrangeschen Gleichungen erhält man, wenn man verlangt, dass S stationär ist unter Variationen der Felder,

$$\Phi(x) \to \Phi(x) + \delta\Phi(x) .$$

Nach Gl. (1.7) ist

$$\delta\Phi(x) = \Phi'(x) - \Phi(x) = S^{-1}(\Lambda)\Phi(\Lambda x) - \Phi(x)$$

Die Wirkung S ändert sich dann, $S \to S + \delta S$, mit

$$\begin{aligned}\delta S &= \int_{t_1}^{t_2} d^4 x \left[\frac{\partial L}{\partial \Phi} \delta\Phi + \frac{\partial L}{\partial(\partial_\mu \Phi)} \delta(\partial_\mu \Phi) \right] \\ &= \int_{t_1}^{t_2} d^4 x \left[\frac{\partial L}{\partial \Phi} - \partial_\mu \left(\frac{\partial L}{\partial(\partial_\mu \Phi)} \right) \right] \delta\Phi + \int_{t_2}^{t_1} d^4 x \partial_\mu \left(\frac{\partial L}{\partial(\partial_\mu \Phi)} \delta\Phi \right) .\end{aligned}$$

Der letzte Term ist eine totale Ableitung. Er verschwindet für Variationen, die an den Endpunkten t_1 und t_2 verschwinden. Wenn wir verlangen dass S unter solchen Variationen stationär ist,

$$\frac{\delta S}{\delta \Phi} = 0 ,$$

dann folgen die *Lagrangeschen Gleichungen*

$$\frac{\partial L}{\partial \Phi} - \partial_\mu \left(\frac{\partial L}{\partial(\partial_\mu \Phi)} \right) = 0 . \tag{1.10}$$

Besitzt das Feld $\Phi_r(x)$ mehreren Komponenten, so existiert eine Lagrange-Gleichung für jeden Index r.

Beispiel. Die Lagrange-Funktion für ein skalares Feld sei

$$L = \frac{1}{2}(\partial_\mu \Phi)(\partial^\mu \Phi) - \frac{1}{2} m^2 \Phi^2 . \tag{1.11}$$

Mit

$$\frac{\partial L}{\partial \Phi} = -m^2 \Phi \quad \text{und} \quad \frac{\partial L}{\partial(\partial_\mu \Phi)} = \partial_\mu \Phi$$

ergibt Gl. (1.10) die Klein-Gordon-Gleichung

$$(\partial_\mu \partial^\mu + m^2)\Phi(x) = 0 \,.$$

Die Lorentzinvarianz der Gleichung hat ihre Ursache in der Invarianz der Lagrange-Funktion. Der *kanonische Impuls* ist definiert als

$$\Pi = \left(\frac{\partial L}{\partial(\partial_0 \Phi)} \right) = \partial_0 \Phi$$

und die *Hamilton-Funktion* $H = H(\Phi, \Pi)$,

$$\begin{aligned} H &= \Pi \dot{\Phi} - L \\ &= \frac{1}{2}[\Pi^2(x) + (\nabla \Phi(x))^2 + m^2 \Phi^2(x)] \,. \end{aligned}$$

1.4 Noether-Theorem für Felder

Symmetrien der Lagrange-Funktion führen auf Erhaltungssätze. Dies ist Aussage des Noetherschen Theorems. Wir wollen das Theorem für Felder der Einfachheit halber am Beispiel eines skalaren Feldes $\Phi(x)$ ableiten. Die Lagrange-Dichte sei

$$L = L(\Phi(x), \partial_\mu \Phi(x)) \,.$$

Für kontinuierliche Symmetrien genügt es, infinitesimale Transformationen,

$$\Phi(x) \to \Phi'(x) = \Phi(x) + \delta\Phi(x) \,,$$

zu betrachten. Dabei geht L über in

$$L \to L + \delta L$$

mit

$$\begin{aligned} \delta L &= \frac{\partial L}{\partial \Phi} \delta\Phi + \frac{\partial L}{\partial(\partial_\mu \Phi)} \delta(\partial_\mu \Phi) \\ &= \left[\frac{\partial L}{\partial \Phi} - \left(\partial_\mu \frac{\partial L}{\partial(\partial_\mu \Phi)} \right) \right] \delta\Phi + \partial_\mu \left(\frac{\partial L}{\partial(\partial_\mu \Phi)} \delta\Phi \right) \\ &= \partial_\mu \left(\frac{\partial L}{\partial(\partial_\mu \Phi)} \delta\Phi \right) \,. \end{aligned}$$

Im letzten Schritt haben wir die Lagrangesche Bewegungsgleichung verwendet. Wir bezeichnen den 4-Vektor

$$J^\mu = \frac{\partial L}{\partial(\partial_\mu \Phi)} \delta\Phi$$

als *Strom*. Für eine Symmetrietransformation ist $\delta L = 0$, oder

$$\partial_\mu J^\mu = 0 \,.$$

D. h. der Strom ist erhalten. Die zugehörige Ladung,

$$Q = \int d^3x j^0(x) \,,$$

ist zeitlich konstant,

$$\frac{dQ}{dt} = \int d^3x \frac{\partial j^0}{\partial t} = -\int d^3x \, \vec{\nabla} \cdot \vec{j} = 0 \,,$$

wenn angenommen wird, dass $\vec{j}$ in ∞ genügend schnell abfällt.

Theorem (Noether-Theorem). *Zu jeder globalen kontinuierlichen Symmetrie der Lagrange-Funktion gehört eine Erhaltungsgröße.*

Oft ist die Lagrange-Funktion bei einer Symmetrietransformation $\Phi(x) \to \Phi(x) + \delta\Phi(x)$ nicht invariant, sondern ändert sich um eine 4-Divergenz

$$\delta L = \partial_\mu F^\mu(\Phi) \,,$$

die keine Auswirkung auf die Wirkung $\int d^4x L$ und damit auf die Bewegungsgleichungen hat. Ersetzt man $L \to \hat{L} = L - \partial_\mu F^\mu$, so ist $\hat{L}$ manifest invariant und das Theorem kann auf $\hat{L}$ angewendet werden. Dann lautet der erhaltene Strom

$$j^\mu = \frac{\partial L}{\partial(\partial_\mu \Phi)} \delta\Phi - F^\mu$$

Beispiel 1. Wir betrachten speziell die *Translationen* $x^\mu \to x'^\mu = x^\mu + a^\mu$ mit a^μ konstant und infinitesimal. Dann geht ein skalares Feld $\Phi(x)$ über in

$$\Phi(x) \to \Phi'(x) = \Phi(x+a) = \Phi(x) + a^\nu \partial_\nu \Phi(x) \quad \to \quad \delta\Phi = a^\nu \partial_\nu \Phi(x)$$

(Zur Erinnerung: in der Variation sind die Felder am selben Punkt zu nehmen). Unter dieser Transformation ist $L(x)$ nicht invariant, sondern geht über in

$$L(x) \to L'(x) = L(x+a) = L(x) + a_\mu \partial^\mu L(x) \,.$$

Da L sich um eine totale Ableitung ändert, gilt das Noether-Theorem für $\hat{L} = L - a^\mu \partial_\mu L$,

$$\begin{aligned} \delta\hat{L} &= -a_\mu \partial^\mu L + \partial^\mu \left(\frac{\partial L}{\partial(\partial_\mu \Phi)} a^\nu \partial_\nu L \Phi(x) \right) = 0 \\ &= a^\nu \partial^\mu \left(g_{\mu\nu} L + \frac{\partial L}{\partial(\partial_\mu \Phi)} \partial_\nu \Phi(x) \right) = 0 \end{aligned}$$

Da a^ν beliebig ist, können wir dieses Ergebis schreiben als

$$\partial^\mu T_{\mu\nu} = 0 \tag{1.12}$$

mit dem *Energie-Impuls-Tensor*

$$T_{\mu\nu} = -g_{\mu\nu} L + \frac{\partial L}{\partial(\partial^\mu \Phi)} \partial_\nu \Phi(x) \,. \tag{1.13}$$

Aus (1.12) folgt, durch räumliche Integration

$$0 = \int d^3x \partial^\mu T_{\mu\nu} = \int d^3x \left(\partial^0 T_{0\nu} + \partial^i T_{0i}\right) = \int d^3x \partial^0 T_{0\nu} ,$$

wenn T_{0i} in ∞ genügend schnell verschwindet.

Da Translationen in der Zeit die Energie und Translationen in den Ortskoordinaten den Impuls erzeugen, identifizieren wir

$$P^\nu = \int d^3x T^{0\nu} = \int d^3x \left(-g^{0\nu} L + \frac{\partial L}{\partial(\partial_0 \Phi)} \partial^\nu \Phi(x) \right) , \tag{1.14}$$

mit dem erhaltenen 4-Impuls des Feldes. Für ein freies Skalarfeld mit $L = \frac{1}{2}(\partial_\mu \Phi)(\partial^\mu \Phi) - \frac{1}{2} m^2$ ist z. B.

$$P^i = \int d^3x \left(\partial^0 \Phi(x)\right) \nabla^i \Phi(x) \tag{1.15}$$

$$P^0 = \int d^3x [-L + (\partial^0 \Phi)^2] = \int d^3x \left[\frac{1}{2} (\partial^0 \Phi)^2 + \frac{1}{2} (\nabla \Phi)^2 + \frac{1}{2} m^2 \right] . \tag{1.16}$$

Beispiel 2. Als nächstes betrachten wir ein skalares Feld unter infinitesimale Lorentz-Transformationen,

$$x^\mu \to x'^\mu = x^\mu + \omega^{\mu\nu} x_\nu \quad \text{mit} \quad \omega^{\mu\nu} = -\omega^{\nu\mu}$$

$$\Phi(x) \to \Phi'(x) = \Phi(\Lambda x) = \Phi(x^\mu + \omega^{\mu\nu} x_\nu) = \Phi(x) + \omega_{\mu\nu} x^\nu \partial^\mu \Phi(x)$$

$$\delta\Phi(x) = \omega_{\mu\nu} x^\nu \partial^\mu \Phi(x) = -\frac{1}{2} \omega_{\mu\nu} \left(x^\mu \partial^\nu - x^\nu \partial^\mu\right) \Phi(x) .$$

Unter diese Transformation geht L über in

$$L \to L' = L + \omega_{\mu\nu} x^\nu \partial^\mu L = \partial^\mu (\omega_{\mu\nu} x^\nu L) \quad (\omega_{\mu\nu} = -\omega_{\nu\mu})$$

Da sich L wieder um eine totale Ableitung ändert, gilt das Noether-Theorem für $\hat{L} = L - \partial^\mu(\omega_{\mu\nu} x^\nu L)$ und

$$\begin{aligned} j^\rho &= \frac{\partial L}{\partial(\partial_\rho \Phi)} \delta\Phi - (\omega^\rho{}_\nu x^\nu L) = \frac{\partial L}{\partial(\partial_\rho \Phi)} \omega_{\mu\nu} x^\nu \partial^\mu \Phi(x) - (\omega^\rho{}_\nu x^\nu L) \\ &= -\left(\omega_{\mu\nu} \frac{\partial L}{\partial(\partial_\rho \Phi)} x^\nu \partial^\mu \Phi(x) - \omega_{\mu\nu} g^{\rho\mu} x^\nu L \right) = -\omega_{\mu\nu} T^{\rho\mu} x^\nu = -\frac{1}{2} \omega_{\mu\nu} \left(T^{\rho\mu} x^\nu - x^\mu T^{\rho\nu}\right) \end{aligned}$$

Der Energie-Impuls-Tensor war in Gl. (1.13) definiert als $T_{\mu\nu} = -g_{\mu\nu} L + \frac{\partial L}{\partial(\partial_\mu \Phi)} \partial_\nu \Phi(x)$. Damit lässt sich j^ρ schreiben als

$$j^\rho = -\omega_{\mu\nu} T^{\rho\mu} x^\nu = -\frac{1}{2} \omega_{\mu\nu} \left(T^{\rho\mu} x^\nu - x^\mu T^{\rho\nu}\right)$$

Da $\omega_{\mu\nu}$ beliebig ist, lautet der erhaltene Strom

$$J^{\rho\mu\nu} = -\frac{1}{2} \left(T^{\rho\mu} x^\nu - x^\mu T^{\rho\nu}\right) .$$

Für Drehungen, $\mu, \nu = 1, 2, 3$ entspricht die erhaltene Ladung

$$Q^{ij} = \int d^3x \left(x^i T^{0j} - T^{0i} x^j\right)$$

dem Bahn-Drehimpuls des Feldes, z. B.

$$Q^{12} = \int d^3x \left(x^1 T^{02} - T^{01} x^2\right) = \int d^3x \left(x^1 p^2 - p^1 x^2\right) = \int d^3x l^3(x)\,,$$

wo $p^i(x)$ die Impulsdichte und $l^i(x) = (\vec{x} \times \vec{p}(x))^i$ die Drehimpulsdichte des Feldes ist.

Für die Boosts sind die erhaltenen Ladungen gegeben durch

$$Q^{0i} = \int d^3x (x^0 T^{0i} - x^i T^{00})$$

mit

$$\frac{dQ^{0i}}{dt} = -\frac{d}{dt} \int d^3x\, x^i T^{00} = 0\,.$$

Das Ergebnis bedeutet, dass der Energieschwerpunkt des Feldes sich mit konstanter Geschwindigkeit bewegt.

Beispiel 3. Für mehrkomponentige Felder induziert die Koordinatentranformation $x'^\mu = x^\mu + \omega^{\mu\nu} x_\nu$ folgende Tramsformation der Felder

$$\Phi_a(x) \to \Phi'_a(x') = S_{ab}(\Lambda)\Phi_b(\Lambda x)$$

In diesem Fall muss auch $S(\Lambda)$ entwickelt werden. Wir definieren

$$S_{ab} = \left(\delta_{ab} + \frac{1}{2}\omega_{\mu\nu}\Sigma^{\mu\nu}_{ab}\right)\,.$$

Dann wird mit Gl. (1.7)

$$\begin{aligned}\Phi_a(x) \to \Phi'_a(x) &= S^{-1}_{ab}(\Lambda)\Phi_b(\Lambda x) = \left(\delta_{ab} - \frac{1}{2}\omega_{\mu\nu}\Sigma^{\mu\nu}_{ab}\right)\Phi_b(x^\mu + \omega^{\mu\nu}x_\nu) \\ &= \delta_{ab}\Phi_b(x) - \frac{1}{2}\omega_{\mu\nu}\left[\left(x^\mu\partial^\nu - x^\nu\partial^\mu\right)\delta_{ab} + \Sigma^{\mu\nu}_{ab}\right]\Phi_b(x)\end{aligned}$$

Oder

$$\delta\Phi_a(x) = -\frac{1}{2}\omega_{\mu\nu}\left[\left(x^\mu\partial^\nu - x^\nu\partial^\mu\right)\delta_{ab} + \Sigma^{\mu\nu}_{ab}\right]\Phi_b(x)$$

Wenn die (skalare) Lagrange-Funktion lorentzinvariant ist, erhalten wir wie oben in Beispiel 2

$$\begin{aligned}\delta L &= \frac{1}{2}\omega_{\mu\nu}\left[\left(x^\mu\partial^\nu - x^\nu\partial^\mu\right)\delta_{ab} + \Sigma^{\mu\nu}_{ab}\right]\partial_\mu L(x) \\ &= \partial_\mu \frac{1}{2}\omega_{\mu\nu}\left[\left(x^\mu\partial^\nu - x^\nu\partial^\mu\right)\delta_{ab} + \Sigma^{\mu\nu}_{ab}\right]L(x)\end{aligned}$$

Da sich L wieder um eine totale Ableitung ändert, gilt das Noether-Theorem für $\widehat{L} = L - \partial^\mu(\omega_{\mu\nu}x^\nu L)$ und der erhaltene Strom wird

$$\begin{aligned}
j_\rho &= \frac{\partial L}{\partial(\partial_\rho \Phi_a)}\delta\Phi_a + (\omega^\mu{}_\nu x^\nu L) \\
&= \frac{\partial L}{\partial(\partial_\rho \Phi_a)}\frac{1}{2}\omega_{\mu\nu}\left[(x^\mu\partial^\nu - x^\nu\partial^\mu)\,\delta_{ab} + \Sigma^{\mu\nu}_{ab}\right]\Phi_b(x) + (\omega_{\rho\nu}x^\nu L) \\
&= \frac{1}{2}\omega_{\mu\nu}\left[\frac{\partial L}{\partial(\partial_\rho \Phi_a)}\left[(x^\mu\partial^\nu - x^\nu\partial^\mu)\,\delta_{ab} + \frac{1}{2}\Sigma^{\mu\nu}_{ab}\right]\Phi_b(x) + \delta^\mu_\rho x^\nu L\right] \\
&= -\frac{1}{2}\omega_{\mu\nu}\left[(T^{\rho\mu}x^\nu - x^\mu T^{\rho\nu}) - \frac{\partial L}{\partial(\partial_\rho \Phi_a)}\Sigma^{\mu\nu}_{ab}\right]
\end{aligned}$$

mit

$$T_{\mu\nu} = -g_{\mu\nu}L + \sum_a \frac{\partial L}{\partial(\partial_\mu \Phi_a)}\partial_\nu \Phi_a(x)$$

Da $\omega^{\mu\nu}$ wieder beliebig ist, verbleiben 6 erhaltene Ströme

$$(J^\rho)^{\mu\nu} = \left[x^\mu T^{\rho\nu} - x^\nu T^{\rho\mu} + \frac{\partial L}{\partial(\partial_\rho \Phi_a)}\Sigma^{\mu\nu}_{ab}\right] .$$

1.5 Innere Symmetrien

Die obigen Beispiele betrafen Transformationen der Koordinaten und des Feldes. Eine Innere Symmetrie involviert dagegen nur Transformationen des Feldes und lässt die Koordinaten unangetastet. Eine Lagrange-Funktion $L = L(\Phi_a, \partial_\mu \Phi_a(x))$ sei invariant unter infinitesimalen Transformationen der inneren Freiheitsgrade,

$$\begin{aligned}
\Phi_a(x) \to \Phi'_a(x) &= \Phi_a(x) + \varepsilon\lambda_{ab}\Phi_b(x) \\
\delta\Phi_a &= \varepsilon\lambda_{ab}\Phi_b(x) .
\end{aligned}$$

Dann lautet der erhaltene Strom

$$J^\mu = \frac{\partial L}{\partial(\partial_\mu \Phi_a)}\lambda_{ab}\Phi_b , \quad \text{mit} \quad \partial_\mu J^\mu = 0 .$$

Weil die Parameter λ_{ab} hier Konstante sind, spricht man von einer globalen Symmetrie. Man kann auch den Fall betrachten, wo die Parameter λ_{ab} auch von x abhängen, $\lambda_{ab} = \lambda_{ab}(x)$. Dann spricht man von einer Eichtransformation. Diese Verallgemeinerung führt zwar nicht zu neuen Erhaltungsgrößen, spielt aber für die Formulierung der QED und QCD eine wichtige Rolle.

Beispiel. Betrachte ein komplexes Skalarfeld $\Phi(x) = (\Phi_1(x) + i\Phi_2(x))$ mit Φ_1 und Φ_2 reell. Für die Lagrange-Funktion setzen wir an,

$$L = \partial_\mu \Phi^* \partial^\mu \Phi - V(\Phi^* \Phi)$$

Zur Ableitung der Bewegungsgleichungen könnten wir Φ_1 und Φ_2 verwenden. Einfacher ist es jedoch Φ und Φ^* als unabhängige Variable zu verwenden und nach diesen zu variieren.

Die Lagrange-Funktion ist invariant unter der Ersetzung

$$\Phi \to \Phi' = e^{ia}\Phi \quad \text{oder} \quad \delta\Phi = ia\Phi$$

Der zugehörige erhaltene Strom lautet

$$\begin{aligned} J^\mu &= \frac{\partial L}{\partial(\partial_\mu \Phi)}\delta\Phi + \frac{\partial L}{\partial(\partial_\mu \Phi^*)}\delta\Phi^* \\ &= i(\partial^\mu \Phi^*)\Phi - i(\partial^\mu \Phi)\Phi^* \end{aligned}$$

Wir werden später sehen, dass die zugehörige Erhaltungsgröße als elektrische Ladung interpretiert werden kann, wenn das Feld Φ an das elektromagnetische Feld koppelt.

Wir haben bis jetzt den Lagrangeschen Formalismus und das Noether-Theorem im Rahmen der klassischen Feldtheorie behandelt. Die Ergebnissen lassen sich aber ohne Schwierigkeiten auf die Quantenfeldtheorie übertragen.

2 Feldquantisierung

2.1 Quantisierung des skalaren Feldes

Felder sind die fundamentalen physikalischen Objekte. Teilchen entstehen erst durch die Quantisierung der Felder, d. h. Teilchen sind die Quanten der Felder. Wir wollen die Quantisierung und das Problem der Teilcheninterpretation am Beispiel eines freien reellen Skalarfeldes diskutieren. Letzteres wird beschrieben durch die Lagrange-Dichte

$$L(\Phi, \partial^\mu \Phi) = \frac{1}{2}\left[(\partial_\mu \Phi)(\partial^\mu \Phi) - m^2 \Phi^2\right] \tag{2.1}$$

und Hamilton-Operator

$$H = \int d^3x \frac{1}{2}\left[\Pi^2(x) + (\vec{\nabla}\Phi(x))^2 + m^2 \Phi(x)^2\right] \tag{2.2}$$

Das Feld $\Phi(x)$ entspricht hier verallgemeinerten Koordinaten q_r, $r = 1, 2, \ldots n$ der klassischen Punktmechanik. Der *kanonische Impulsoperator*

$$\Pi(x) = \frac{\delta L}{\delta \dot{\Phi}} = \dot{\Phi}(x)$$

ist eine Funktion von x, genau wie das Feld $\Phi(x)$ und entspricht dem klassischen kanonischen Impuls p_r im Hamilton-Formalismus. Er sollte nicht mit dem kinetischen Impuls aus dem Noether-Theorem, der Erzeugenden der räumlichen Translationen,

$$P^i = \int d^3x \dot{\Phi}(x) \nabla^i(x) \tag{2.3}$$

aus Kapitel 1 verwechselt werden.

Bei der Quantisierung werden die kanonischen Variablen zu Operatoren, die im Hilbert-Raum der Zustände wirken. Die relativistischen Feldoperatoren $\Phi(x) = \Phi(t, \vec{x})$ hängen von der Zeit ab und sind daher Heisenberg-Operatoren.

Der Zusammenhang zwischen klassischer Mechanik und nicht-relativistischer Quantenmechanik wird über die Entsprechung

$$\text{Quantenmechanik im Heisenberg-Bild} \xrightarrow[\hbar \to 0]{} \text{Hamiltonsche Mechanik}$$

hergestellt, d. h. über die Poissonschen Klammern und den Kommutatoren der Operatoren. Für die Feldoperatoren werden in Anlehnung die Quantenmechanik die *gleichzeitigen Vertauschungsrelationen*

$$[\Pi(\vec{x}, t), \Phi(\vec{x}', t)] = -i\delta^3(\vec{x} - \vec{x}') \tag{2.4}$$

$$[\Phi(\vec{x}, t), \Phi(\vec{x}', t)] = 0 \quad \text{und} \quad [\Pi(\vec{x}, t), \Pi(\vec{x}', t)] = 0 \tag{2.5}$$

postuliert. Wenn A eine beliebige Observable im Heisenberg-Bild ist, dann gilt die Heisenbergsche Bewegungsgleichung

$$\frac{dA}{dt} = \frac{1}{\imath}[A, H] + \frac{\partial A}{\partial t}\,. \tag{2.6}$$

https://doi.org/10.1515/9783110488593-002

Beispiel. Sei $A = \Phi(x)$. Dann ergibt Gl. (2.6)

$$[H, \Phi(\vec{x}, t)] = -i\dot{\Phi}(\vec{x}, t) \,. \tag{2.7}$$

Mit dem Hamilton-Operator (2.2) folgt wie erwartet der kanonische Impuls

$$\Pi(\vec{x}, t) = \dot{\Phi}(\vec{x}, t) \,.$$

Fourier-Entwicklung

Für die Feldoperatoren des freien Skalar-Feldes gilt die Klein-Gordon-Gleichung

$$(\partial_\mu \partial^\mu + m^2)\Phi(x) = 0$$

Die Lösungen erhält man wie beim klassischen Feld durch Zerlegung nach ebenen Wellen (Moden),

$$\begin{aligned} \Phi(x) &= \int \frac{d^3k}{(2\pi)^3 2E_k} \left[e^{-ikx} a_{\vec{k}} + e^{ikx} a^\dagger_{\vec{k}} \right] \\ \Pi(x) = \dot{\Phi}(x) &= \int \frac{d^3k}{(2\pi)^3} \frac{(-i)}{2} \left[e^{-ikx} a_{\vec{k}} - e^{ikx} a^\dagger_{\vec{k}} \right] \,, \end{aligned} \tag{2.8}$$

mit $E_k = \sqrt{\vec{k}^2 + m^2}$. In unseren Einheiten mit $\hbar = c = 1$ ist die Energie E_k auch eine Frequenz ($E_k = \hbar\omega_k$) und der Impuls $\vec{k}$ auch ein Wellenvektor. Die Fourier-Koeffizienten $a(\vec{k})$ der klassischen Lösungen werden jetzt zu Operatoren. Man kann die $a(\vec{k})$ als Funktion der Feldoperatoren berechnen mit den Ergebnis:

$$a_{\vec{k}} = \int d^3x e^{ikx} \left[E_k \Phi(x) + i\Pi(x) \right] \tag{2.9}$$

$$a^\dagger_{\vec{k}} = \int d^3x e^{ikx} \left[E_k \Phi(x) - i\Pi(x) \right] \tag{2.10}$$

Beweis. Für $a_{\vec{k}} + a^\dagger_{\vec{k}}$

$$\begin{aligned} 2\int d^3x e^{ikx} E_k \Phi(x) &= 2\int d^3x e^{ixq} E_q \Phi(x) \int \frac{d^3k}{(2\pi)^3 2E_k} \left[e^{-ikx} a_{\vec{k}} + e^{ikx} a^\dagger_{\vec{k}} \right] \\ &= 2\int d^3x E_q \frac{d^3k}{(2\pi)^3 2E_k} \left[e^{-ix(k-q)} a_{\vec{k}} \right] + \text{Hermitesch konjugiert} \\ &= 2\int \frac{d^3k}{(2\pi)^3 2E_k} \int d^3x E_q \left[e^{-ix_0(q_0-k_0)} e^{i\vec{x}\cdot(\vec{q}-\vec{k})} a_{\vec{k}} \right] + \text{h. k.} \\ &= 2\int \frac{d^3k}{(2\pi)^3 2E_k} E_q e^{-ix_0(q_0-k_0)} (2\pi)^3 \delta^3(\vec{q}-\vec{k}) a_{\vec{k}} + \text{h. k.} \\ &= a_{\vec{k}}(\vec{q}) + a^\dagger_{\vec{k}}(\vec{q}) \quad (q_0 = k_0) \end{aligned}$$

und analog für $a_{\vec{k}}(\vec{k}) - a^\dagger_{\vec{k}}(\vec{k})$. □

Aus den Vertauschungsrelationen für die Feldoperatoten folgt mit Gl. (2.9)

$$[a_{\vec{k}1}, a^\dagger_{\vec{k}_2}] = (2\pi)^3 2E_k \delta^3(\vec{k}_1 - \vec{k}_2) \tag{2.11}$$

$$[a_{\vec{k}1}, a_{\vec{k}_2}] = [a^\dagger_{\vec{k}_1}, a^\dagger_{\vec{k}_2}] = 0 \tag{2.12}$$

Dies sind formal auch die Vertauschungsrelationen des harmonischen Oszillators. Das ist nicht erstaunlich, wenn man die Lagrange-Funktion (2.1) des Feldes $\Phi(x, t)$ mit der Lagrange-Funktion des harmonischen Oszillators,

$$L = \frac{m}{2}\dot{x}^2 - \frac{m\omega}{2}x^2 ,$$

vergleicht. Die Vertauschungsrelationen (2.11) besagen, dass wir mit jeder unabhängigen Normalmode $\vec{k}$ des Quantensystems einen harmonischen Oszillator zuordnen können. Es ist bemerkenswert, dass die einfachen Vertauschunsrelationen ein vollständiges Bild des Hilbert-Raumes der Zustände des Quantenfeldes $\Phi(x, t)$ liefern. Der Hilbert-Raum wird durch das direkte Produkt der einzelnen Hilbert-Räume gebildet

Der Fock-Raum

Ausgedrückt durch die Operatoren $a_{\vec{k}}$ und $a^\dagger_{\vec{k}}$ lauten der Hamilton-Operator (2.2) und der Impulsoperator (2.3)

$$H = \frac{1}{2}\int \frac{d^3k}{2E_k} E_k (a_{\vec{k}} a^\dagger_{\vec{k}} + a^\dagger_{\vec{k}} a_{\vec{k}}) \tag{2.13}$$

$$\vec{P} = \frac{1}{2}\int \frac{d^3k}{2E_k} \vec{k} (a_{\vec{k}} a^\dagger_{\vec{k}} + a^\dagger_{\vec{k}} a_{\vec{k}}) . \tag{2.14}$$

In Analogie zur Diskussion des harmonischen Oszillators in der Quantenmechanik definieren wir einen *Besetzungszahl-Operator*

$$N_{\vec{k}} \equiv a^\dagger_{\vec{k}} a_{\vec{k}} .$$

Aus Gl. (2.11) folgen die Vertauschungsrelationen

$$[N_{\vec{k}}, a^\dagger_{\vec{k}}] = a^\dagger_{\vec{k}} , \quad [N_{\vec{k}}, a_{\vec{k}}] = -a_{\vec{k}} ,$$

die typisch für Leiteroperatoren sind. Der Operator $a^\dagger_{\vec{k}}$ erhöht damit die Besetzungszahl um eins, während $a_{\vec{k}}$ diese Zahl um eins erniedrigt. Es folgt, dass $n_k = 0, 1, 2, \ldots$ die Eigenwerte des Besetzungszahl-Operators sind.

Wir postulieren, dass ein Zustand niedrigster Energie $|0\rangle$ existiert, der Vakuumzustand, mit

$$\langle 0|0\rangle = 1 , \quad a_{\vec{k}}|0\rangle = 0 \text{ für alle } \vec{k} .$$

Der Einteilchen-Zustand lautet dann

$$\left|\vec{k}\right\rangle = a^\dagger_{\vec{k}}\,|0\rangle\ ,$$

mit Normierung

$$\langle\vec{k}\,|\vec{k}'\rangle = \langle 0|a_{\vec{k}}a^\dagger_{\vec{k}'}|0\rangle = \langle 0|[a_{\vec{k}}, a^\dagger_{\vec{k}'}]|0\rangle = (2\pi)^3 2E_k\delta^3(\vec{k}-\vec{k}')\ .$$

Ein Eigenzustand des Besetzungszahl-Operators wird gebildet durch

$$\left|n_{\vec{k}}\right\rangle = \frac{a^\dagger_{\vec{k}}}{\sqrt{n_{\vec{k}}!}}\left|0_{\vec{k}}\right\rangle \quad \text{mit} \quad N_{\vec{k}}\left|n_{\vec{k}}\right\rangle = n_{\vec{k}}\left|0_{\vec{k}}\right\rangle$$

Ein generischer Zustand im Fock-Raum wird durch einen Satz von Eigenwerten $\{n_{\vec{k}_1}, n_{\vec{k}_2}, n_{\vec{k}_3}, \dots\}$ charakterisiert, der die Anregung jeder Mode $\vec{k}_i$ mit $n_{\vec{k}_i}$ Quanten beschreibt,

$$\begin{aligned}\left|\{n_{\vec{k}_1}, n_{\vec{k}_2}, n_{\vec{k}_3}, \dots\}\right\rangle &= \left|n_{\vec{k}_1}\right\rangle \otimes \left|n_{\vec{k}_2}\right\rangle \otimes \left|n_{\vec{k}_3}\right\rangle \otimes \dots \\ &= \frac{a^\dagger_{\vec{k}_1}}{\sqrt{n_{\vec{k}_1}!}}\left|0_{\vec{k}_1}\right\rangle \otimes \frac{a^\dagger_{\vec{k}_2}}{\sqrt{n_{\vec{k}_2}!}}\left|0_{\vec{k}_2}\right\rangle \otimes \frac{a^\dagger_{\vec{k}_3}}{\sqrt{n_{\vec{k}_3}!}}\left|0_{\vec{k}_3}\right\rangle \otimes \dots\end{aligned}$$

mit

$$\left|n_{\vec{k}}\right\rangle = \left|n_{k_x}\right\rangle \otimes \left|n_{k_y}\right\rangle \otimes \left|n_{k_z}\right\rangle\ .$$

Diese Zustände sind auch Eigenzustände von H. Die Energie des Grundzustandes wird

$$\begin{aligned}E_0 = \langle 0|H|0\rangle &= \frac{1}{2}\int \frac{d^3k}{2E_k}E_k\langle 0|(a_{\vec{k}}a^\dagger_{\vec{k}} + a^\dagger_{\vec{k}}a_{\vec{k}})\,|0\rangle \\ &= \frac{1}{2}\int \frac{d^3k}{2E_k}E_k\langle 0|2a^\dagger_{\vec{k}}a_{\vec{k}} + [a_{\vec{k}}, a^\dagger_{\vec{k}}]\,|0\rangle \\ &= 0 + \delta^3(0)\int d^3k\sqrt{\vec{k}^2 + m^2} = \infty\end{aligned}$$

Hier begegnet uns in der Quantenfeldtheorie (QFT) zum ersten mal eine Divergenz. Die pragmatische Einstellung ist, diese Divergenz zu ignorieren, da nur Energiedifferenzen beobachtbar sind. Das ist richtig, solange man die Gravitation vernachlässigt, die an den Energie-Impuls-Tensor koppelt. Die Entfernung dieser Divergenz kann automatisch erfolgen, indem man postuliert, dass Produkte von Feldoperatoten normalgeordnet sein sollen. Normalordnung bedeutet, dass die Vernichtungsoperatoren rechts stehen, sie wird durch Doppelpunkte bezeichnet, z. B.

$$:a_{\vec{k}}a^\dagger_{\vec{k}}: = a^\dagger_{\vec{k}}a_{\vec{k}}\ .$$

Die normierten Zweiteilchen-Zustände sind

$$\left|\vec{k}_1\vec{k}_2\right\rangle = \frac{1}{\sqrt{2}}a^\dagger_{\vec{k}_2}a^\dagger_{\vec{k}_1}\,|0\rangle$$

Da $[a^\dagger_{\vec{k}_1}, a^\dagger_{\vec{k}_2}] = 0$, gilt

$$a^\dagger_{\vec{k}_1} a^\dagger_{\vec{k}_2} |0\rangle = a^\dagger_{\vec{k}_2} a^\dagger_{\vec{k}_1} |0\rangle \quad \text{oder} \quad \left|\vec{k}_1\vec{k}_2\right\rangle = \left|\vec{k}_2\vec{k}_1\right\rangle$$

d. h. die Zustände erfüllen die *Bose-Statistik.*

Integrieren wir den Besetzungszahloperator über die Impulse

$$\mathcal{N} = \int \frac{d^3k}{(2\pi)^3 2E_k} N_{\vec{k}} = \int \frac{d^3k}{(2\pi)^3 2E_k} a^\dagger_{\vec{k}} a_{\vec{k}}$$

und wenden wir $\mathcal{N}$ auf einen n-Teilchenzustand an, so erhalten wir

$$\mathcal{N}\left|\vec{k}_1, \dots \vec{k}_n\right\rangle = n\left|\vec{k}_1, \dots \vec{k}_n\right\rangle$$

Der Operator $\mathcal{N}$ kann daher als *Teilchenzahl-Operator* interpretiert werden.

Beweis für $n = 2$.

$$\begin{aligned}
&\int \frac{d^3k}{(2\pi)^3 2E_k} a^\dagger_{\vec{k}} a_{\vec{k}} \left|\vec{k}_1\vec{k}_2\right\rangle \\
&= \int \frac{d^3k}{2E_k} a^\dagger_{\vec{k}} a_{\vec{k}} \frac{1}{\sqrt{2}} a^\dagger_{\vec{k}_2} a^\dagger_{\vec{k}_1} |0\rangle = \frac{1}{\sqrt{2}} \int \frac{d^3k}{2E_k} a^\dagger_{\vec{k}} \left([a_{\vec{k}}, a^\dagger_{\vec{k}_2}] + a^\dagger_{\vec{k}_2} a_{\vec{k}}\right) a^\dagger_{\vec{k}_1} |0\rangle \\
&= \frac{1}{\sqrt{2}} \int \frac{d^3k}{(2\pi)^3 2E_k} k\, a^\dagger_{\vec{k}} \left((2\pi)^3 2E_k \delta^3(\vec{k} - \vec{k}_2) a^\dagger_{\vec{k}_1} + \left([a_{\vec{k}}, a^\dagger_{\vec{k}_2}] + a^\dagger_{\vec{k}_2} a_{\vec{k}}\right)\right) |0\rangle \\
&= \frac{1}{\sqrt{2}} \int \frac{d^3k}{(2\pi)^3 2E_k} a^\dagger_{\vec{k}} \left((2\pi)^3 2E_k \delta^3(\vec{k} - \vec{k}_2) a^\dagger_{\vec{k}_1}\right. \\
&\qquad \left. + \left((2\pi)^3 2E_k \delta^3(\vec{k} - \vec{k}_2) a^\dagger_{\vec{k}_1} + a^\dagger_{\vec{k}_2} a_{\vec{k}}\right)\right) |0\rangle \\
&= \frac{1}{\sqrt{2}} \left(a^\dagger_{\vec{k}_2} a^\dagger_{\vec{k}_1} + a^\dagger_{\vec{k}_1} a^\dagger_{\vec{k}_2}\right) |0\rangle = \left(\left|\vec{k}_2\vec{k}_1\right\rangle + \left|\vec{k}_1\vec{k}_2\right\rangle\right) = 2\left|\vec{k}_1\vec{k}_2\right\rangle
\end{aligned}$$

□

Der normalgeordnete Hamilton-Operator Gl. (2.13) lässt sich schreiben als

$$:H: = \int \frac{d^3k}{(2\pi)^3 2E_{\vec{k}}} E_{\vec{k}} N_{\vec{k}} \,.$$

Angewandt auf einen n-Teilchen-Zustand ergibt sich

$$\begin{aligned}
H\left|\vec{k}_1, \dots \vec{k}_n\right\rangle &= \int \frac{d^3k}{(2\pi)^3 2E_{\vec{k}}} E_{\vec{k}} N_{\vec{k}} \left|\vec{k}_1, \dots \vec{k}_n\right\rangle \\
&= \left(E_{\vec{k}_1} + E_{\vec{k}_2} + \dots + E_{\vec{k}_n}\right)\left|\vec{k}_1, \dots \vec{k}_n\right\rangle
\end{aligned}$$

Entsprechend folgt für den Impulsoperator aus Gl. (2.3)

$$\begin{aligned}
P_i(t) &= -i \int d^3x : \Phi^\dagger(\vec{x}, t) \frac{\partial}{\partial x_i} \Phi(\vec{x}, t) : \\
&= \int \frac{d^3k}{(2\pi)^3 2E_k} k_i a^\dagger_{\vec{k}} a_{\vec{k}} \,.
\end{aligned}$$

Bemerkenswert ist, dass sowohl H und $\vec{P}$ in der $\{|n\rangle\}$ Basis diagonal sind, die man deshalb auch als *Teilchenzahl-Darstellung* bezeichnet. Es gibt unendlich viele Erzeugungs- und Vernichtungsoperatoren, einen für jeden Impuls $\vec{k}$. Der Fockraum besteht aus einem abzählbar unendlichdimensionalen Teil (Teilchenzahl) und einem kontinuierlichen Teil (Impuls). Wichtigster Ausdruck der Feldquantisierung ist die diskrete Teilchenzahl N, die es erst erlaubt von Teilchen zu sprechen. Sie besitzen die typischen Eigenschaften von Quanten-Teilchen. Wir können beispielsweise lokalisierte Wellenpakete von Einteilchenzuständen bilden. Die sind dann allerdings nicht mehr Eigenzustände von Energie und Impuls.

2.2 Poincaré-Invarianz

Wir betrachten jetzt Systeme von Feldern $\Phi_r(x)$ $(r = 1\ldots n)$ mit kanonischen Impulsen $\Pi_r(x) = \partial L/\partial(\partial_0\Phi_r(x))$. Sie bilden Operatoren im Hilbert-Raum der Zustände. Die kanonische Quantisierung ist dabei definiert durch die gleichzeitigen Vertauschungsrelationen

$$[\Phi_r(\vec{x},t), \Pi_s(\vec{x}\,',t)] = i\delta_{rs}\delta(\vec{x}-\vec{x}\,')\,.$$

Alle anderen Kommutatoren verschwinden. Die Observablen sind Matrixelemente zwischen physikalischen Zuständen. Im klassischen Limes gehen die Erwartungswerte der Feldoperatoren in die klassischen Felder über,

$$\langle\Psi|\Phi_n(x)|\Psi\rangle \underset{\text{klassisch}}{\Longrightarrow} \Phi_n(x) \quad \text{Korrespondenzprinzip}$$

Die Invarianz-Gruppe der Physik ist größer als die Lorentz-Gruppe. Neben den Lorentz-Tansformationen $x^\mu \to x'^\mu = \Lambda^\mu{}_\nu x^\nu$ sind auch Translationen $x^\mu \to x'^\mu = x^\mu + a^\mu$ erlaubt. Damit transformiert sich ein Vektor wie

$$x^\mu \to x'^\mu = \Lambda^\mu{}_\nu x^\nu + a^\mu\,.$$

Die Gesamtheit der Lorentz-Transformationen und Translationen bildet die *Poincaré-Gruppe*. Unter einer Poincaré-Transformation ändert sich das klassische Feld von n Komponenten in

$$\Phi_r(x) \to \Phi'_r(x') = \sum_{s=1}^{n} S_{rs}(\Lambda)\Phi_s(\Lambda^{-1}x - a) \quad (r,s = 1\ldots n)$$
$$\Phi(x) \to \Phi'(x') = S(\Lambda)\Phi(\Lambda^{-1}x - a) \quad \text{(in Matrixnotation)},$$

wo $S(L)$ eine $n\times n$ Matrix ist. Der Translationsparameter tritt in $S(\Lambda)$ nicht auf, da eine Translation die Komponenten von $\Phi_r(x)$ nicht mischt. Wir halten das physikalische System fest und betrachten es in zwei unterschiedlichen Inertialsystemen, die durch eine Poincaré-Transformation miteinander verbunden sind.

In der Quantenfeldtheorie werden die Felder zu Operatoren, die auf den Hilbert-Raum der Zustände $|\Psi_\alpha\rangle$ wirken. Den physikalischen Observablen entsprechen

Matrixelementen der Feldoperatoren. Das Korrespondenzprinzip verlangt, dass diese Matrixelemente Poincaré-kovariant sind. D. h.

$$\left\langle \Psi'_\alpha | \Phi_r(x') | \Psi'_\alpha \right\rangle = S_{rs}(\Lambda) \left\langle \Psi_\alpha | \Phi_s(x) | \Psi_\alpha \right\rangle \tag{2.15}$$

mit

$$\left| \Psi' \right\rangle = U(\Lambda, a) \left| \Psi \right\rangle ,$$

wo $U(\Lambda, a)$ ein unitärer Operator ist. Das Feld transformiert sich demnach gemäß

$$U(\Lambda, a)\Phi_r(x)U^{-1}(\Lambda, a) = S^{-1}_{rs}(\Lambda)\Phi_s(\Lambda x + a) . \tag{2.16}$$

Beweis. Aus Gl. (2.15) folgt

$$S^{-1} \left\langle \Psi'_\alpha | \Phi(\Lambda x + a) | \Psi'_\alpha \right\rangle = \left\langle \Psi_\alpha | \Phi(x) | \Psi_\alpha \right\rangle$$
$$S^{-1} \left\langle \Psi_\alpha | U^{-1}\Phi(\Lambda x + a)U | \Psi_\alpha \right\rangle = \left\langle \Psi_\alpha | \Phi(x) | \Psi_\alpha \right\rangle$$

oder

$$S^{-1}U^{-1}\Phi(\Lambda x + a)U = \Phi(x) \to \Phi(\Lambda x + a) = U\Phi(\Lambda x + a)U^{-1} . \qquad \square$$

Wir bezeichnen die Poincaré-Transformation mit $T(\Lambda, a)$. Für zwei auf einander folgende Poincarè-Transformationen gilt die Verkettungsregel

$$T(\Lambda_2, a_2)T(\Lambda_1, a_1) = T(\Lambda_2\Lambda_1, \Lambda_2 a_1 + a_2)$$

Beweis.

$$x'' = \Lambda_2 x' + a_2 = \Lambda_2(\Lambda_1 x + a_1) + a_2 = \underbrace{\Lambda_2\Lambda_1}_{\Lambda_3} x + \underbrace{(\Lambda_2 a_1 + a_2)}_{a_3} \qquad \square$$

Die entsprechende Verkettungsregel für den unitären Operator lautet

$$U(\Lambda_2, a_2)U(\Lambda_1, a_1) = U(\Lambda_2\Lambda_1, \Lambda_2 a_1 + a_2) \tag{2.17}$$

Wir wollen jetzt die Folgerungen aus der Forderung der Poincaré-Invarianz einer Quantenfeldtheorie ableiten. Dazu betrachten wir infinitesimale Transformationen

$$x'^\mu = x^\mu + \omega^\mu{}_\nu x^\nu + \varepsilon^\mu \quad \text{mit} \quad \omega_{\mu\nu} = -\omega_{\nu\mu}$$

und setzen

$$S_{rs} = \delta_{rs} - \frac{i}{2}\omega^{\mu\nu}\left[\Sigma_{\mu\nu}\right]_{rs} \quad \text{mit} \quad \Sigma_{\mu\nu} = -\Sigma_{\nu\mu} . \tag{2.18}$$

Wir verwenden das selbe $\omega^{\mu\nu}$ um sicher zu gehen, dass wir die selbe Lorentz-Transformation auf x^μ und $\Phi(x)$ anwenden. Aus der Verkettungsregel $S(\Lambda_1)S(\Lambda_2) = S(\Lambda_1\Lambda_2)$ leitet man die Vertauschungsrelationen der Lorentz-Algebra ab,

$$[\Sigma^{\mu\nu}, \Sigma^{\lambda\rho}] = i(g^{\nu\lambda}\Sigma^{\mu\rho} - g^{\mu\lambda}\Sigma^{\nu\rho} + g^{\mu\rho}\Sigma^{\nu\lambda} - g^{\nu\rho}\Sigma^{\mu\lambda}) .$$

Für den unitären Operator setzen wir an

$$U(\varepsilon) = 1 + i\varepsilon^{\mu} P_{\mu} - \frac{i}{2}\omega^{\mu\nu} M_{\mu\nu} .$$

Dabei sind die $M^{\mu\nu}$ $(= -M^{\nu\mu})$ und P^{μ} Hermitesche Operatoren, die die Lorentz-Transformationen und Translationen erzeugen. Mit Hilfe der Verkettungsregel Gl. (2.17) zeigt man, dass folgende Vertauschungsregeln gelten:

$$[P^{\mu}, P^{\nu}] = 0 \tag{2.19}$$

$$[M^{\mu\nu}, P^{\lambda}] = i(g^{\nu\lambda} P^{\mu} - g^{\mu\lambda} P^{\nu}) \tag{2.20}$$

$$[M^{\mu\nu}, M^{\lambda\rho}] = i(g^{\nu\lambda} M^{\mu\rho} - g^{\mu\lambda} M^{\nu\rho} + g^{\mu\rho} M^{\nu\lambda} - g^{\nu\rho} M^{\mu\lambda}) \tag{2.21}$$

Dies ist die *Poincaré-Algebra*. Wir werden sehen, dass sich P^{ν} mit dem Impulsoperator identifizieren lässt und $M^{\mu\nu}$ mit dem Drehimpulsoperator.

Die Operatoren, die mit allen Operatoren der Algebra vertauschen heißen *Casimir-Operatoren*. Für die Poincaré-Algebra lauten sie P^2 und W^2, wo

$$W^{\mu} \equiv \frac{1}{2}\varepsilon^{\mu\alpha\beta\gamma} P_{\alpha} M_{\beta\gamma}$$

der *Pauli-Lubanski-Vektor* ist. Er vertauscht mit dem Impulsoperator

$$[W^{\mu}, P^{\nu}] = 0 \tag{2.22}$$

Beweis.

$$[W^{\mu}, P^{\nu}] = \left[\frac{1}{2}\varepsilon^{\nu\alpha\beta\gamma} P_{\alpha} M_{\beta\gamma}, P_{\nu}\right] = \frac{1}{2}\varepsilon^{\nu\alpha\beta\gamma} P_{\alpha}[M_{\beta\gamma}, P_{\nu}]$$
$$= \frac{1}{2}\varepsilon^{\nu\alpha\beta\gamma} P_{\alpha} i(g_{\nu\gamma} P_{\beta} - g_{\beta\nu} P_{\gamma}) = 0 ,$$

wegen der Antisymmetrie des ε-Tensors und der symmetrischen Faktoren $P_{\alpha}P_{\beta}$ und $P_{\alpha}P_{\gamma}$. Auf ähnliche Weise zeigt man, dass

$$[W_{\mu}, M_{\alpha\beta}] = i(g_{\mu\alpha} W_{\beta} - g_{\mu\beta} W_{\alpha}) .$$ □

Die Darstellungen der Abelschen Translationsgruppe sind eindimensional und werden durch den Eigenwert p^{μ} von P^{μ} festgelegt. Die Lorentz-Transformationen, die p^{μ} unverändert lassen, bilden die sogenannte *kleine Gruppe* zu p^{μ}.

Um die Algebra der kleinen Gruppe zu p^{μ} zu bestimmen, ersetzen wir in Gl. (2.20) den Operator P_{μ} durch p^{μ}. Dann verschwindet die linke Seite der Gleichung. Es folgt, dass die kleine Gruppe zu p^{μ} aus Linearkombinationen $c_{\mu\nu}M^{\mu\nu}$ von Lorentz-Transformationen besteht, die die Bedingung

$$c_{\mu\nu}(g^{\nu\lambda} p^{\mu} - g^{\mu\lambda} p^{\nu}) = 0 , \quad \text{mit} \quad c_{\mu\nu} = -c_{\nu\mu}$$

erfüllen. Im Ruhsystem $p^\mu = (p_0, 0, 0, 0)$ lautet diese Bedingung $c_{\mu 0} = 0$, d. h. nur die M_{ik} sind ungleich Null. Da die M_{ik} die Drehimpuls-Vertauschungsrelationen erfüllen, identifizieren wir die $M_{\mu\nu}$ im Ruhsystem mit dem *Spin-Operator*. Setzen wir

$$\widehat{S}_i \equiv \frac{1}{m} W_i \, ,$$

so erfüllt S_i auf Grund von Gl. (2.22) Drehimpuls-Vertauschungsrelationen

$$[\widehat{S}_i, \widehat{S}_k] = i\varepsilon_{ikl}\widehat{S}_l \, .$$

Die Eigenwerte von $\widehat{S}^2$ sind $s(s+1)$ mit $s = 0, \frac{1}{2}, 1, \frac{3}{2}, 2, \ldots$. Im Ruhsystem des Teilchens gilt daher

$$W^2 \left|p_0, \vec{p} = 0\right\rangle = m^2 s(s+1) \left|p_0, \vec{p} = 0\right\rangle \, .$$

Die irreduziblen Darstellungen der Poincaré-Gruppe sind somit durch zwei Invariante, Masse und Spin, charakterisiert. Elementarteilchen werden folglich mit den irreduziblen Darstellungen der Poincaré-Gruppe identifiziert. Um die Teilchen zu lokalisieren, konstruieren wir Einteilchen-Wellenpakete indem wir über eine Gauss-Verteilung $f(\vec{p})$ integrieren,

$$|f\rangle = \int \frac{d^3p}{2p_0(2\pi)^3} f(\vec{p}) \left|p_0, \vec{p}\right\rangle$$

Wir wollen diese ziemlich abstrakte Diskussion anhand von zwei Beispielen erläutern.

Beispiel (Translationen). Unter infinitesimalen Translationen $x^\mu \to x'^\mu = x^\mu + a^\mu$ transformiert sich der Feldoperator gemäß Gl. (2.16)

$$U(a)\Phi_m(x)U^{-1}(a) = \Phi_m(x+a) \tag{2.23}$$

mit a^μ infinitesimal. Für den unitären Operator $U(a)$ setzen wir an

$$U(a) = \exp(ia_\mu \widehat{P}^\mu) \approx 1 + ia_\mu \widehat{P}^\mu \, ,$$

wo die Erzeugende $\widehat{P}^\mu$ ein Hermitescher Operator ist. Aus Gl. (2.23) folgt durch Taylor-Entwicklung von $\Phi_m(x+a)$, dass

$$i[\widehat{P}^\mu, \Phi_m(x)] = \frac{\partial \Phi_m(x)}{\partial x_\mu} \, . \tag{2.24}$$

Beweis.

$$\left(1 + ia_\mu \widehat{P}^\mu\right) \Phi_m(x) \left(1 - ia_\mu \widehat{P}^\mu\right) = \Phi_m(x+a) = \Phi_m(x) + a_\mu \partial^\mu \Phi_m(x)$$
$$ia_\mu \left(\widehat{P}^\mu \Phi_m(x) - \Phi_m(x)\widehat{P}^\mu\right) = a_\mu \partial^\mu \Phi_m(x) \quad \rightarrow \quad (2.24)$$

Vergleichen wir Gl. (2.24) mit dem entsprechenden Ausdruck der Quantenmechanik, so können wir $\widehat{P}^\mu = P^\mu$ mit dem *4-Impuls-Operator* identifizieren. □

In vorigen Kapitel hatten wir schon einen erhaltener Impuls mit Hilfe des Noether-Theorems abgeleitet. Er war

$$P^\mu = \int d^3x T^{\mu 0} = \int d^3x \left(\Pi_n \partial^\mu \Phi_n - g^{\mu 0} L \right)$$

Mit Hilfe der kanonischen Vertauschungsrelationen kann man zeigen, dass Gl. (2.24) erfüllt ist, d. h. dass die beiden Ergebnisse konsistent sind.

Beispiel (Lorentz-Transformationen). Unter infinitesimalen Lorentz-Transformationen $x^\mu \longrightarrow x'^\mu = x^\mu + \omega^\mu{}_\nu x^\nu$ transformiert sich der Feldoperator gemäß Gl. (2.16)

$$U(\omega)\Phi_r(x)U^{-1}(\omega) = S^{-1}_{rs} \Phi_s(x^\mu + \omega^\mu{}_\nu x^\nu) \tag{2.25}$$

mit

$$S_{rs} = \left(\delta_{rs} - \frac{i}{2} \omega^{\mu\nu} \left[\Sigma_{\mu\nu}\right]_{rs} \right) .$$

Für den unitären Operator $U(\omega)$, der die infinitesimalen Lorentz-Transformationen bewirkt, setzen wir an

$$U(\omega) = 1 - \frac{i}{2} \omega^{\mu\nu} M_{\mu\nu} .$$

Obwohl die Basen der Erzeugenden $M_{\mu\nu}$ und $\Sigma_{\mu\nu}$ verschieden sind, verwenden wir das selbe $\omega^{\mu\nu}$, um sicher zu gehen, dass wir die selbe Lorentz-Transformation auf x^μ und $\Phi(x)$ anwenden. Aus Gl. (2.16) folgt, dass der erzeugende Hermitesche Operator $M_{\mu\nu}$ der folgenden Gleichung genügt

$$i \left[M_{\mu\nu}, \Phi_r(x)\right] = \left[(x_\mu \partial_\nu - x_\nu \partial_\mu)\delta_{rs} - i(\Sigma_{\mu\nu})_{rs}\right] \Phi_s(x) . \tag{2.26}$$

Beweis. Gleichung (2.16)

$$\left(1 - \frac{i}{2}\omega^{\mu\nu} M_{\mu\nu}\right) \Phi_r(x) \left(1 + \frac{i}{2}\omega^{\mu\nu} M_{\mu\nu}\right) = \left(\delta_{rs} + \frac{i}{2}\omega^{\mu\nu} \left[\Sigma_{\mu\nu}\right]_{rs}\right) \Phi_s(x^\mu + \omega^\mu{}_\nu x^\nu)$$

In erster Ordnung in ω erhalten wir

$$\begin{aligned} \Phi_r(x) - \frac{i}{2}\omega^{\mu\nu} \left[M_{\mu\nu}, \Phi_r(x)\right] &= \Phi_r(x) + \frac{i}{2}\omega^{\mu\nu} \left[\Sigma_{\mu\nu}\right]_{rs} \Phi_s(x) + \omega_{\mu\nu} x^\nu \partial^\mu \Phi_r(x) \\ -\frac{i}{2}\omega^{\mu\nu} \left[M_{\mu\nu}, \Phi_r(x)\right] &= \left(\frac{i}{2}\omega^{\mu\nu} \left[\Sigma_{\mu\nu}\right]_{rs} - \frac{1}{2}\omega^{\mu\nu}(x^\mu \partial^\nu - x^\nu \partial^\mu)\right) \Phi_s(x) \end{aligned}$$

und somit ist Gl. (2.26) erfüllt. □

Durch den Vergleich mit der klassischen Feldtheorie und der Quantenmechanik sehen wir, dass die Raumkomponenten in der Gleichung (2.26) den Drehimpulstensor darstellen, der die dreidimensionalen Drehungen erzeugt. Das Noether-Theorem für klassische Felder kann also hier problemlos in die Quantenfeldtheorie übertragen werden. Bei jeder Theorie können wir mit Hilfe Gl. (2.26) überprüfen, ob die Lorentz-Invarianz erfüllt ist.

2.3 Kausalität

Da sich Signale nicht schneller als mit Lichtgeschwindigkeit ausbreiten, können sich raumartig getrennte Ereignisse nicht beeinflussen. Das bedeutet, dass die Kommutatoren für zwei raumartig getrennte Operatoren verschwinden müssen,

$$[O_1(x), O_2(y)] = 0 \quad \text{für} \quad (x-y)^2 < 0\,. \tag{2.27}$$

Raumartig getrennte Observable vertauschen, da kein Signal schneller sein kann als die Lichtgeschwindikeit c. Dies ist die Kausalitätsbedingung, da eine Messung einer Observablen bei x eine Messung bei y nicht beeinflussen kann, wenn $(x-y)^2 < 0$ ist.

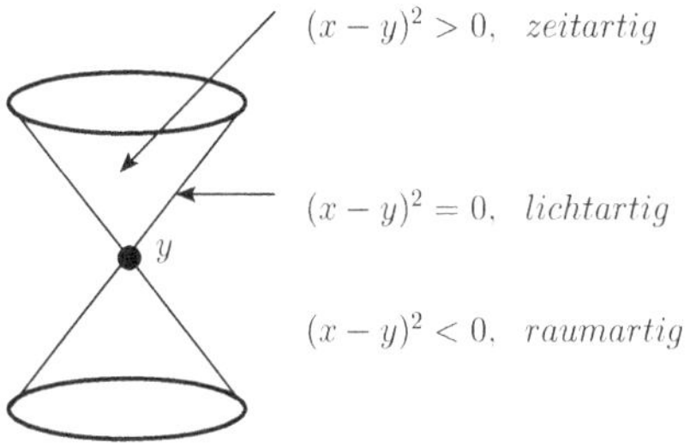

Die Kausalität Gl. (2.27) ist in der freien Theorie erfüllt. In Gegenwart von Wechselwirkungen bildet sie eines der Axiome der QFT.

Es lohnt sich in diesem Zusammenhang, Vakuumerwartungswerte von Produkten von Feldoperatoren zu untersuchen. Diese sind singulär, wenn die Operatoren am selben Raum-Zeitpunkt gebildet werden.

Wir beginnen mit dem Vakuumerwartungswert des Kommutators,

$$iD(x-y;m) = \langle 0|\,[\Phi(x), \Phi(y)]\,|0\rangle\ .$$

Die Entwicklung nach Erzeugungs- und Vernichtungsoperatoren ergibt

$$\begin{aligned}
iD(x-y;m) &= \int \frac{d^3q}{(2\pi)^3 2q_0} \int \frac{d^3q'}{(2\pi)^3 2q_0'} \langle 0|\left\{e^{-iqx}e^{iq'y}[a(q), a^\dagger(q')]\right.\\
&\qquad \left. + e^{iqx}e^{-iq'y}[a^\dagger(q), a(q')]\right\}|0\rangle\\
&= \int \frac{d^3q}{(2\pi)^3 2q_0} \int \frac{d^3q'}{(2\pi)^3 2q_0'} \left\{e^{-iqx}e^{iq'y}(2\pi)^3 2q_0 \delta^3(\vec{q}-\vec{q}\,')\right.\\
&\qquad \left. + e^{iqx}e^{-iq'y}(2\pi)^3 2q_0 \delta^3(\vec{q}-\vec{q}\,')\right\}\\
&= \int \frac{d^3q}{(2\pi)^3 2q_0}\left[e^{-iq(x-y)} - e^{iq(x-y)}\right]\\
&= \int d^4q\,\delta(q^2-m^2)e^{-iq(x-y)}[\theta(q_0)-\theta(-q_0)]\,,
\end{aligned}$$

da

$$\delta(q^2-m^2) = \frac{1}{2|q_0|}[\delta(q_0-\sqrt{\vec{q}^2+m^2}) + \delta(q_0-\sqrt{\vec{q}^2+m^2})]\,.$$

Die Distribution $D(x, m)$ hat folgende Eigenschaften

$$(\Box + m^2)D(x, m) = 0$$
$$D(\Lambda x) = D(x) \quad \text{wo } \Lambda \text{ Lorentz-Transformationen sind}$$
$$D(x) = D(-x)$$
$$D(x) = 0 \quad \text{für} \quad x^2 < 0 \quad \text{Lokalität, Kausalität}$$

Man kann auch ein einfaches Produkt betrachten. Dann erhält man auf analoge Weise

$$\langle 0|\,\Phi(x)\Phi(y)\,|0\rangle = \int \frac{d^3q}{(2\pi)^3 2q_0} e^{-iq(x-y)}\Big|_{q_0=\sqrt{\vec{q}^2+m^2}} . \tag{2.28}$$

2.4 Der Propagator

Der *Feynmansche Propagator* ist definiert als Vakuumerwartungswert des zeitgeordneten Produktes zweier Feldoperatoren,

$$i\Delta_F(x-y) = \langle 0|\, T\Phi(x)\Phi(y)\,|0\rangle ,$$

wo

$$T\Phi(x)\Phi(y) = \Phi(x)\Phi(y)\theta(x_0 - y_0) + \Phi(y)\Phi(x)\theta(y_0 - x_0) .$$

Um den Propagator zu berechnen, betrachten wir zunächst die Greenfunktion der klassischen Klein-Gordon-Gleichung, die wie folgt definiert ist

$$(\Box + m^2)G(x) = (2\pi)^4\delta^4(x) .$$

Im Fourier-Raum lautet die Gleichung

$$(-k^2 + m^2)G(k) = 1$$

mit

$$G(k) = \int d^4x e^{ikx} G(x) = \frac{1}{-k^2 + m^2} .$$

Damit wird

$$\begin{aligned} G(x) &= -\int \frac{d^4k}{(2\pi)^4} \frac{e^{-ikx}}{k^2 - m^2} \\ &= -\int \frac{d^4k}{(2\pi)^4} \frac{e^{-ikx}}{k_0^2 - \omega_k^2} \end{aligned} \tag{2.29}$$

mit

$$\omega_k = \sqrt{\vec{k}^2 - m^2} \quad \text{(positive Wurzel).}$$

Der k_0-Integrand hat Pole bei $k_0 = \pm\omega_k$. Man erhält verschiedene Greenfunktionen, je nachdem wie man um die Pole geht.

Wir beschränken uns auf die Feynmansche Greenfunktion, die wie folgt definiert ist:

$$\begin{aligned} G_\mathrm{F}(x) &\equiv -\int \frac{d^4k}{(2\pi)^4} \frac{e^{-ikx}}{k^2 - m^2 + i\varepsilon} \\ &= -\int \frac{d^4k}{(2\pi)^4} \frac{e^{-ikx}}{k_0^2 - \omega_k^2 + i\varepsilon} \\ &= -\int \frac{d^4k}{(2\pi)^4} \frac{e^{-ikx}}{(k_0 - \omega_k + i\varepsilon)(k_0 + \omega_k - i\varepsilon)} , \end{aligned}$$

wo wir verwendet haben, dass

$$\begin{aligned} &(k_0 - \omega_k + i\varepsilon)(k_0 + \omega_k - i\varepsilon) \\ &= k_0^2 - (\omega - i\varepsilon)^2 \simeq k_0^2 - \omega_k^2 + 2i\varepsilon\omega_k = k_0^2 - \omega_k^2 + 2i\varepsilon' . \end{aligned}$$

Der rechte Pol $k_0 = \omega_k - i\varepsilon$ ist etwas nach unten versetzt und der linke $k_0 = -\omega_k + i\varepsilon$ etwas nach oben. Das k_0-Integral erstreckt sich von $-\infty$ bis ∞ entlang der reellen Achse und kann mit dem Residuensatz berechnet werden.

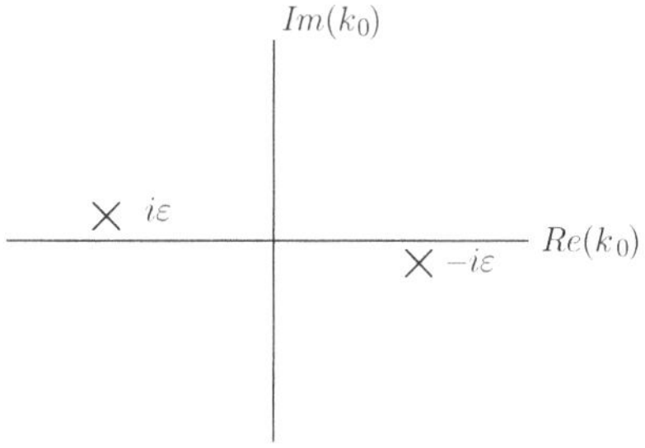

a) Für $x_0 > 0$ schließt man die Kontur mit einem unendlichen Halbkreis in der unteren Halbebene. Innerhalb der Kontur liegt der Pol $k_0 = \omega_k - i\varepsilon$. Nach dem Jordanschen Lemma trägt der Halbkreis wegen des Faktors $e^{-ik_0x_0}$ nicht bei, da er für $\mathrm{Im}\, k_0 < 0$ exponentiell abfällt. Die Kontur wird im Uhrzeigersinn umlaufen, das gibt einen Faktor -1. Das Residuum ist in diesem Fall

$$\mathrm{Res} \left. \frac{-e^{-ikx}}{(k_0 - \omega_k + i\varepsilon)(k_0 + \omega_k - i\varepsilon)} \right|_{k_0=\omega_k} = \left. \frac{e^{-ikx}}{2\omega_k} \right|_{k_0=\omega_k}$$

Damit wird

$$G_\mathrm{F}(x)|_{x_0>0} = \int \frac{d^3k}{(2\pi)^3 2\omega_k} e^{-ikx} \Big|_{k_0=\omega_k}$$

b) Für $x_0 < 0$ schließt man die Kontur mit einem unendlichen Halbkreis in der oberen Halbebene und erhält

$$\mathrm{Res} \left. \frac{-e^{-ikx}}{(k_0 - \omega_k + i\varepsilon)(k_0 + \omega_k - i\varepsilon)} \right|_{k_0=-\omega_k} = \left. \frac{e^{-i(k_0x_0 - \vec{k}\cdot\vec{x})}}{2\omega_k} \right|_{k_0=-\omega_k}$$

Das Integral über d^3k ist translationsinvariant und man kann daher $\vec{k}$ durch $-\vec{k}$ ersetzen. Dann erhält man

$$G_F(x)|_{x_0<0} = \int \frac{d^3k}{(2\pi)^3 2\omega_k} e^{ikx}\bigg|_{k_0=\omega_k}$$

Fall a) und Fall b) ergeben zusammen

$$G_F(x) = \left[\int \frac{d^3k}{(2\pi)^3 2\omega_k} e^{ikx}\theta(x_0) + \int \frac{d^3k}{(2\pi)^3 2\omega_k} e^{ikx}\theta(-x_0)\right]_{k_0=\omega_k} .$$

Ein Vergleich mit Gl. (2.28) ergibt

$$G_F(x)|_{x_0>0} = \int \frac{d^3k}{(2\pi)^3 2k_0} e^{-ikx}\,\theta(x_0)\bigg|_{k_0=\omega_k} = i\,\langle 0|\,\Phi(x)\Phi(0)\,|0\rangle$$

$$G_F(x)|_{x_0<0} = \int \frac{d^3k}{(2\pi)^3 2k_0} e^{ikx}\,\theta(-x_0)\bigg|_{k_0=\omega_k} = i\,\langle 0|\,\Phi(0)\Phi(x)\,|0\rangle$$

Damit wird

$$G_F(x) = i\,\langle 0|\,T\Phi(x)\Phi(0)\,|0\rangle\ ,$$

oder, wegen Translationsinvarianz

$$G_F(x-y) = i\,\langle 0|\,T\Phi(x)\Phi(y)\,|0\rangle\ .$$

Gehen wir zurück zu Gl. (2.29), so erhalten wir für den *Feynman-Propagator*

$$\begin{aligned} i\Delta_F(x-y) &= \langle 0|\,T\Phi(x)\Phi(y)\,|0\rangle \\ &= \int \frac{d^4k}{(2\pi)^4} e^{ik(x-y)} \frac{1}{k^2 - m^2 + i\varepsilon}\ . \end{aligned} \tag{2.30}$$

Dieser wird eine wichtige Rolle in der störungstheoretischen Lösung der QFT bilden.

3 Das Dirac-Feld

3.1 Die Dirac-Gleichung

Soll die Klein-Gordon-Gleichung als relativistische Verallgemeinerung der Schrödinger-Gleichung dienen, so ergeben sich unüberwindliche Schwierigkeiten, die unter anderem von den zweiten Ableitung in der Zeit herrühren. Dies motivierte Dirac nach einer relativistischen Wellengleichung zu suchen, die nur die erste Zeitableitung enthält. Dirac machte den Ansatz

$$(i\gamma^\mu \partial_\mu - m\mathbf{1})_{\alpha\beta}\Psi^\beta(x) = 0\,, \qquad \alpha, \beta = 0, 1, 2, 3\,,$$

wo γ^μ konstante Matrizen sind. Wenn das Feld $\Psi^\beta(x)$ die Energie-Impulsrelation $p^2 = m^2$ eines Teilchens der Masse m erfüllen soll, dann muss es zusätzlich auch die Klein-Gordon-Gleichung erfüllen. Aus dieser Forderung leitete Dirac ab, dass die γ_μ Matrizen eine Clifford-Algebra bilden, mit

$$\{\gamma^\mu, \gamma^\nu\} = [\gamma^\mu\gamma^\nu + \gamma^\nu\gamma^\mu] = 2g^{\mu\nu}\mathbf{1}\,. \tag{3.1}$$

Beweis.

$$\begin{aligned} 0 &= (i\gamma^\nu\partial_\nu + m)(i\gamma^\mu\partial_\mu - m)\Psi(x) \\ &= \left[-(\gamma^\nu\partial_\nu)(\gamma^\mu\partial_\mu) - m^2 1\right]\Psi(x) = \left[-\frac{1}{2}(\gamma^\mu\gamma^\nu + \gamma^\nu\gamma^\mu)\partial_\mu\partial_\nu - m^2\right]\Psi(x) \\ &= -\left[\partial_\mu\partial^\mu + m^2\right]\Psi(x) \end{aligned}$$ □

Man kann zeigen, dass es keine 2×2 oder 3×3 Darstellung der Clifford-Algebra gibt. Die einfachste Annahme ist, dass die γ^μ komplexe 4×4 Matrizen sind.

Theorem. *Zwei 4×4 Matrix-Darstellungen γ^μ und γ'^μ der Clifford-Algbra sind äquivalent, d. h.*

$$\gamma'^\mu = A^{-1}\gamma^\mu A\,,$$

wo A eine nicht-singuläre 4×4 Matrix ist mit $\det A = 1$.

Eine Realisierung ist die *Dirac-Darstellung* (in 2×2 Blockform)

$$\gamma^0 = \begin{pmatrix} 1 & 0 \\ 0 & -1 \end{pmatrix}, \quad \gamma^i = \begin{pmatrix} 0 & \sigma^i \\ -\sigma^i & 0 \end{pmatrix}, \quad i = 1, 2, 3\,, \tag{3.2}$$

wo σ^i die Pauli-Spinmatrizen sind,

$$\sigma^1 = \begin{pmatrix} 0 & 1 \\ 1 & 0 \end{pmatrix}, \quad \sigma^2 = \begin{pmatrix} 0 & -i \\ i & 0 \end{pmatrix}, \quad \sigma^3 = \begin{pmatrix} 1 & 0 \\ 0 & -1 \end{pmatrix}.$$

In dieser Darstellung, aber nicht in allen Darstellungen, ist

$$(\gamma^0)^\dagger = \gamma^0 \quad \text{und} \quad (\gamma^i)^\dagger = -\gamma^i$$

https://doi.org/10.1515/9783110488593-003

Die adjungierte Gamma-Matrix erfüllt auch die Clifford-Algebra

Beweis.

$$\{\gamma^\mu, \gamma^\nu\} = 2g^{\mu\nu} \quad \rightarrow \quad \{\gamma^{\nu\dagger}, \gamma^{\mu\dagger}\} = 2g^{\nu\mu} = 2g^{\mu\nu} ,$$

d. h. $\gamma^{\mu\dagger} = A\gamma^\mu A^{-1}$. In Darstellungen mit $(\gamma^0)^\dagger = \gamma^0$ und $(\gamma^i)^\dagger = -\gamma^i$ ist

$$\gamma^{\mu\dagger} = \gamma^0\gamma^\mu\gamma^0 . \tag{3.3}$$

□

Wir werden jetzt zeigen, dass die Clifford-Algebra die Kovarianz der Dirac-Gleichung garantiert.

Bemerkung. Auch die Dirac-Gleichung erlaubt, wie die Klein-Gordon-Gleichung, keine konsistente Interpretation als Einteilchen-Gleichung, d. h. als relativistische Verallgemeinerung der Schrödinger-Gleichung. Nur für niedrige Energien, kann die Einteilchen-Dirac-Gleichung dazu dienen, die führenden relativistischen Korrekturen, z. B. beim Wasserstoff-Atom, zu berechnen.

3.2 Lorentz-Transformationen des Dirac-Feldes

Wir beschränken uns auf infinitesimale Lorentz-Transformationen von einem Inertialsystem I in ein Inertialsystem I',

$$x'^\mu = x^\mu + \omega^{\mu\nu}x_\nu + \cdots .$$

Dann transformieren sich die Felder gemäß

$$\Psi(x) \rightarrow \Psi'_r(x') = S_{rs}(\omega)\Psi_s(x)$$

Für skalare Felder ist $S_{rs} = \delta_{rs}$. Da der Raum linear und homogen ist, wird für Dirac-Felder $\Phi'_r(x')$ eine Linearkombination der $\Phi_r(x)$ sein, d. h. wir definieren

$$S_{rs}(\omega) = \delta_{rs} + \frac{1}{2}\omega_{\alpha\beta}\Sigma^{\alpha\beta}_{rs} .$$

Dann wird

$$\begin{aligned}
\delta\Psi_r &= \Psi'_r(x'(x)) - \Psi_r(x) \\
&= S_{rs}(\omega)\Psi(x^\mu + \omega^{\mu\nu}x_\nu) - \Psi_r(x) \\
&= \left(\delta_{rs} + \frac{1}{2}\omega_{\mu\nu}\Sigma^{\mu\nu}_{rs}\right)\left(\Psi_s(x) + \omega^{\mu\nu}x_\nu\partial_\mu\Psi_s(x)\right) - \Psi_r(x) \\
&= \left(\Sigma^{\mu\nu}_{rs} + \frac{1}{2}\left(x^\nu\partial^\mu - x^\mu\partial^\nu\right)\delta_{rs}\right)\frac{1}{2}\omega_{\mu\nu}\Psi_s(x)
\end{aligned} \tag{3.4}$$

Wir müssen zeigen:
1. Ist das Feld $\Psi(x)$ in einen Inertialsystem I gegeben, dann gibt es eine Vorschrift, die das Feld $\Psi'(x')$ in einem anderen Inertialsystem angibt,

$$\Psi(x) \to \Psi'(x') = S(\Lambda)\Psi(x) = S(\Lambda)\Psi(\Lambda^{-1}x') \,. \tag{3.5}$$

2. Die Feldgleichung muss in beiden Systemen die gleiche Form haben

$$(i\gamma^\mu \partial_\mu - m\mathbf{1})\Psi(x) = 0 \quad \text{in } I \tag{3.6}$$

$$(i\gamma^\mu \partial'_\mu - m\mathbf{1})\Psi'(x') = 0 \quad \text{in } I' \,. \tag{3.7}$$

Wir setzen in Gl. (3.6)

$$x^\mu = \left(\Lambda^{-1}\right)^\mu{}_\nu x'^\nu \,, \qquad \partial_\nu = \frac{\partial}{\partial x^\nu} = \frac{\partial x'^\mu}{\partial x^\nu}\frac{\partial}{\partial x'^\nu} = \Lambda^\mu{}_\nu \partial'_\mu \,,$$

und multiplizieren die Gleichung mit $S^{-1}(\Lambda)$. Dann erhalten wir

$$S^{-1}(i\gamma^\nu \Lambda^\mu{}_\nu \partial'_\mu - m\mathbf{1})\Psi(x') = 0 \,. \tag{3.8}$$

Andererseits können wir die Definition $\Psi'(x') \equiv S(\Lambda)\Psi(\Lambda^{-1}x')$ verwenden, um die zweite Gleichung (3.7) als

$$(i\gamma^\mu \partial'_\mu - m\mathbf{1})S(\Lambda)\Psi(\Lambda^{-1}x') = 0 \tag{3.9}$$

zu schreiben. Kovarianz bedeutet, dass die Gleichungen (3.8) und (3.9) gleich sein müssen, d. h. es muss gelten

$$\Lambda^\mu{}_\nu \gamma^\nu = S^{-1}\gamma^\mu S \,. \tag{3.10}$$

Es bleibt $S(\Lambda)$ explizit zu bestimmen. Dazu betrachten wir infinitesimale Lorentz-Tansformationen

$$x'^\mu = x^\mu + \omega^\mu{}_\nu x^\nu$$

In der Notation von Kapitel 1 ist

$$\Lambda^\sigma{}_\rho = \delta^\sigma{}_\rho - \frac{1}{2}\omega_{\mu\nu}(M^{\mu\nu})^\sigma{}_\rho \,, \tag{3.11}$$

mit $\omega_{\alpha\beta}$ infinitesimal und antisymmetrisch und den Erzeugenden

$$(M^{\mu\nu})_{\sigma\rho} = (\delta^\mu{}_\rho \delta^\nu{}_\sigma - \delta^\mu{}_\sigma \delta^\nu{}_\rho) \,.$$

Dann definieren wir eine Matrix $\Sigma^{\mu\nu}$ mit dem Ansatz

$$S(\Lambda) = 1 - \frac{1}{4}\omega_{\mu\nu}\Sigma^{\mu\nu} \,, \qquad S^{-1}(\Lambda) = 1 + \frac{1}{4}\omega_{\mu\nu}\Sigma^{\mu\nu} \tag{3.12}$$

Wir suchen die explizite Form von $\Sigma^{\mu\nu}$. Als ersten Schritt leiten wir die Relation ab

$$[\gamma^\mu, \Sigma^{\sigma\rho}] = 2\left(g^{\mu\sigma}\gamma^\rho - g^{\mu\rho}\gamma^\sigma\right) \,. \tag{3.13}$$

Beweis. Wir gehen aus von Gl. (3.10). Die linke Seite ergibt mit Gl. (3.11)

$$\begin{aligned}\Lambda^\tau{}_\rho\gamma^\rho &= \left[\delta^\tau{}_\rho - \frac{1}{2}\omega_{\mu\nu}(M^{\mu\nu})^\tau{}_\rho\right]\gamma^\rho = \left[\delta^\tau{}_\rho - \frac{1}{2}\omega_{\mu\nu}\left(\delta^\mu{}_\rho g^{\nu\tau} - g^{\mu\tau}\delta^\nu{}_\rho\right)\right]\gamma^\rho \\ &= \gamma^\tau - \frac{1}{2}\omega_{\mu\nu}\left(\gamma^\mu g^{\nu\tau} - g^{\mu\tau}\gamma^\nu\right) ,\end{aligned}$$

und die rechte Seite ergibt mit Gl. (3.12)

$$\begin{aligned}S^{-1}\gamma^\tau S &= \left(1 + \frac{1}{4}\omega_{\mu\nu}\Sigma^{\mu\nu}\right)\gamma^\tau\left(1 - \frac{1}{4}\omega_{\alpha\beta}\Sigma^{\alpha\beta}\right) \\ &= \gamma^\tau + \frac{1}{4}\omega_{\mu\nu}\left[\Sigma^{\mu\nu}, \gamma^\tau\right] .\end{aligned}$$

Mit Gl. (3.10) folgt Gl. (3.13). □

Diese Gleichung (3.13) kann man jetzt verwenden, um Σ zu bestimmen. Wir verwenden dazu die Relationen

$$\begin{aligned}[\gamma^\mu\gamma^\nu, \gamma^\rho] &= (\gamma^\mu\gamma^\nu\gamma^\rho - \gamma^\rho\gamma^\mu\gamma^\nu) \\ &= \gamma^\mu\{\gamma^\nu, \gamma^\rho\} - \gamma^\mu\gamma^\rho\gamma^\nu - \{\gamma^\rho, \gamma^\mu\}\gamma^\nu + \gamma^\mu\gamma^\rho\gamma^\nu \\ &= \gamma^\mu 2g^{\nu\rho} - 2g^{\rho\mu}\gamma^\nu\end{aligned}$$

und

$$[\gamma^\mu, \gamma^\nu] = \gamma^\mu\gamma^\nu - \gamma^\nu\gamma^\mu = 2\gamma^\mu\gamma^\nu - \{\gamma^\nu, \gamma^\mu\} = 2\gamma^\mu\gamma^\nu - 2g^{\mu\nu} .$$

Ein Vergleich mit Gl. (3.13) ergibt, dass $\Sigma^{\mu\nu} = \frac{1}{2}\gamma^\mu\gamma^\nu$ für $\mu \neq \nu$. Da $\Sigma^{\mu\nu}$ antisymmetrisch in μ und ν sein muss, können wir schreiben

$$\Sigma^{\mu\nu} = \frac{1}{4}[\gamma^\mu, \gamma^\nu] . \tag{3.14}$$

Für die konjugierte Matrix erhält man

$$(\Sigma^{\mu\nu})^\dagger = \frac{1}{4}\left[\gamma^\mu, \gamma^\nu\right]^\dagger = \frac{1}{4}[(\gamma^\nu)^\dagger, (\gamma^\mu)^\dagger] = -\gamma^0\Sigma^{\mu\nu}\gamma^0 . \tag{3.15}$$

Offensichtlich ist $\Sigma^{\mu\nu}$ nicht Hermitesch, d. h. $S[\Lambda]$ ist nicht unitär. Das gilt ganz allgemein. Es gibt keine endlich-dimensionalen unitären Darstellungen der Lorentz-Gruppe. Wir werden unten sehen, dass die Lorentz-Transformationen erst in der Quantenfeldtheorie unitär realisiert werden können.

Ein Feld mit 4 Komponenten, das sich unter Lorentz-Transformationen wie folgt verhält,

$$\Psi^\alpha(x) \to \Psi^{\alpha\prime}(x') \equiv [S(\Lambda)]^\alpha{}_\beta\Psi^\beta(\Lambda^{-1}x) ,$$

mit

$$\Lambda = \exp\left(\frac{1}{4}\omega_{\mu\nu}M^{\mu\nu}\right) \quad \text{und} \quad S[\Lambda] = \exp\left(\frac{1}{4}\omega_{\mu\nu}\Sigma^{\mu\nu}\right)$$

wird als *Dirac-Spinor* bezeichnet.

3.3 Bilineare Kovariante

Das Ergebnis Gl. (3.3) und Gl. (3.15) legt nahe, neben dem Dirac-Spinor $\Psi(x)$ einen konjugierten Spinor zu definieren,

$$\overline{\Psi}(x) \equiv \Psi^\dagger(x)\gamma^0 \,. \tag{3.16}$$

Dieser transformiert sich unter Lorentz-Transformationen wie folgt:

$$\overline{\Psi}(x) \to \overline{\Psi}'(x) = \overline{\Psi}(\Lambda^{-1}x)S^{-1}(\Lambda)$$

Beweis.

$$\overline{\Psi}(x) = \Psi^\dagger(x)\gamma^0 \to \Psi^\dagger(\Lambda^{-1}x)S^\dagger(\Lambda)\gamma^0 = \overline{\Psi}(x)(\Lambda^{-1}x)\gamma^0 S^\dagger(\Lambda)\gamma^0 \quad (\gamma^0)^2 = 1$$

Es ist noch zu zeigen, dass

$$\gamma^0 S^\dagger(\Lambda)\gamma^0 = S^{-1} \,. \tag{3.17}$$

Aus $(\Sigma^{\mu\nu})^\dagger = \gamma^0\Sigma^{\mu\nu}\gamma^0$ folgt für infinitesimale $S(\Lambda)$,

$$S(\Lambda) = 1 + \frac{1}{4}\omega^{\mu\nu}_{\mu\nu}\Sigma^{\mu\nu} \quad \to \quad S^{-1}(\Lambda) = 1 - \frac{1}{4}\omega^{\mu\nu}_{\mu\nu}\Sigma^{\mu\nu}$$

$$S(\Lambda)^\dagger = 1 + \frac{1}{4}\omega_{\mu\nu}(\gamma^0\Sigma^{\mu\nu}\gamma^0) = \gamma^0 S^{-1}(\Lambda)\gamma^0 \,.$$

Dann gilt $\gamma^0 S^\dagger(\Lambda)\gamma^0 = S^{-1}$ und $\overline{\Psi}'(x) = \overline{\Psi}(\Lambda^{-1}x)S^{-1}(\Lambda)$. □

Der Vollständigkeit halber führen wir noch eine weitere Gammamatrix ein:

$$\gamma^5 = i\gamma^0\gamma^1\gamma^2\gamma^2$$

Sie erfüllt

$$(\gamma^5)^2 = 1 \,, \quad \gamma^{5\dagger} = \gamma^5 \,, \quad \{\gamma^5, \gamma^\mu\} = 0 \,.$$

Dann bilden die 16 Matrizen

$$\left\{1, \gamma^5, \gamma^\mu, \gamma^5\gamma^\mu, \sigma^{\mu\nu}\right\}$$

mit $\sigma^{\mu\nu} = \frac{i}{2}[\gamma^\mu, \gamma^\nu]$ eine Basis für beliebige 4×4 Matrizen.

Mit den obigen Transformationseigenschaften von $\Psi(x)$ und $\overline{\Psi}(x)$ ergeben sich folgende Transformationsregeln für Bilineare:

$\overline{\Psi}\Psi \to \overline{\Psi}\Psi$	Skalar
$\overline{\Psi}\gamma^5\Psi \to \det(\Lambda)\overline{\Psi}\Psi$	Pseudoskalar
$\overline{\Psi}\gamma^\mu\Psi \to \Lambda^\mu{}_\nu\overline{\Psi}\gamma^\nu\Psi$	Vektor
$\overline{\Psi}\gamma^\mu\gamma^5\Psi \to \det(\Lambda)\Lambda^\mu{}_\nu\overline{\Psi}\gamma^\nu\gamma^5\Psi$	Pseudovektor
$\overline{\Psi}\sigma^{\mu\nu}\Psi \to \Lambda^\mu{}_\alpha\Lambda^\nu{}_\beta\overline{\Psi}\sigma^{\alpha\beta 5}\Psi$	Tensor

Bilineare, die sich mit $\det(\Lambda)$ transformieren, ändern ihr Vorzeichen unter Raumspiegelungen.

Aus diesen bilinearen Produkten lässt sich eine lorentzinvariante Lagrange-Dichte konstruieren. Der einfachste Ansatz ist

$$L = \overline{\Psi}(x)(i\partial_\mu \gamma^\mu - m)\Psi(x) , \quad \overline{\Psi}(x) \equiv \Psi^\dagger(x)\gamma_0 \tag{3.18}$$

und $S = \int d^4x \overline{\Psi}(x)(i\partial_\mu \gamma^\mu - m)\Psi(x)$. Der Faktor i sorgt dafür, dass die Lagrange-Dichte Hermitesch ist. Die Felder $\overline{\Psi}(x)$ und $\Psi(x)$ werden im Variationsprinzip als unabhängige dynamische Variable behandelt. Die Dirac-Gleichung folgt aus Gl. (3.18) durch Variation nach $\overline{\Psi}(x)$. Wir werden im Folgenden sehen, dass die Theorie nach der Quantisierung Teilchen und Antiteilchen der Masse m beschreibt.

3.4 Noether-Ströme

Nach dem Noetherschen Theorem führen die Translations- und Lorentzinvarianz der Lagrange-Dichte auf Erhaltungsgrößen.

1. Translationsinvarianz

Ein Spinor ändert sich bei Translationen $x^\mu \to x^\mu + a^\mu$ mit a^μ infinitesimal wie folgt

$$\Psi'(x) = \Psi(x) + \delta\Psi(x) = S(\Lambda)\Psi(\Lambda^{-1}x') \to \delta\Psi = -\alpha^\mu \partial_\mu \Psi.$$

Da die Lagrange-Dichte nicht von $\partial_\mu \overline{\Psi}$ abhängt, berechnet sich der Noether-Strom wie in Kapitel 1,

$$T_{\mu\nu} = -g_{\mu\nu}L + \frac{\partial L}{\partial(\partial_\mu \Psi)} \partial_\nu \Psi(x) = \overline{\Psi}(x) i\gamma_\mu \partial_\nu \Psi(x) . \tag{3.19}$$

Der Energie-Impulstensor $T^{\mu\nu}$ stellt die Erzeugende der 4-Translationen dar. Wir können in Gl. (3.19) $L = 0$ setzen, da das Noether-Theorem vorraussetzt, dass die Bewegungsgleichung, hier $(i\partial_\mu \gamma^\mu - m)\Psi(x)$, erfüllt ist. Speziell ist

$$T_{00} = \overline{\Psi}(x) i\gamma_0 \partial_0 \Psi(x)$$

die Energie.

Die kanonischen Variablen, Impuls und Hamilton-Funktion, sind definiert durch

$$\Pi(x) = \frac{\partial L}{\partial \dot{\Psi}} = i\overline{\Psi}(x)\gamma_0 = i\Psi^\dagger(x) , \tag{3.20}$$

$$H = \int d^3x \left[\Pi(x)\dot{\Psi}(x) - L\right] = i\overline{\Psi}(x)\gamma_0 \partial^0 \Psi(x) . \tag{3.21}$$

Man sieht, dass T^{00} gleich der kanonischen Hamilton-Funktion H ist, wo $T^{\mu\nu}$ der Energie-Impuls-Tensor aus Gl. (3.19) ist. Da $\gamma_0 \partial^0 = \gamma_\mu \partial^\mu - \vec{\gamma} \cdot \vec{\partial}$ und $i\gamma\partial = m$, können wir schreiben,

$$H = \int d^3x \overline{\Psi}(x)(-i\vec{\gamma} \cdot \vec{\partial} + m)\Psi(x) .$$

2. Lorentz-Transformationen

Nach Gl. (3.4) ändert sich ein Spinor sich unter Lorentz-Tansformationen ($x^\mu \to x'^\mu = x^\mu + \omega^{\mu\nu} x_\nu$ $S(\Lambda) = 1 + \frac{i}{2}\omega_{\mu\nu}\Sigma^{\mu\nu}$) wie folgt

$$\begin{aligned}\delta\Psi_r &= \Psi'_r(x'(x)) - \Psi_r(x)\\ &= \left(\Sigma^{\mu\nu}_{rs} + \frac{1}{2}\left(x^\nu\partial^\mu - x^\mu\partial^\nu\right)\delta_{rs}\right)\frac{1}{2}\omega_{\mu\nu}\Psi_s(x)\end{aligned}$$

Der zugehörige Noether-Strom lautet nach Kapitel 1

$$j^\rho = \frac{\partial L}{\partial(\partial_\rho\Psi)}\delta\Psi - (\omega^\mu{}_\nu x^\nu L)$$

Da die Felder die Bewegungsgleichung erfüllen, setzen wir wieder $L = 0$ und erhalten

$$(J^\rho)^{\mu\nu} = (x^\mu T^{\rho\nu} - T^{\rho\mu}x^\nu) - i\overline{\Psi}\gamma^\rho\Sigma^{\mu\nu}\Psi$$

mit $T_{\mu\nu} = \overline{\Psi}(x)i\gamma_\mu\partial_\nu\Psi(x)$. Nur die Summe der beiden Terme ist erhalten. Da der erste Term zum Bahndrehimpuls gehört, entspricht der zweite Term einem Eigendrehimpuls oder Spin.

3. Phasen-Transformationen

Die Diracsche Lagrange-Dichte ist invariant unter Phasentransformationen

$$\Psi(x) \to e^{-i\alpha}\Psi(x) \quad \text{und} \quad \overline{\Psi}(x) \to e^{i\alpha}\overline{\Psi}(x)\,, \to \qquad \alpha \in \mathbb{R}$$

Dies führt auf den erhaltenen Strom

$$j^\mu = \overline{\Psi}\gamma^\mu\Psi$$

Beweis.

$$(\partial_\mu\overline{\Psi})\,\gamma^\mu\Psi + \overline{\Psi}\gamma^\mu\,(\partial_\mu\Psi) = \frac{-m}{i}\overline{\Psi}\Psi + \frac{-m}{i}\overline{\Psi}\Psi = 0$$

□

Die zugehörige Erhaltungsgröße,

$$Q = \int d^3x\overline{\Psi}\gamma^0\Psi = \int d^3x\Psi^\dagger\Psi\,,$$

wird später mit der elektrischen Ladung der Fermionen identifiziert.

3.5 Lösungen der Dirac-Gleichung

Da die Dirac-Gleichung die Klein-Gordon-Gleichung impliziert, erwarten wir als Lösungen Superpositionen von ebenen Wellen der Form

$$\Psi(x) = u(p)e^{-ipx} + v(p)e^{+ipx} \quad \text{mit} \quad px = p_0x_0 - \vec{p}\cdot\vec{x}\,, \quad \text{und} \quad p_0 = \sqrt{p^2+m^2} > 0$$

Der zweite Term, der in der Einteilchentheorie negativen Energien entspricht, wird nach der Quantisierung als *Antiteilchen* mit positiver Energie interpretiert. Einsetzen in die Dirac-Gleichung ergibt

$$\left[i\gamma^\mu(-ip_\mu) - m\right]u(p)e^{-ipx} + \left[i\gamma^\mu(ip_\mu) - m\right]v(p)e^{ipx} = 0\,.$$

Die Spinoren $u(p)$ und $v(p)$ müssen also die Gleichungen

$$(\not{p} - m)u(p) = 0 \quad \text{Teilchen} \tag{3.22}$$

$$(\not{p} + m)v(p) = 0 \quad \text{Antiteilchen} \tag{3.23}$$

erfüllen, wo wir die nützliche Notation $\not{p} \equiv p^\mu\gamma_\mu$ eingeführt haben.

Wir betrachten diese zunächst im Ruhesystem des Teilchens, $\vec{p} = 0$, $p_0 = m$,

$$(\gamma^0 - 1)mu(0) = 0\,, \quad (\gamma^0 + 1)mv(0) = 0\,.$$

In der Dirac-Darstellung ist $\gamma^0 = \mathrm{diag}(1, -1)$ und

$$\gamma_0 - 1 = -\begin{pmatrix} 0 & 0 \\ 0 & 2 \end{pmatrix} \quad \text{und} \quad \gamma_0 + 1 = \begin{pmatrix} 2 & 0 \\ 0 & 0 \end{pmatrix}.$$

Die Gleichungen (3.22) und (3.23) entkoppeln damit und wir können folgende vier linear unabhängige Lösungen wählen

$$u^{(1)}(m,\vec{0}) = \begin{pmatrix} 1 \\ 0 \\ 0 \\ 0 \end{pmatrix}, \quad u^{(2)}(m,\vec{0}) = \begin{pmatrix} 0 \\ 1 \\ 0 \\ 0 \end{pmatrix},$$

$$v^{(1)}(m,\vec{0}) = \begin{pmatrix} 0 \\ 0 \\ 1 \\ 0 \end{pmatrix}, \quad v^{(2)}(m,\vec{0}) = \begin{pmatrix} 0 \\ 0 \\ 0 \\ 1 \end{pmatrix}.$$

Die $u^{(s)}(0)$ und $v^{(s)}(0)$ sind Eigenzustände des Spinoperators

$$\Sigma = \begin{pmatrix} \sigma_3 & 0 \\ 0 & \sigma_3 \end{pmatrix} \quad \text{mit} \quad \sigma_3 = \begin{pmatrix} 1 & 0 \\ 0 & -1 \end{pmatrix}.$$

Für beliebige Impulse bekommt $u^{(r)}$ auch untere, sogenannte kleine Komponenten. Um die Spinoren für beliebige p zu konstruieren, beachten wir, dass $(\not{p} - m)(\not{p} + m) =$

$(p^2 - m^2) = 0$. Die allgemeine Lösung muss die Gl. (3.22) und (3.23) erfüllen und ist damit von der Form

$$u^{(r)}(p) = C(\not{p} + m)u^{(r)}(0)$$
$$v^{(r)}(p) = C'(-\not{p} + m)v^{(r)}(0)$$

Zur Berechnung der Normierungskonstanten C und C' verwenden wir wieder die Dirac-Darstellung mit

$$\not{p} = p^\mu \gamma_\mu = \begin{pmatrix} E & -\vec{\sigma}\cdot\vec{p} \\ \vec{\sigma}\cdot\vec{p} & -E \end{pmatrix}$$

und

$$\vec{\sigma}\cdot\vec{p} = p_1\begin{pmatrix} 0 & 1 \\ 1 & 0 \end{pmatrix} + p_2\begin{pmatrix} 0 & -i \\ i & 0 \end{pmatrix} + p_3\begin{pmatrix} 1 & 0 \\ 0 & -1 \end{pmatrix} = \begin{pmatrix} p_3 & p_1 - ip_2 \\ p_1 + ip_2 & -p_3 \end{pmatrix}.$$

Damit wird

$$u^{(r)}(p) = \frac{1}{\sqrt{E+m}}u^{(r)}(0) = \frac{1}{\sqrt{E+m}}\begin{pmatrix} m+E & \vec{\sigma}\cdot\vec{p} \\ -\vec{\sigma}\cdot\vec{p} & m-E \end{pmatrix}u^{(r)}(0)$$
$$v^{(r)}(p) = \frac{1}{\sqrt{E+m}}v^{(r)}(0) = \frac{1}{\sqrt{E+m}}\begin{pmatrix} m+E & \vec{\sigma}\cdot\vec{p} \\ -\vec{\sigma}\cdot\vec{p} & m-E \end{pmatrix}u^{(r)}(0)\,.$$

Beispiel.

$$u^{(1)}(p) = \frac{1}{\sqrt{E+m}}\begin{pmatrix} m+E & 0 & p_3 & (p_1 - ip_2) \\ 0 & m+E & (p_1+ip_2) & -p_3 \\ -p_3 & -(p_1 - ip_2) & m-E & 0 \\ -(p_1+ip_2) & p_3 & 0 & m-E \end{pmatrix}\begin{pmatrix} 1 \\ 0 \\ 0 \\ 0 \end{pmatrix}$$
$$= \frac{1}{\sqrt{E+m}}\begin{pmatrix} m+E & 0 & -p_3 & -(p_1+ip_1) \end{pmatrix}^T$$

Die Normierung der Spinoren für beliebige p wird in dieser Konvention

$$\sum_{\alpha=1}^{2} u_\alpha^{\dagger(r)}(p)u_\alpha^{(s)}(p) = 2E\delta_{rs}\,, \quad \sum_{\alpha=1}^{2} v_\alpha^{\dagger(r)}(p)v_\alpha^{(s)}(p) = -2E\delta_{rs}\,, \quad \sum_{\alpha=1}^{2} u_\alpha^{\dagger(r)}(p)v_\alpha^{(s)}(p) = 0\,. \tag{3.24}$$

Beweis (für $r = s = 1$).

$$\frac{1}{m+E}\begin{pmatrix} m+E & 0 & -p_3 & -(p^1 - ip^2) \end{pmatrix}\begin{pmatrix} m+E & 0 & -p_3 & -(p^1+ip^2) \end{pmatrix}^T$$
$$= \frac{1}{m+E}\left[(m+E)^2 + p_3^2 + (p_1 - ip_2)(p_1+ip_2)\right]$$
$$= \frac{1}{m+E}\left(m^2 + 2mE + E^2 + p_1^2 + p_2^2 + p_3^2\right)$$
$$= \frac{1}{m+E}(2E^2 + 2mE) = 2E \quad [E^2 = m^2 + p_1^2 + p_2^2 + p_3^2]$$

□

Bemerkung. In der Literatur werden verschiedene Normierungen verwendet. Die hier gewählte Normierung führt zu den selben Formeln für die Streuquerschnitte von Fermionen und Bosonen.

Für das kovariante innere Produkt ergibt sich

$$\sum_{\alpha=1}^{2} \bar{u}_\alpha^{(r)}(p) u_\alpha^{(s)}(p) = 2m\delta_{rs} \,, \quad \sum_{\alpha=1} \bar{v}_\alpha^{(r)}(p) v_\alpha^{(s)}(p) = -2m\delta_{rs} \,, \quad \sum_{\alpha=1} \bar{u}_\alpha^{(r)}(p) u_\alpha^{(s)}(p) = 0 \,.$$

In praktischen Rechnungen benötigt man fast nie die explizite Form der $u_\alpha^{(s)}$ und $v_\alpha^{(s)}$.

Zweikomponentige Spinoren

Wir können einen Dirac-Spinor in der Form schreiben

$$\Psi(x) = \begin{pmatrix} \chi(p) \\ \phi(p) \end{pmatrix} e^{-ipx} \,.$$

In der Dirac-Darstellung lauten die Lösungen für positive Energien dann

$$\Psi_+(x) = \frac{1}{\sqrt{E+m}} \begin{pmatrix} \chi^{(r)} \\ \frac{\vec{\sigma}\cdot\vec{p}}{E+m}\chi^{(r)} \end{pmatrix} e^{-ipx} = u^{(r)}(p) e^{-ipx} \,, \quad r = 1, 2 \tag{3.25}$$

mit

$$\chi^{(1)} = \begin{pmatrix} 1 \\ 0 \end{pmatrix} \quad \text{und} \quad \chi^{(2)} = \begin{pmatrix} 0 \\ 1 \end{pmatrix}$$

Nach der Substitution $p^\mu \longrightarrow -p^\mu$ lauten die Lösungen negativer Energie

$$\Psi_+(x) = \frac{1}{\sqrt{E+m}} \begin{pmatrix} \frac{\vec{\sigma}\cdot\vec{p}}{E+m}\chi^{(r)} \\ \chi^{(r)} \end{pmatrix} e^{ipx} = v^{(r)}(p) e^{ipx} \,, \quad r = 1, 2 \tag{3.26}$$

Nach der Quantisierung werden die Lösungen Gl. (3.25) und (3.26) respektive die Teilchen- und Antiteilchen-Lösungen. Im Ruhsystem beschreiben die oberen zwei Komponenten von $\Psi(x)$ Elektronen mit Spin nach oben und Spin nach unten, während die unteren zwei Komponenten Positronen mit Spin nach oben und Spin nach unten beschreiben.

3.6 Projektionsoperatorn

Die Vollständigkeitsrelation für die Spinoren lautet:

$$\sum_{r=1,2} u_\alpha^{(r)}(p)\bar{u}_\beta^{(r)}(p) = (\not{p} + m)_{\alpha\beta}$$

Die Spinoren sind hier nicht kontrahiert sondern bilden eine 4×4 Matrix.

Beweis.

$$\begin{aligned}&\frac{1}{E+m}\sum_{r=1,2}(\not{p}+m)_{\alpha\sigma}u_\sigma^{(r)}(0)\bar{u}_\tau^{(r)}(0)(\not{p}+m)_{\tau\beta}\\&=\frac{1}{E+m}\left[(\not{p}+m)\frac{1}{2}(1+\gamma^0)(\not{p}+m)\right]\\&=(\not{p}+m)\,,\end{aligned}$$

wo wir verwendet haben, dass

$$u_\sigma^{(r)}(0)\bar{u}_\tau^{(r)}(0) = \begin{pmatrix} \mathbf{1} & 0 \\ 0 & 0 \end{pmatrix}_{rs} = \frac{1}{2}(1+\gamma_0)_{rs}$$

und

$$\begin{aligned}(\not{p}+m)^2 &= m^2 + p^2 + 2m\not{p} = 2m(\not{p}+m)\\ \gamma_0(\not{p}+m) &= -\not{p}\gamma_0 + 2p_0 + m\gamma_0 = 2p_0 + (-\not{p}+m)\gamma_0\\ (\not{p}+m)(m-\not{p})\gamma^0 &= m^2 - p^2 = 0\,.\end{aligned}$$

□

Auf der Basis der Vollständigkeitsrelationen können wir Projektionsoperatoren auf Energie-Eigenzustände definieren

$$\begin{aligned}\sum_{r=1,2} u_\alpha^{(r)}(p)\bar{u}_\beta^{(r)}(p) &= (\not{p}+m)_{\alpha\beta} \equiv \Lambda^+_{\alpha\beta}\\ \sum_{r=1,2} v_\alpha^{(r)}(p)\bar{v}_\beta^{(r)}(p) &= (\not{p}-m)_{\alpha\beta} \equiv -\Lambda^-_{\alpha\beta}\end{aligned}$$

mit

$$\Lambda_\pm^2 = 2m\Lambda_\pm\,,\quad \Lambda_+\Lambda_- = \Lambda_-\Lambda_+ = 0\,,\quad \Lambda_+ + \Lambda_- = 2m$$

Da $(\not{p}+m)v^{(r)}(p) = 0$, projiziert Λ_+ auf Lösungen positiver Energie (Teilchen), da $(\not{p}-m)u^{(r)}(p) = 0$, projiziert Λ_- auf Lösungen negativer Energie (Antiteilchen).

Der Index r ist ein Spinindex. Die Projektionsoperatoren treten bei der Berechnung von Übergangsamplituden auf, d. h. bei der Berechnung von Spinsummen im Produkt Wellenfunktion × (Wellenfunktion)†. Man kann auch Projektionsoperatoren auf die einzelnen Spin-Eigenzustände definieren.

3.7 Quantisierung des Dirac-Feldes

Um die Dirac-Felder zu quantisieren, interpretieren wir das Feld $\Psi(x)$ und der zugehörigen kanonischen Impuls $\Psi^\dagger(x)$ als Operatoren. Da die klassische Lösung als Entwicklung nach ebenen Wellen geschrieben werden kann, setzen wir auch für die Quantenfelder

$$\Psi(x) = \sum_{\lambda=1,2} \int \frac{d^3p}{(2\pi)^3 2E_p} \left\{ a_\lambda(p) u^{(\lambda)}(p) e^{-ipx} + b^\dagger_\lambda(p) v^{(\lambda)}(p) e^{+ipx} \right\} , \tag{3.27}$$

wo $\Psi(x)$, $a_\lambda(p)$, $b_\lambda(p)$ jetzt Operatoren sind. Die $a_\lambda(p)$ vernichten Teilchen, die mit den Spinoren $u^{(\lambda)}$ assoziiert sind, und die $b^\dagger_\lambda(p)$ erzeugen Antiteilchen, die mit den Spinoren $v^{(\lambda)}(p)$ assoziiert sind. Wir setzen Gl. (3.27) in Gl. (3.21) ein, verwenden die Normierungen (3.24) und erhalten nach einer kleinen Rechnung für den Hamilton-Operator

$$H = \int d^3x \overline{\Psi}(x)(-i\vec{\gamma} \cdot \vec{\partial} + m)\Psi(x) = \sum_{\lambda=1,2} \int \frac{d^3p}{(2\pi)^3 2p_0} p_0 \{a^\dagger_\lambda(p) a_\lambda(p) - b_\lambda(p) b^\dagger_\lambda(p)\}$$

Man beachte das Minuszeichen zwischen den beiden Termen. Würden wir für a und b die üblichen Vertauschungsrelationen annehmen, dann wäre die Energie nicht mehr positiv definit, man kann keinen Zustand niedrigster Energie definieren. Wir postulieren daher *Antivertauschungsrelationen* für Fermion-Felder

$$\left\{a^\dagger_{\lambda'}(p'), a_\lambda(p)\right\} = \left\{b_{\lambda'}(p'), b^\dagger_\lambda(p)\right\} = (2\pi)^3 2p_0 \delta_{\lambda\lambda'} \delta(\vec{p} - \vec{p}\,') \tag{3.28}$$

Alle anderen Antikommutatoren seien gleich Null. Dies ist Ausdruck des Spin-Statistik-Theorems der Quantenfeldtheorie. Bosonen müssen mit Kommutatoren und Fermionen mit Antikommutatoren quantisiert werden. Das Spin-Statistik-Theorem ist ein fundamentales Ergebnis der Quantenfeldtheorie.

Die Antivertauschungsrelationen Gl. (3.28) ergeben für die Feldoperatoren

$$\{\Psi_r(t, \vec{x}), \Psi^\dagger_s(t, \vec{x}\,')\} = \delta_{rs} \delta^3(\vec{x} - \vec{x}\,') .$$

Alle anderen Antikommutatoren sind gleich Null. Mit dem kanonischen Impuls $\Pi(x) = i\Psi^\dagger(x)$ aus Gl. (3.20) erhalten wir die kanonischen Antivertauschungsrelationen

$$\{\Psi_r(t, \vec{x}), \Pi^\dagger_s(t, \vec{x}\,')\} = i\delta_{rs} \delta^3(\vec{x} - \vec{x}\,') .$$

Mit der Antivertauschungsrelation Gl. (3.28) wird der Hamilton-Operator positiv definit

$$H = \sum_{\lambda=1,2} \int \frac{d^3p}{(2\pi)^3 2E_p} E_p \left\{a^\dagger_\lambda(p) a_\lambda(p) + b^\dagger_\lambda(p) b_\lambda(p)\right\}$$

Eine unendliche Nullpunktsenergie tritt nicht auf, wenn man Normalordnung der Operatoren postuliert.

Analog erhält man für den Impuls

$$P^i = \sum_{\lambda=1,2} \int \frac{d^3p}{(2\pi)^3 2p_0} p^i \left\{ a_\lambda^\dagger(p) a_\lambda(p) + b_\lambda^\dagger(p) b_\lambda(p) \right\}$$

Man definiert wieder einen Teilchenzahloperator (Dichte)

$$N_a(p,\lambda) = \frac{a_\lambda^\dagger(p) a_\lambda(p)}{(2\pi)^3 2p_0}, \qquad N_b(p,\lambda) = \frac{b_\lambda^\dagger(p) b_\lambda(p)}{(2\pi)^3 2p_0}$$

Betrachte wieder den Kommutator

$$\begin{aligned}
[a_\sigma(p), N_a(p',\lambda),] &= [a_\sigma(p), a_\lambda^\dagger(p') a_\lambda(p')] \\
&= a_\sigma(p) a_\lambda^\dagger(p') a_\lambda(p') - a_\lambda^\dagger(p') a_\lambda(p') a_\sigma(p) \\
&= a_\sigma(p) a_\lambda^\dagger(p') a_\lambda(p') + a_\lambda^\dagger(p') a_\sigma(p) a_\lambda(p') \\
&= \{a_\sigma(p) a_\lambda^\dagger(p')\} a_\lambda(p') \\
&= (2\pi)^3 2p_0' \delta_{\lambda\lambda'} \delta(\vec{p} - \vec{p}\,') a_\lambda(p')
\end{aligned}$$

Damit wird

$$\begin{aligned}
[a_\sigma(p), H] &= \sum_{\lambda=1,2} \int \frac{d^3p'}{(2\pi)^3 2E_p} E_p [a_\sigma(p), N_a(p',\lambda)] (2\pi)^3 2E_p \\
&= \sum_{\lambda=1,2} \int \frac{d^3p'}{(2\pi)^3 2E_p} E_p (2\pi)^3 2E_p \delta_{\lambda\sigma} \delta(\vec{p} - \vec{p}\,') a_\lambda(p') \\
&= E_p a_\sigma(p)
\end{aligned}$$

Dies ist die typische Leiteroperator-Relation. Auf ähnliche Weise erhält man die anderen Kommutatoren

$$\begin{aligned}
[H, a_\sigma^\dagger(p)] &= E_p a_\sigma^\dagger(p) && \text{Erzeugungsoperator für Typ } a \\
[H, a_\sigma(p)] &= -E_p a_\sigma(p) && \text{Vernichtungsoperator für Typ } a \\
[H, b_\sigma^\dagger(p)] &= E_p b_\sigma^\dagger(p) && \text{Erzeugungsoperator für Typ } b \\
[H, b_\sigma(p)] &= E_p b_\sigma(p) && \text{Vernichtungsoperator für Typ } b
\end{aligned}$$

Analoge Vertauschungsrelationen mit den a, $a^\dagger$, b, $b^\dagger$ gelten für den Impuls und für die Teilchenzahl $N(p)$.

Es gibt wieder einen Grundzustand

$$\begin{aligned}
a_\lambda(p)\,|0\rangle &= b_\lambda(p)\,|0\rangle = 0 \quad \forall p, \lambda \\
a_\lambda^\dagger(p)\,|0\rangle &= |p, \lambda\rangle
\end{aligned}$$

wo $|p, \lambda\rangle$ ein Eigenzustand von H mit 4-Impuls p^μ und Spin λ ist. Die $a_\lambda^\dagger(p)$ und $b_\lambda^\dagger(p)$ erzeugen Quanten mit Energie E_p, Impuls p^i und Polarisation λ. Wir unterdrücken im Folgenden oft den Polarisationsindex. Die Eigenzustände sind

$$|\underbrace{k_1, \ldots k_n}_{\text{Typ } a}; \underbrace{q_1 \ldots q_m}_{\text{Typ } b}\rangle = \frac{1}{m!n!} a^\dagger(k_1) \ldots a^\dagger(k_n) b^\dagger(q_1) \ldots b^\dagger(q_m)\,|0\rangle$$

Dann gilt

$$N_a(k)\,|k_1\ldots k_n;q_1\ldots q_m\rangle = \frac{a_\lambda^\dagger(k)a_\lambda(k)}{(2\pi)^3 2E_k}\,|k_1\ldots k_n;q_1\ldots q_m\rangle$$
$$= [\delta^3(\vec{k}-\vec{k}_1)+\cdots\delta^3(\vec{k}-\vec{k}_n)]$$
$$\times\,|k_1\ldots k_n;q_1\ldots q_m\rangle\ . \tag{3.29}$$

D. h. $|k_1\ldots k_n;q_1\ldots q_m\rangle$ sind Eigenzustände der Teilchenzahl.

Beweis. Wir verwenden die Beziehungen

$$a^\dagger(k)\,|k_1\ldots k_n;0\rangle = \sqrt{n+1}\,|k,k_1\ldots k_n;0\rangle$$

und

$$a(k)\,|k_1\ldots k_n;0\rangle = \frac{1}{\sqrt{n!}}a(k)a^\dagger(k_1)\ldots a^\dagger(k_n)\,|0;0\rangle$$

Mit Hilfe der Vertauschungsrelationen Gl. (3.28) schieben wir den Operator $a(k)$ ganz nach rechts und erhalten

$$a(k)\,|k_1\ldots k_n;0\rangle = \frac{1}{\sqrt{n!}}\sum_{i=1}^{n}(2\pi)^3 2k_0\delta^3(\vec{k}-\vec{k}_i)$$
$$\times\,a^\dagger(k_1)\ldots a^\dagger(k_{i-1})a^\dagger(k_{i+1})\ldots a^\dagger(k_n)\,|0;0\rangle$$

Dami folgt Gl. (3.29). □

Der Operator

$$\mathcal{N}_a(\Omega) = \int_\Omega d^3k N_a(k)$$

$\mathcal{N}_a(\Omega)$ ist der eigentliche Teilchenzahloperator. Er hat den Eigenwert ν, wo ν die Zahl der Teilchen ist, d. h. die Zahl der Vektoren aus $\{\vec{k}_1\ldots\vec{k}_n\}$, die im Volumenelement Ω des Impulsraumes liegen. Analoges gilt für Teilchen vom Typ b.

Ladung

Die Lagrange-Dichte für die Wechselwirkung zwischen dem Dirac-Feld und einem Vektorfeld $A^\mu(x)$, das wir später mit dem elektromagnetischen Feld $A^\mu(x)$ identifizieren werden, sei

$$L(x) = \overline{\Psi}(x)(i\partial\!\!\!/ + ieA\!\!\!/ - m)\Psi(x) \equiv ieA_\mu j^\mu + \overline{\Psi}(x)(i\partial\!\!\!/ - m)\Psi(x)\ ,$$

wo

$$j^\mu = e\overline{\Psi}(x)\gamma^\mu\Psi(x)$$

der elektromagnetische Strom ist. Die erhaltene Ladung wird

$$
\begin{aligned}
Q &= e \int d^3 x j^0(x) = e \int d^3 x \overline{\Psi}(x) \gamma^0 \Psi(x) = e \int d^3 x \Psi^\dagger(x) \Psi(x) \\
&= e \sum_{\lambda=1,2} \int \frac{d^3 p}{(2\pi)^3 2E_p} \left\{ a^\dagger_\lambda(p) a_\lambda(p) - b_\lambda(p) b^\dagger_\lambda(p) \right\} \\
&= e \sum_{\lambda=1,2} \int d^3 p \{ N_a(p,\lambda) - N_b(p,\lambda) \}
\end{aligned}
$$

Man sieht, wenn $a^\dagger_\lambda(p)$ Teilchen mit Ladung Q erzeugt, dann erzeugt $b^\dagger_\lambda(p)$ Antiteilchen mit umgekehrter Ladung.

3.8 Der Propagator des Dirac-Feldes

Der Propagator des Dirac-Feldes lautet

$$
iS_{\mathrm{F}}(x - x') = \left\langle 0 | T(\Psi_r(x) \overline{\Psi}_s(x') | 0 \right\rangle \,,
$$

wo das zeitgeordnete Produkt zweier Dirac-Felder wegen der Antivertauschungsrelationen wie folgt definiert wird

$$
T(\Psi_r(x) \overline{\Psi}_s(x')) \equiv \theta(x_0 - x'_0) \Psi_r(x) \overline{\Psi}_s(x') - \theta(x'_0 - x_0) \overline{\Psi}_s(x') \Psi_r(x)
$$

Wir betrachten davon den Vakuumerwartungswert

$$
\begin{aligned}
\left\langle 0 | T(\Psi_r(x) \overline{\Psi}_s(x')) | 0 \right\rangle = \theta(x_0 - x'_0) & \int \frac{d^3 p}{(2\pi)^3 2E_p} (\not p + m)_{rs} e^{-ip(x-x')} \\
- \theta(x'_0 - x_0) & \int \frac{d^3 p}{(2\pi)^3 2E_p} (\not p - m)_{rs} e^{ip(x-x')} \,,
\end{aligned}
$$

wo wir die Vollständigkeitsrelation $\sum_{r=1,2} u^{(r)}_\alpha(p) \bar{u}^{(r)}_\beta(p) = (\not p + m)_{\alpha\beta}$ verwendet haben. Das Ergebnis lässt sich schreiben als

$$
iS_{\mathrm{F}}(x - x') = (i\partial^\mu_x \gamma_\mu + m)(D(x - y) - D(y - x)) \,, \tag{3.30}
$$

wo $D(x - y)$ der Propagator für ein skalares Feldes. In Kapitel 2 hatten wir

$$
D(x - x') = \int \frac{d^3 p}{(2\pi)^3} \frac{1}{2E_p} e^{-1p(x-y)} \,.
$$

Wenn wir weiter vorgehen wie im Fall des freien skalaren Feldes, erhalten wir

$$
\begin{aligned}
\left\langle 0 | T[\Psi_r(x) \overline{\Psi}_s(x')] | 0 \right\rangle &= \int \frac{d^4 p}{(2\pi)^4 2E_p} e^{-ip(x-x')} \frac{(\not p + m)_{rs}}{p^2 - m^2 + i\varepsilon} \\
&= S_{\mathrm{F}}(x - x')|_{rs}
\end{aligned}
$$

Für den Propagator im Impulsraum erhalten wir damit

$$S_F(p) = i\frac{(\not{p} + m)}{p^2 - m^2 + i\varepsilon} = \frac{i}{\not{p} - m + i\varepsilon}$$

Man sieht direkt, dass $S_F(x)$ die Green-Funktion der Dirac-Gleichung ist, d. h.

$$(i\partial_\mu \gamma^\mu - m)S_F(x) = i\delta^4(x) .$$

3.9 Kausalität für Fermionen

Aus Gl. (3.30) folgt, dass die Kausalitätsbedingung skalarer Felder $D(x - y) = 0$ für $(x - y)^2 < 0$, für Fermionen übergeht in $S_F(x - y) = 0$ für $(x - y)^2 = 0$, oder

$$\{\Psi_r(x)\overline{\Psi}_s(x')\} = 0 \quad \text{für} \quad (x - y)^2 < 0 . \tag{3.31}$$

Da dies nicht der Kommutator ist, ist die Kausalität für ein einzelnes Ferminon verletzt. In der Lagrange-Dichte und in physikalischen Prozessen treten Fermionen allerdings nur in Paaren auf und die zugehörigen Bilineare erfüllen die Kausalitätsbedingung

$$[\overline{\Psi}(x)\Psi(x), \overline{\Psi}(x')\Psi(x')] = 0 \quad \text{für} \quad (x - y)^2 < 0$$

Beweis. Sei $(x - y)^2 < 0$. Wir betrachten den Ausdruck

$$\begin{aligned} A = {} & \overline{\Psi}(x)\{\Psi(x), \overline{\Psi}(x')\}\Psi(x') - \{\overline{\Psi}(x)\overline{\Psi}(x')\}\Psi(x)\Psi(x')] \\ & + \overline{\Psi}(x')\overline{\Psi}(x)\{\Psi(x)\Psi(x')\} - \overline{\Psi}(x')\{\overline{\Psi}(x)\Psi(x)\}\Psi(x') \end{aligned}$$

Dieser Ausdruck verschwindet wegen Gl. (3.31) und wegen $\{\overline{\Psi}(x)\overline{\Psi}(x')\} = \{\Psi(x)\Psi(x')\} = 0$. Wenn wir die Antikommutatoren ausschreiben, erhalten wir

$$\begin{aligned} 0 &= \overline{\Psi}(x)\Psi(x)\overline{\Psi}(x')\Psi(x') + \overline{\Psi}(x)\overline{\Psi}(x')\Psi(x)\Psi(x') \\ &\quad - \overline{\Psi}(x)\overline{\Psi}(x')\Psi(x)\Psi(x') - \overline{\Psi}(x')\overline{\Psi}(x)\Psi(x)\Psi(x') \\ &\quad + \overline{\Psi}(x')\overline{\Psi}(x)\Psi(x)\Psi(x') + \overline{\Psi}(x')\overline{\Psi}(x)\Psi(x')\Psi(x) \\ &\quad - \overline{\Psi}(x')\overline{\Psi}(x)\Psi(x)\Psi(x') - \overline{\Psi}(x')\Psi(x)\overline{\Psi}(x)\Psi(x') \\ &= \overline{\Psi}(x)\Psi(x)\overline{\Psi}(x')\Psi(x') - \overline{\Psi}(x')\Psi(x')\overline{\Psi}(x)\Psi(x) \\ &= [\overline{\Psi}(x)\Psi(x), \overline{\Psi}(x')\Psi(x')] . \end{aligned}$$

D. h. die Bilineare vertauschen im raumartigen Bereich. □

4 Quantisierung des elektromagnetischen Feldes

4.1 Maxwell-Gleichungen

In der lorentzkovarianten Formulierung der klassischen Elektrodynamik bilden die elektromagnetischen Felder $\boldsymbol{E}$ und $\boldsymbol{B}$ die Komponenten des antisymmetrischen elektromagnetischen Feldtensors,

$$F^{\mu\nu} \equiv \begin{pmatrix} 0 & -E_x & -E_y & -E_z \\ E_x & 0 & -B_z & B_y \\ E_y & B_z & 0 & -B_x \\ E_z & -B_y & B_x & 0 \end{pmatrix}, \quad (F^{0k} = -E^k , \quad F^{kl} = -\varepsilon_{klm} B^m) .$$

Um die Maxwell-Gleichungen in Tensorform zu schreiben, führt man den dualen Feldtensor ein,

$$\widetilde{F}^{\mu\nu}(x) = \varepsilon^{\mu\nu\sigma\tau} F_{\sigma\tau}(x) .$$

Dann lauten die *Maxwell-Gleichungen*:

$$\partial_\mu \widetilde{F}^{\mu\nu}(x) = 0 \tag{4.1}$$

$$\partial_\mu F^{\mu\nu}(x) = j^\nu(x) \tag{4.2}$$

Dabei ist j^μ der elektromagnetische Strom. Die homogene Maxwell-Gleichung ist automatisch erfüllt, wenn man $F^{\mu\nu}$ durch ein 4-Potential $A^\mu(x)$ ausdrückt,

$$F^{\mu\nu}(x) = \partial^\mu A^\nu(x) - \partial^\nu A^\mu(x) .$$

Umgekehrt folgt aus (4.1) die Existenz eines Potentials $A^\mu(x)$, das bis auf den Gradienten eines skalaren Feldes $\Lambda(x)$ festgelegt ist (Poincaré-Lemma der Theorie der Differentialformen). Die Transformation

$$A^\mu(x) \to A'^\mu(x) = A^\mu(x) - \partial^\mu \Lambda(x)$$

bezeichnet man als *Eichtransformation*. Der Feldtensor und die Maxwellgleichungen sind offensichtlich invariant unter solchen Transformationen.

Die Maxwell-Gleichungen für das freie elektromagnetische Feld lassen sich aus der Lagrange-Dichte

$$L_\gamma(x) = -\frac{1}{4} F^{\mu\nu}(x) F_{\mu\nu}(x) - A_\mu(x) j^\mu(x) \tag{4.3}$$

mit Hilfe der Lagrangeschen Gleichungen ableiten,

$$\frac{\partial L}{\partial A_\nu} - \partial_\mu \frac{\partial L}{\partial(\partial_\mu A_\nu)} = 0 \quad \to \quad \partial_\mu F^{\mu\nu}(x) = j^\nu(x) .$$

L_γ ist eichinvariant für $\partial_\mu j^\mu(x) = 0$.

https://doi.org/10.1515/9783110488593-004

Beweis. Wir brauchen nur den Wechselwirkungsterm zu betrachten,

$$\begin{aligned} A_\mu(x)j^\mu(x) &\to \left[A^\mu(x) - \partial^\mu \Lambda(x)\right] j^\mu(x) \\ &= A_\mu(x)j^\mu(x) - (\partial^\mu \Lambda(x) j^\mu(x)) + \partial^\mu(j^\mu(x))\Lambda(x) \end{aligned}$$

Für $\partial_\mu j^\mu(x) = 0$ ist der Unterschied nur eine irrelevante totale Ableitung. □

4.2 Quantisierung

Die Lagrange-Funktion Gl. (4.3) bildet den Ausgangspunkt für die Quantisierung des freien elektromagnetischen Feldes. Ein Term $\frac{\partial A^0}{\partial t}$ kommt in der Lagrangefunktion nicht vor, und daher verschwindet der kanonische Impuls zu $A^\mu(x)$,

$$\begin{aligned} \Pi^\mu(x) &= \frac{\partial L}{\partial(\partial_0 A_\mu)} = F^{\mu 0} \\ \text{d.h.} \quad \Pi^0 &= 0\,, \quad \Pi^i \neq 0\,. \end{aligned}$$

Die Kovarianz der Vertauschungsrelationen wird dadurch verletzt, z. B.

$$[\Pi_\mu(x), A_\nu(y)]\delta(x_0 - y_0) = -ig_{\mu\nu}\delta^4(x - y)\,.$$

D. h. A_0 vertauscht mit allen Operatoren, ist also eine c-Zahl, im Gegensatz zu den Raumkomponenten. Das Problem der Kovarianz hängt mit den Freiheitsgraden der Theorie zusammen. Das 4-Potential $A_\mu(x)$ hat 4 unabhängige Komponenten, während die elektromagnetische Strahlung wegen ihrer Transversalität nur 2 unabhängige Komponenten besitzt. Diese Redundanz hängt mit der Eichfreiheit zusammen.

Das Problem wird vermieden, wenn man in einer nicht-kovarianten Eichung quantisiert, z. B. in der temporalen Eichung

$$A^0 = 0\,,$$

oder in der Strahlungseichung (siehe Bjorken/Drell, Teil 1)

$$\vec{\nabla} \cdot \vec{A} = 0\,.$$

Wir wollen hier nur die die kovariante Lorenz-Eichung

$$\partial_\mu A^\mu = 0 \tag{4.4}$$

verwenden. Diese Eichung eliminiert nur eine der beiden überflüssigen Freiheitsgrade. Die Eichbedingung (4.4) lässt sich mit Hilfe von Lagrangeschen Multiplikatoren in den Formalismus integrieren. Im Fall des hier auftretenden Kontinuums von Freiheitsgraden, wird der Multiplikator zum *Multiplikatorfeld*. Wir setzen

$$\begin{aligned} L_\mathrm{u} &= L_\gamma + L_\mathrm{GF} \\ &= L_\gamma + \partial_\mu A^\mu(x)B(x) + \xi\frac{1}{2}B^2(x)\,, \end{aligned}$$

wo $B(x)$ das Multiplikatorfeld, L_γ die Lagrangefunktion ohne Nebenbedingung, L_{GF} die Eichfixierung ist. Der zusätzliche Term $\xi\frac{1}{2}B^2(x)$ wird eingeführt, um zu einer etwas allgemeineren Eichbedingung zu gelangen.

Die Bewegungsgleichungen für A_μ,

$$\frac{\partial L}{\partial A_\nu} - \partial_\mu \frac{\partial L}{\partial(\partial_\mu A_\nu)} = 0\,,$$

ergeben

$$\partial_\mu F^{\mu\nu}(x) = \partial^\nu B(x)\,. \tag{4.5}$$

Aus der Antisymmetrie von $F^{\mu\nu}$ folgt, dass

$$\Box B(x) = 0 \quad \text{mit} \quad \Box = \partial_\mu \partial^\mu\,.$$

Das Multiplikatorfeld B_μ erfüllt also die Gleichung eines freien masselosen Teilchens. Außerdem erfüllt B noch die Lagrangesche Bewegungsgleichung

$$\frac{\partial L}{\partial B} - \partial_\mu \frac{\partial L}{\partial(d_\mu B)} = 0\,.$$

Diese Gleichung führt auf die kovariante Eichbedingung

$$\partial_\mu A^\mu + \xi B(x) = 0\,, \tag{4.6}$$

die etwas allgemeiner als die Lorenz-Eichbedingung ist.

Die Lagrangefunktion $L_{\mathrm{GF}} = \partial_\mu A^\mu(x)B(x) + \xi\frac{1}{2}B^2(x)$ kann umgeschrieben werden in

$$L_{\mathrm{GF}} = -\frac{1}{2\xi}(\partial_\mu A^\mu)^2 + \frac{\xi}{2}\left(B + \frac{1}{\xi}\partial_\mu A^\mu\right)^2\,.$$

Aufgrund der Eichbedingung ändert der letzte Term die Bewegungsgleichung nicht und kann damit weggelassen werden. Wir erhalten also für die Lagrange-Funktion der QED

$$L_{\mathrm{QED}} = -\frac{1}{4}F^{\mu\nu}(x)F_{\mu\nu}(x) - \frac{1}{2\xi}(\partial_\mu A^\mu)^2 \tag{4.7}$$

Aus dieser Lagrange-Funktion folgt die Bewegungsgleichung für das elektromagnetische Feld

$$\Box A^\mu - \left(1 - \frac{1}{\xi}\right)\partial^\mu(\partial_\nu A^\nu) = 0\,.$$

Aus der Lagrange-Funktion (4.7) bestimmt sich der kanonische Impuls

$$\Pi^\mu(x) = \frac{\partial L}{\partial(\partial_0 A_\mu)} = F^{\mu 0}(x) - \frac{1}{\xi}g^{\mu 0}\partial_\nu A^\nu(x)\,.$$

Damit lassen sich die Vertauschungsrelationen ohne Widerspruch erfüllen:

$$[A_\mu(x), \Pi_\nu(y)]\delta(x_0 - y_0) = -i g_{\mu\nu}\delta^4(x-y)\,,$$

oder, in Analogie zu der Diskussion im Fall der skalaren Felder

$$[A^\mu(x), A^\nu(y)] = -ig^{\mu\nu} D(x-y)$$

mit

$$D(x) = \frac{1}{(2\pi)^3} \int d^4k \delta(k^2) \varepsilon(k_0) e^{-ikx} .$$

Die Hilfsfelder $B(x)$ dürfen physikalisch nicht beobachtbar sein. Wir können nicht verlangen, dass $B(x) = -\partial_\mu A^\mu(x) = 0$ als Operatorgleichung gilt, da $\partial_\mu A^\mu(x)$ durch die Vertauschungsrelation

$$\begin{aligned}[\partial^\mu A_\mu(x), A_\nu(y)] &= \frac{\partial}{\partial x_\mu}([A_\mu(x), A_\nu(y)]) \\ &= i\partial^\mu D(x-y) \neq 0\end{aligned}$$

festgelegt ist. Wir könnten etwas schwächer fordern, dass

$$B(x)\,|\Psi\rangle = -\partial_\mu A^\mu(x)\,|\Psi\rangle = 0$$

wo $|\Psi\rangle \in H_{\text{phys.}}$ ein physikalischer Zustand ist. Dies ist aber auch inkonsistent mit den Vertauschungsrelationen, da

$$\langle\Psi|\,[\partial^\mu A_\mu(x), A_\nu(y)]\,|\Psi\rangle = i\partial^\mu D(x-y)\,\langle\Psi|\Psi\rangle \neq 0$$

Daher fordert man nur

$$\begin{aligned}B^{(+)}(x)\,|\Psi\rangle &= -(\partial_\mu A^\mu(x))^{(+)}\,|\Psi\rangle = 0 \\ \text{für}\quad &|\Psi\rangle \in H_{\text{phys.}} ,\end{aligned} \tag{4.8}$$

wo (+) den Anteil der Fourier-Zerlegung mit positiver Frequenz bezeichnet, d. h. den Anteil mit den Anihilationsoperatoren. Man bezeichnet Gl. (4.8) als *Gupta-Bleuler-Bedingung.*

Diese schwache Bedingung genügt, damit der Erwartungswert von $\partial_\mu A^\mu$ (und damit der von $B(x)$) zwischen physikalischen Zuständen $|\Psi\rangle \in H_{\text{phys.}}$ verschwindet,

$$\begin{aligned}&\langle\Psi|\,\partial^\mu A^{(-)}\,|\Psi\rangle = \langle\Psi|\,\partial^\mu A_\mu^{(+)}\,|\Psi\rangle^* = 0 \\ \to\quad &\langle\Psi|\,\partial^\mu A_\mu\,|\Psi\rangle = 0\end{aligned}$$

Beachte: $\langle u|A|t\rangle^* = \langle t|A^\dagger|u\rangle$.

Wir betrachten im Folgenden in der Eichbedingung Gl. (4.6) zunächst nur den Fall $\xi = 1$. Dann ist $\Box A^\mu = 0$ und wir können nach ebenen Wellen entwickeln,

$$\begin{aligned}A_\mu(x) &= \sum_{\lambda=0}^{3} \int \frac{d^3k}{(2\pi)^3 2k_0} \left[\varepsilon_\mu(k,\lambda) a_\lambda(k) e^{-ikx} + \varepsilon_\mu^*(k,\lambda) a_\lambda^\dagger(k) e^{+ikx}\right] \\ \Pi_\mu(x) &= \sum_{\lambda=0}^{3} \int \frac{d^3k}{(2\pi)^3 2k_0} (+ik_0) \left[\varepsilon_\mu(k,\lambda) a_\lambda(k) e^{-ikx} + \varepsilon_\mu^*(k,\lambda) a_\lambda^\dagger(k) e^{+ikx}\right] ,\end{aligned}$$

mit $k_0 = |\vec{k}|$, $k^2 = 0$. Hier ist $a_\lambda(k)$ die zu quantisierende Amplitude

Es gibt jetzt vier Polarisationsvektoren $\varepsilon_\mu(k,\lambda)$. Sie bilden 4 linear unabhängige Einheitsvektoren. Deren Normierung kann so gewählt werden, dass

$$\varepsilon^\mu(k,\lambda)\cdot\varepsilon_\mu(k,\lambda') = g_{\lambda\lambda'}$$

und

$$\varepsilon_\mu(k,\lambda)\varepsilon_\nu(k,\lambda')g_{\lambda\lambda'} = g_{\mu\nu}\,.$$

Mit dieser Wahl ist ε_0 zeitartig und $\varepsilon_{1,2,3}$ raumartig. Die Polarisationsvektoren $\varepsilon_\mu(k,\lambda)$ hängen vom 4-Impuls $k^\mu = (|\vec{k}|,\vec{k})$ des Photons ab. Die konventionelle Wahl ist:

a) zwei der raumartigen Polarisationsvektoren transversal zu k^μ

$$\varepsilon_\mu(k,i)\,,\quad i=1,2\quad \text{in Ebene} \perp \text{zu } \vec{k}$$
$$\vec{k}\cdot\vec{\varepsilon}(k,i)=0\,;\quad \varepsilon_0(k,i)=0\,;\quad \rightarrow\quad \varepsilon^\mu(k,i)k_\mu = 0$$

b) ein longitudinales Photon

$$\varepsilon^\mu(k,3) = (0,\vec{k}/k)$$
$$k^\mu\varepsilon_\mu(k,3) = -k\quad (k\equiv|\vec{k}|)$$

c) ein skalares oder zeitartiges Photon

$$\varepsilon^\mu(k,0) = (1,\vec{0})$$
$$k^\mu\varepsilon_\mu(k,0) = k$$

Für $\vec{k}$ in z-Richtung, $k^\mu = (k,0,0,k)$, gilt speziell

$$\varepsilon^\mu(k,0) = \begin{pmatrix}1\\0\\0\\0\end{pmatrix},\quad \varepsilon^\mu(k,1) = \begin{pmatrix}0\\1\\0\\0\end{pmatrix}$$

$$\varepsilon^\mu(k,2) = \begin{pmatrix}0\\0\\1\\0\end{pmatrix},\quad \varepsilon^\mu(k,3) = \begin{pmatrix}0\\0\\0\\1\end{pmatrix}$$

Wir analysieren jetzt die Zustände, die den physikalischen Hilbertraum bilden. Die Nebenbedingung lautet

$$\begin{aligned}
0 &= i(\partial_\mu A^\mu(x))^{(+)}\,|\Psi\rangle \\
&= \sum_{\lambda=0}^{3}\int\frac{d^3k}{(2\pi)^3 2k_0}k^\mu\varepsilon_\mu(k,\lambda)a_\lambda(k)e^{-ikx}\,|\Psi\rangle \\
&= \int\frac{d^3k e^{-ikx}}{(2\pi)^3 2k_0}[\underbrace{k^\mu\varepsilon_\mu(k,0)}_{-k}a_0(k) + \underbrace{k^\mu\varepsilon_\mu(k,3)}_{k}a_3(k)]\,|\Psi\rangle
\end{aligned}$$

Dies muss für alle x gelten, d. h. die Gupta-Bleuler-Bedingung lautet auch

$$(a_3(k) - a_0(k))\,|\Psi\rangle = 0 \quad \text{für} \quad |\Psi\rangle \in H_{\text{phys.}}\,. \tag{4.9}$$

Aus den Vertauschungsrelationen für die $A^\mu(x)$ folgen diejenigen für die $a_\lambda(k)$,

$$[a_\lambda(k), a^\dagger_{\lambda'}(k')] = -2kg_{\lambda\lambda'}(2\pi)^3\delta(\vec{k} - \vec{k}')\,. \tag{4.10}$$

Für den Vakuum-Zustand gilt

$$a_\lambda(k)\,|0\rangle = 0\,, \qquad \lambda = 0, 1, 2, 3$$

Bei den Einteilchenzuständen ergeben sich jedoch Probleme. Betrachten wir z. B. ein zeitartigen Photons

$$|1_0\rangle = \int \frac{d^3k}{(2\pi)^3 2k} f(\vec{k}) a^\dagger_0(k)\,|0\rangle\,,$$

wo $f(\vec{k})$ ein Wellenpaket darstellt. Die zugehörige Norm ist

$$\langle 1_0|1_0\rangle = \int \frac{d^3k}{(2\pi)^3 2k} \int \frac{d^3k'}{(2\pi)^3 2k'} f^*(\vec{k}) f(\vec{k}') \left\langle 0|a_0(k)a^\dagger_0(k')|0\right\rangle\,.$$

Aus

$$a_0(k)a^\dagger_0(k')\,|0\rangle = [-a^\dagger_0(k)a^\dagger_0(k') - (2\pi)^3 2k\delta^3(\vec{k} - \vec{k}')]\,|0\rangle$$

folgt

$$\langle 1_0|1_0\rangle = -\int \frac{d^3k}{(2\pi)^3 2k} |f(\vec{k}')|^2\,\langle 0|0\rangle < 0$$

Da $[a_0(k), a^\dagger_0(k')] = -[a_i(k), a^\dagger_i(k')]$, folgt, dass das skalare Photon eine *negative Norm* besitzt. Eine negative Norm oder negative Wahrscheinlichkeit ist absolut unakzeptabel und unphysikalisch. Hier rettet uns die Gupta-Bleuler-Bedingung Gl. (4.9). Ein Photon mit negativer Norm wird auch als *Geist* bezeichnet.

Der gesamte Raum der Zustände, der Fock-Raum, hat eine indefinite Norm. Der Raum der physikalischen Zustände hat jedoch eine positive Norm. Da die Bedingung $(a_3 - a_0)|\Psi\rangle = 0$ linear ist, kann man Basiszustände konstruieren, indem man mit Produkten von Erzeugungsoperatoren $a^\dagger_i$ auf das Vakuum wirkt. Daher lässt sich ein physikalischer Zustand faktorisieren

$$|\Psi\rangle = |\Psi_\text{T}\rangle\,|\Phi\rangle \quad \text{mit} \quad |\Psi\rangle \in H_{\text{phys.}}\,,$$

wo $|\Psi_\text{T}\rangle$ ein tranversales Photon ist, das durch $a^\dagger_i$, $i = 1, 2$ erzeugt wird und $|\Phi\rangle$ ein longitudinales oder zeitartiges Photon, das durch $a^\dagger_i$, $i = 0, 3$ erzeugt wird. Die Gupta-Bleuler-Bedingung

$$(a_3(k) - a_0(k))\,|\Psi\rangle = 0$$

reduziert sich auf

$$(a_3(k) - a_0(k))\,|\Phi\rangle = 0\,.$$

D. h. zu jedem longitudinalen Photon mit Impuls k gibt es ein zeitartiges Photon mit dem selben Impuls. Im Allgemeinen besteht $|\Phi\rangle$ aus einer Linearkombination von longitudinalen und zeitartigen Photonen.

Damit sind aber noch nicht alle nicht-transversalen Photonen unschädlich gemacht, denn es ist immer noch

$$(a_3(k) + a_0(k))\,|\Phi\rangle \neq 0 \,.$$

Wir wollen diese Linearkombination von nicht-transversalen Photonen als Eichteilchen bezeichnen.

Der Zustand $|\Phi\rangle$ ist eine Linearkombination von 1,2,... Eichteilchen

$$|\Phi\rangle = \alpha_0\,|\Phi_0\rangle + \alpha_1\,|\Phi_1\rangle + \cdots \alpha_n\,|\Phi_n\rangle$$

wo $|\Phi_j\rangle$ ein Zustand mit j Eichteilchen ist und $|\Phi_0\rangle = |0\rangle$.

Wir wollen jetzt zeigen, dass, außer dem Vakuum, alle diese Zustände die Norm 0 haben. D. h. die Wahrscheinlichkeit ein Photon zu beobachten, das nicht transversal polarisiert ist, verschwindet. Um das zu sehen, betrachten wir die Teilchenzahl-Operatoren.

$$N(k,\lambda) = a_\lambda^\dagger(k)a_\lambda(k)$$

Sie erfüllen folgende Beziehungen:

$$[N(k,\lambda), a_{\lambda'}^\dagger(k')] = a^\dagger(k)\delta^3(\vec{k}-\vec{k}')\delta_{\lambda\lambda'}$$
$$[N(k,\lambda), a_{\lambda'}(k')] = -a(k)\delta^3(\vec{k}-\vec{k}')\delta_{\lambda\lambda'} \,.$$

Dann gilt

$$N(k)\,|k_1,\ldots k_n\rangle = [\delta^3(\vec{k}-\vec{k}_1) + \delta^3(\vec{k}-\vec{k}_2) + \cdots]\,|k_1,\ldots k_n\rangle \,.$$

Für für die raumartigen Photonen ist wie für skalare Teilchen

$$N(k,\lambda) = \frac{a_\lambda^\dagger(k)a_\lambda(k)}{(2\pi)^3 2k_0} \qquad \lambda = 1,2,3 \,. \tag{4.11}$$

Für zeitartige Photonen ist jedoch

$$N(k,0) = -\frac{a_0^\dagger(k)a_0(k)}{(2\pi)^3 2k} \tag{4.12}$$

wegen des umgekehrten Vorzeichen in der Vertauschungsrelation der Zeit-Komponenten im Vergleich zu der der Raumkomponenten (siehe Gl. (4.10)).

Für Eichteilchen lautet damit der Teilchenzahloperator

$$N^{(0+3)}(k) = \frac{1}{(2\pi)^3 2k}\left\{a_3^\dagger(k)a_3(k) - a_0^\dagger(k)a_0(k)\right\} \,.$$

Für Zustände $|\Phi_n\rangle$ mit n Eichteilchen

$$N^{(0+3)}\,|\Phi_n\rangle = n\,|\Phi_n\rangle \quad \text{wo} \quad N = \int d^3k N(k)$$

und

$$\langle\Phi_n|\Phi_m\rangle = \delta_{nm}c_n \; .$$

Wir berechnen jetzt die Norm c_n des Zustandes $|\Phi_n\rangle$.

$$n\,\langle\Phi_n|\Phi_n\rangle = \langle\Phi_n|\int \frac{d^3k}{(2\pi)^3 2k}\Big\{\underbrace{a_3^\dagger(k)}_{a_0^\dagger(k)}a_3(k) - a_0^\dagger(k)\underbrace{a_0(k)}_{a_3(k)}\Big\}\,|\Phi_n\rangle = 0\,,$$

da $(a_3(k) - a_0(k))|\Phi_n\rangle = 0$ und $\langle\Phi_n|(a_3^\dagger(k) - a_0^\dagger(k)) = 0$. D. h.

$$\langle\Phi_n|\Phi_n\rangle = \delta_{n0}$$

Außer dem Vakuum, haben alle Zustände die Norm 0. Damit tragen diese Zustände zu eichinvarianten Operatoren nicht bei. Ein wichtiges Beispiel ist der Hamilton-Operator

$$H = \sum_{\lambda=0}^{3} k_0 \int \frac{d^3k}{(2\pi)^3} a_\lambda^\dagger(k)a_\lambda(k) \underset{(4.11)(4.12)}{=} \sum_{\lambda=1}^{2} k_0 \int \frac{d^3k}{(2\pi)^3} a_\lambda^\dagger(k)a_\lambda(k)$$

Die Beiträge der zeitartigen und longitudinalen Photonen heben sich gegenseitig weg und der Hamilton-Operator ist positiv.

4.3 Elektron-Photon Wechselwirkung

Wenn wir die Lagrangefunktion für Photonen und Elektronen konstruieren wollen, addieren wir zunächst zu L_γ die Lagrangefunktion L_e eines freien Elektrons

$$L_\gamma + L_\mathrm{e} = -\frac{1}{4}F^{\mu\nu}(x)F_{\mu\nu}(x) + \overline{\Psi}(x)(i\partial\!\!\!/ - m)\Psi(x)\,. \tag{4.13}$$

Um noch die Wechselwirkung zwischen zwischen Photonen und Elektronen (Feldern) einzuführen, lassen wir uns von der Forderung der Eichinvarianz leiten. Dazu betrachten wir zunächst globale Eichtransformationen.

Globale Eichtransformationen

Betrachte die Menge der einparametrigen Transformationen

$$\Psi(x) \to \Psi'(x) = e^{ie\theta}\Psi(x)\,,$$

wo θ eine beliebige reelle Zahl ist. Diese Transformationen bilden die Abelsche Gruppe $U(1)$. Die Lagrange-Funktion $L_\gamma + L_\mathrm{e}$ ist offensichtlich invariant unter dieser Transformation, d. h. $\delta L = 0$. Betrachten wir die infinitesimale Transformationen

$$\Psi \to \Psi + \delta\Psi\,, \quad \delta\Psi = ie\theta\Psi \quad \text{mit} \quad \theta \ll 1\,,$$

dann gilt

$$\delta L = \frac{\partial L}{\partial\Psi}\delta\Psi + \frac{\partial L}{\partial\partial_\mu\Psi}\delta\partial_\mu\Psi\,.$$

Mit Hilfe der Bewegungsgleichung

$$\frac{\partial L}{\partial\Psi} - \partial_\mu\frac{\partial L}{\partial\partial_\mu\Psi} = 0$$

erhalten wir

$$\partial_\mu\left[\frac{\partial L}{\partial\partial_\mu\Psi}\delta\Psi\right] = 0 \equiv \partial_\mu j^\mu\,.$$

Es war $\delta\Psi = ie\theta\Psi$. Wenn wir die Konstante θ unterdrücken, dann ist

$$j^\mu(x) = ie\frac{\partial L}{\partial\partial_\mu\Psi}\Psi = -e\overline{\Psi}(x)\gamma^\mu\Psi(x)$$

ein erhaltener Strom mit $\partial_\mu j^\mu = 0$. Nach dem Gaußschen Satz ist damit die *elektrische Ladung*,

$$Q = \int d^3x j^0(x)\,,$$

exakt erhalten,

$$\frac{dQ}{dt} = 0\,.$$

Die Ladung des Elektrons ist in unserer Konvention $-e$.

Lokale Eichtransformationen

Wir hatten gesehen, dass die Eichinvarianz in der freien Maxwll-Theorie wesentlich war, um die unphysikalischen Freiheitsgrade zu eliminieren. Auch die wechselwirkende Theorie hat eine Eichsymmetrie. Wir betrachten dazu lokale Eichtransformationen, wo der Parameter $\theta \to \theta(x)$ jetzt x-abhängig sei,

$$\Psi(x) \to \Psi'(x) = e^{ie\theta(x)}\Psi(x)\,.$$

Dann sind $-\frac{1}{4}F^{\mu\nu}(x)F_{\mu\nu}(x)$ und der Massenterm $m\overline{\Psi}(x)\Psi(x)$ in Gl. (4.13) immer noch invariant, nicht aber der kinetische Term,

$$\partial_\mu\Psi(x) \to e^{ie\theta(x)}\partial_\mu\Psi(x) + ie(\partial_\mu\theta(x))e^{ie\theta(x)}\Psi(x)$$

D. h. $\Psi(x)$ und $\partial_\mu\Psi(x)$ transformieren sich unterschiedlich.

L wird invariant, wenn wir eine verallgemeinerte Ableitung D_μ finden können, für die der letzte Term nicht auftritt. Sie heißt *kovariante Ableitung*, weil sich $\Psi(x)$ und $D_\mu\Psi(x)$ gleich transformieren. Wir machen den Ansatz

$$D^\mu = \partial^\mu + ieA^\mu$$

Dann ist

$$\begin{aligned} D'_\mu\Psi'(x) &= (\partial^\mu + ieA'^\mu)\Psi'(x) \\ &= e^{ie\theta(x)}(\partial^\mu + ieA'^\mu)\Psi(x) \\ &\quad + (\partial^\mu\theta(x))e^{ie\theta(x)}\Psi(x)\,. \end{aligned}$$

D. h. $D'_\mu\Psi'(x) = e^{ie\theta(x)}D_\mu\Psi(x)$, wenn wir gleichzeitig auch A^μ transformiren

$$A_\mu(x) \to A'_\mu(x) = A_\mu(x) - \partial_\mu\theta(x)\,.$$

Dies entspricht aber gerade der Eichtransformation eines Vektorfeldes, unter der L_γ invariant ist. Die Lagrangefunktion, die unter den gemeinsamen Eichtransformationen invariant ist, ist also

$$\begin{aligned} L &= -\frac{1}{4}F^{\mu\nu}(x)F_{\mu\nu}(x) + \overline{\Psi}(x)(i\not{D} - m)\Psi(x) \\ &= -\frac{1}{4}F^{\mu\nu}(x)F_{\mu\nu}(x) + \overline{\Psi}(x)(i\not{\partial} - m)\Psi(x) - e\overline{\Psi}(x)\gamma^\mu\Psi(x) \\ &= L_\gamma + L_\mathrm{e} + L_\mathrm{I}\,. \end{aligned}$$

Die Wechselwirkung L_I folgt also eindeutig aus der Forderung der lokalen Eichinvarianz.

Die zugehörigen Bewegungsgleichungen sind

$$\begin{aligned} \partial_\mu F^{\mu\nu}(x) &= j^\mu(x) = -e\overline{\Psi}(x)\gamma^\mu\Psi(x) \\ (i\not{\partial} - m)\Psi(x) &= e\overline{\Psi}(x)\gamma^\mu\Psi(x)\,. \end{aligned}$$

Zusammenfassung

Die Theorie des elektromagnetischen und des Dirac Feldes ist invariant unter der Menge der lokalen Eichtransformationen

$$\begin{aligned} A_\mu(x) &\to A'_\mu(x) = A_\mu(x) - \partial_\mu\theta(x) \\ \Psi(x) &\to \Psi'(x) = e^{ie\theta(x)}\Psi(x) \end{aligned}$$

für beliebige glatte $\theta(x)$.

Für θ = konst. definieren diese Transformationen eine einparametrige Lie-Gruppe, deren erhaltenen Noether-Strom

$$j^{\mu}(x) = ie \frac{\partial L}{\partial \partial_{\mu} \Psi} \Psi = -e\overline{\Psi}(x)\gamma^{\mu}\Psi(x)$$

mit dem Strom in den Bewegungsgleichungen übereinstimmt. Die Stromerhaltung folgt damit auch aus der Antisymmetrie des Feldtensors $F_{\mu\nu}$.

Der Noether-Strom, der zur vollen lokalen Eichgruppe gehört,

$$\begin{aligned} j_{\mu}(x, \theta(x)) &= \frac{\partial L}{\partial \partial_{\mu} \Psi} \delta\Psi + \frac{\partial L}{\partial \partial_{\mu} A_{\nu}} \delta A^{\nu} \\ &= F_{\mu\nu}\partial^{\nu}\theta(x) + j_{\mu}(x)\theta(x) \\ &= \partial^{\nu}(F_{\mu\nu}\theta(x)) \,, \end{aligned}$$

ist offensichtlich erhalten. Dieser Strom führt auf keine neue erhaltene Ladung. Für $\theta(x) \to 0$ und $|x| \to \infty$ ist die zugehörige Ladung gleich Null.

Die globale Eichinvarianz ist eine echte Symmetrie des Systems. Sie überführt einen physikalischen Zustand in einen anderen. Die lokale Eichinvarianz spiegelt dagegen nur eine Redundanz in der Theorie wider. Sie spielt aber eine bedeutende Rolle in der Dynamik der Theorie.

5 Wechselwirkende Felder

5.1 Streumatrix

Bisher hatten wir uns auf freie Felder beschränkt. Die Quantisierung ging von der klassischen Bewegungsgleichung aus. Die Felder wurden dann mit Operatoren identifiziert, die die kanonischen Vertauschungsrelationen erfüllen. Die Koeffizienten der Fourierentwicklung bilden Leiteroperatoren auf einem Fock-Raum. Man ist versucht im Fall von Theorien mit Wechselwirkung analog vorzugehen. Aus einer geeignet gewählten Lagrange-Dichte, z. B. der Lagrange-Dichte der QED,

$$L(x) = \overline{\Psi}(x)(i\partial\!\!\!/ - ieA\!\!\!/ - m)\Psi(x)$$

leitet man die Bewegungsgleichungen ab, hier

$$(i\partial\!\!\!/ - m)\Psi(x) = e\gamma^\mu A_\mu(x)\Psi(x) .$$

Dabei ist $\Psi(x)$ der elementare Feldoperator des Elektrons. Das zugehörige Teilchen sollte dann eine irreduzible Darstellung der Poincaré-Gruppe mit $s = 1/2$ und $p^2 = m^2$ bilden. Für wechselwirkende Felder bricht dieses Bild zusammen, da die kanonischen Vertauschungsrelationen nicht mehr erfüllt werden können. Nur die Kausalität

$$\begin{aligned} [A_\mu(x), A_\nu(y)] &= 0 \quad \text{für} \quad (x-y)^2 < 0 \\ \{\Psi(x), \Psi(y)\} &= 0 \quad \text{für} \quad (x-y)^2 < 0 \end{aligned}$$

gilt auch hier. Die Feldgleichungen lassen sich bis heute nur perturbativ lösen.

Meist ist man aber gar nicht an einer expliziten Lösung interessiert, sondern nur an einer Beschreibung von Streuprozessen über die *Streumatrix*. Diese ist definiert durch:

$$\begin{aligned} S_{\beta\alpha} &= \langle \beta(t = \infty) | \alpha(t = -\infty) \rangle \\ &= \langle \beta, \text{out} | \alpha, \text{in} \rangle \end{aligned}$$

$S_{\alpha\beta}$ ist die Wahrscheinlichkeitsamplitude, dass eine Anfangskonfiguration $|\alpha, \text{in}\rangle$ in eine Endkonfiguration $|\beta, \text{out}\rangle$ übergeht (Heisenberg-Zustände).

Annahme: Zur Zeit $t = \pm\infty$ bestehen die Konfigurationen aus freien Teilchen. Diese Annahme ist eigentlich nicht gerechtfertigt, da die Teilchen auch mit sich selbst und mit dem Vakuum wechselwirken. Wir ignorieren das Problem erst einmal. Die Konstruktion der Zustände zur Zeit $t = \pm\infty$ ist dann einfach. Wir beschränken uns zunächst auf skalare Felder. Im Fall eines freien skalaren Feldes gelten die Vertauschungsrelationen

$$[a_{\text{in}}(p), a_{\text{in}}^\dagger(p')] = 2p_0(2\pi)^3\delta^3(\vec{p} - \vec{p}\,')$$

https://doi.org/10.1515/9783110488593-005

und man erhält die Fock-Zustände durch Anwendung von $a^\dagger_{\text{in}}(p)$ auf das Vakuum,

$$\begin{aligned} &|0\rangle \\ a^\dagger_{\text{in}}(p)\,|0\rangle &= |p, \text{in}\rangle \\ a^\dagger_{\text{in}}(p_1)a^\dagger_{\text{in}}(p_2)\,|0\rangle &= |p_2 p_1, \text{in}\rangle \\ &\text{usw.} \end{aligned}$$

Das System der in- und out-Zustände ist vollständig. D. h. es existiert ein Operator S, der die in-Zustände in die out-Zustände überführt,

$$\langle \beta, \text{out}| = \langle \beta, \text{in}|\, S \tag{5.1}$$

Damit erhält man für das Matrixelement

$$S_{\beta\alpha} = \langle \beta, \text{in}|S|\alpha, \text{in}\rangle$$

Die Streumatrix $S_{\beta\alpha}$ ist unitär, da

$$\begin{aligned} \delta_{\alpha\beta} &= \langle \beta, \text{out}|\alpha, \text{out}\rangle = \left\langle \beta, \text{in}|SS^\dagger|\alpha, \text{in}\right\rangle \\ &= \langle \beta, \text{in}|\alpha, \text{in}\rangle \\ \to \quad SS^\dagger &= 1 \end{aligned}$$

5.2 Das Wechselwirkungsbild

Bisher hatten wir im Heisenberg-Bild gearbeitet mit zeitunabhängigen Zuständen $|\Psi_H\rangle$ und zeitabhängigen Operatoren $A_H(t)$ (Felder). Im Schrödinger-Bild sind die Zustände $|\Psi_S(t)\rangle$ zeitabhängig und die Operatoren zeitunabhängig. Der Zusammenhang zwischen den beiden Bildern ist gegeben durch

$$\begin{aligned} |\Psi_H\rangle &= e^{+iHt}\,|\Psi_S(t)\rangle = |\Psi_S(0)\rangle \qquad \forall t \\ A_H(t) &= e^{+iHt} A_S e^{-iHt} \end{aligned}$$

Der Hamilton-Operator im Heisenberg-Bild bzw. Schrödinger-Bild setze sich aus einem freien Teil und einer Wechselwirkung zusammen,

$$\mathcal{H} \equiv \mathcal{H}_H = \mathcal{H}_S = \mathcal{H}_0^{(H,S)} + \mathcal{H}_I^{(H,S)}$$

mit

$$\mathcal{H} = \int d^3x H(\vec{x}, t)\,, \qquad \text{etc.}$$

Man definiert das *Wechselwirkungsbild* (I für interaction picture) durch

$$|\Psi_I(t)\rangle = e^{+i\mathcal{H}_0^{(S)}t}\,|\Psi_S(t)\rangle = e^{+i\mathcal{H}_0 t} e^{-i\mathcal{H}t}\,|\Psi_H\rangle\,, \tag{5.2}$$

$$A_I = e^{+i\mathcal{H}_0^{(S)}t} A_S e^{-i\mathcal{H}_0^{(S)}t} \tag{5.3}$$

Offensichtlich gilt

$$\mathcal{H}_0^S = \mathcal{H}_0^{(I)} \equiv \mathcal{H}_0$$

Im Wechselwirkungsbild verhalten sich die Quantenfelder wie freie Felder, z. B.

$$\Phi_I(\vec{x},t) = \int \frac{d^3k}{(2\pi)^3 2E_k}\left[a_k e^{ikx} + a^\dagger(k)e^{-ikx}\right]_{k_0=E_k}$$

Wir bezeichnen die Wechselwirkung im Wechselwirkungsbild mit

$$\mathcal{H}_I \equiv \mathcal{H}_I^{(I)} = e^{+i\mathcal{H}_0^{(S)}t}\mathcal{H}_I^{(S)}e^{-i\mathcal{H}_0^{(S)}t}$$

Die Zustände im Wechselwirkungsbild erfüllen die Schrödinger-Gleichung,

$$i\frac{\partial}{\partial t}|\Psi_I(t)\rangle = \mathcal{H}_I(t)|\Psi_I(t)\rangle \quad (\mathcal{H}_I \equiv \mathcal{H}_I^{(I)}) \tag{5.4}$$

Beweis.

$$\begin{aligned}
i\frac{\partial}{\partial t}|\Psi_S(t)\rangle &= \mathcal{H}|\Psi_S(t)\rangle \quad \text{Schrödinger-Gleichung}\\
i\frac{\partial}{\partial t}e^{-i\mathcal{H}_0^{(S)}t}|\Psi_I(t)\rangle &= (\mathcal{H}_0^{(S)} + \mathcal{H}_I^{(S)})e^{-i\mathcal{H}_0^{(S)}t}|\Psi_I(t)\rangle\\
\mathcal{H}_0^{(S)}e^{-i\mathcal{H}_0^{(S)}t}|\Psi_I(t)\rangle + e^{-i\mathcal{H}_0^{(S)}t}i\frac{\partial}{\partial t}|\Psi_I(t)\rangle &= (\mathcal{H}_0^{(S)} + \mathcal{H}_I^{(S)})e^{-i\mathcal{H}_0^{(S)}t}|\Psi_I(t)\rangle\\
e^{-i\mathcal{H}_0^{(S)}t}\left(i\frac{\partial}{\partial t}|\Psi_I(t)\rangle\right) &= \mathcal{H}_I^{(S)}e^{-i\mathcal{H}_0^{(S)}t}|\Psi_I(t)\rangle\\
\Rightarrow \quad i\frac{\partial}{\partial t}|\Psi_I(t)\rangle &= \underbrace{e^{i\mathcal{H}_0^{(S)}}\mathcal{H}_I^{(S)}e^{-i\mathcal{H}_0^{(S)}t}}_{\mathcal{H}_I^{(I)}}|\Psi_I(t)\rangle
\end{aligned} \tag{5.5}$$

□

Für die Lösung der Gl. (5.4) machen wir den Ansatz

$$|\Psi_I(t)\rangle = U(t,t_0)|\Psi_I(t_0)\rangle \tag{5.6}$$

$U(t,t_0)$ ist demnach der Zeitentwicklungsoperator des Wechselwirkungsbildes. Einsetzen in Gl. (5.5) ergibt die Differentialgleichung

$$i\frac{\partial}{\partial t}U(t,t_0) = \mathcal{H}_I(t)U(t,t_0) \tag{5.7}$$

mit der Randbedingung

$$U(t_0,t_0) = 1\,.$$

Wenn alles vertauschen würde, wäre die Lösung der Gleichung (5.6) einfach $U(t,t_0) = \exp(-i\int_{t_0}^t \mathcal{H}_I(t')dt')$. Das kann aber nicht richtig sein, da die Operatoren $\mathcal{H}_I(t_1)$ und $\mathcal{H}(t_2)$ im Allgemeinen nicht vertauschen. Es stellt sich heraus, dass die richtige Lösung lautet:

$$\begin{aligned}
U(t,t_0) &= T\exp\left(-i\int_{t_0}^{t}\mathcal{H}_I(t')dt'\right)\\
&= T\exp\left(-i\int_{t_0}^{t}dt'\int d^3x' H_I(x',t')dt'\right)
\end{aligned} \tag{5.8}$$

Dies ist die *Dysonsche Formel.*

Beweis. Unter der Zeitordnung vertauschen alle Operatoren. Einsetzen in Gl. (5.5) ergibt

$$i\frac{\partial}{\partial t}U(t,t_0) = i\frac{\partial}{\partial t}T\exp\left(-i\int_{t_0}^{t}\mathcal{H}_I(t')dt'\right) = T\left[\mathcal{H}_I(t)\exp\left(-i\int_{t_0}^{t}\mathcal{H}_I(t')dt'\right)\right]$$
$$= \mathcal{H}_I(t)T\left[\exp\left(-i\int_{t_0}^{t}\mathcal{H}_I(t')dt'\right)\right] = \mathcal{H}_I(t)U(t,t_0)\,.$$

Da t die obere Grenze des Integrals ist, kann man $\mathcal{H}(t)$ aus der Zeitordnung ziehen. □

Für die Störungstheorie kann man in der Dysonschen Formel die Exponentialfunktion entwickeln

$$U(t,t_0) = 1 + \sum_{n=1}^{\infty}\frac{(-i)^n}{n!}\int_{t_0}^{t}d^4x_1\int_{t_0}^{t}d^4x_2\cdots\int_{t_0}^{t}d^4x_n \times T\left[H_I(x_1)H_I(x_2)\ldots H_I(x_n)\right] \tag{5.9}$$

Man zeigt direkt, dass für $t_1 < t_2 < t_3$ gilt

$$\begin{aligned} U(t_3,t_2)U(t_2,t_1) &= U(t_3,t_1) \\ U(t,t_0) &= U^{-1}(t_0,t) = U^\dagger(t_0,t) \quad \text{(unitär)} \end{aligned} \tag{5.10}$$

Die zeitliche Entwicklung der Feldoperatoren ergibt sich zu

$$\Phi_H(x,t) = U^\dagger(t,t_0)\Phi_I(x,t)U(t,t_0)\,, \tag{5.11}$$

wo t_0 die Referenzzeit ist, zu der das volle Feld gleich dem freien Feld ist.

Beweis. Sei t_0 die Referenzzeit, zu der $\Phi_H(t_0) = \Phi_S$. Zu einer anderen Zeit t gilt

$$\begin{aligned} \Phi_H(x,t) &= e^{i\mathcal{H}(t-t_0)}\Phi_S(x)e^{-i\mathcal{H}(t-t_0)} \\ &= e^{i\mathcal{H}(t-t_0)}\left[e^{-i\mathcal{H}_0(t-t_0)}\Phi_I(x,t)e^{i\mathcal{H}_0(t-t_0)}\right]e^{-i\mathcal{H}t} \\ &= U^\dagger(t,t_0)\Phi_I(x,t)U(t,t_0) \end{aligned}$$

mit

$$U(t,t_0) = e^{i\mathcal{H}_0(t-t_0)}e^{-i\mathcal{H}(t-t_0)}$$

Ein Vergleich mit Gl. (5.2) ergibt

$$|\Psi_I(t)\rangle = U(t,t_0)\,|\Psi_H\rangle\ ;\quad |\Psi_H\rangle = U^{-1}(t,t_0)\,|\Psi_I(t)\rangle$$

Man zeigt durch differenzieren, dass $U(t,t_0)$ die Gl. (5.7) erfüllt. Wir können daher $U(t,t_0)$ mit obigem Zeitentwicklungsoperator identifizieren. □

Zusammenfassung Wechselwirkungsbild

a) Die Zustandsvektoren sind zeitabhängig, wobei die Zeitabhängigkeit nur von der Wechselwirkung kommt.
b) Die Operatoren haben die selbe Zeitabhängigkeit wie Heisenberg-Operatoren in der Theorie ohne Wechselwirkung.
c) Die Operatoren im Wechselwirkungsbild erfüllen die selben Bewegungsgleichungen und Vertauschungsrelationen, wie freie Heisenberg-Operatoren. Zur Zeit $t = \pm\infty$, wo die Wechselwirkung verschwinden soll, ist das Wechselwirkungsbild gleich dem Heisenberg-Bild.

Die Streumatrix im Wechselwirkungsbild

Wir definieren einen Operator S mit folgender Eigenschaft

$$S = \lim_{t\to\infty,\, t'\to-\infty} U(t,t') = U(\infty,-\infty)\,,$$

wo

$$U(\infty,-\infty) = T\exp\left(-i\int_{-\infty}^{\infty}\mathcal{H}_I(t')dt'\right).$$

Es war

$$|\Psi_I(t)\rangle = U(t,t')\,|\Psi_H\rangle\ ;\quad |\Psi_H\rangle = U^{-1}(t,t')\,|\Psi_I(t)\rangle$$

Daraus folgt, dass der S-Operator mit der S-Matrix S_{fi} im Heisenberg-Bild zusammenhängt via

$$\begin{aligned} S_{fi} &= \langle \mathrm{out}_H|\mathrm{in}_H\rangle \\ &= \left\langle \mathrm{out}_I|U(\infty,t')U^{-1}(-\infty,t')|\mathrm{in}_I\right\rangle \\ &= \left\langle \mathrm{out}_I|U(\infty,t')U(t',-\infty)|\mathrm{in}_I\right\rangle \\ &= \langle \mathrm{out}_I|U(\infty,-\infty)|\mathrm{in}_I\rangle \quad \text{wegen (5.10)} \end{aligned} \tag{5.12}$$

Da die Feldoperatoren im Wechselwirkungsbild der freien Klein-Gordon-Gleichungen genügen, können sie wie die freien Felder im Impulsraum entwickelt werden. Man kann zeigen, dass die Vertauschungsrelationen für die Erzeugungs- und Vernichtungsoperatoren die gleichen sind, wie für freie Felder.

Mit der Dysonschen Formel lautet der S-Operator

$$S = T\exp\left\{-i\int_{-\infty}^{\infty} dt\mathcal{H}_I(t)\right\}$$

oder

$$S = T\exp\left\{-i\int d^4x H_I(x)\right\}$$

wo $H_I(x)$ die Hamilton-Dichte ist.

Zusammenhang mit dem Lagrange-Formalismus

Die Hamilton-Dichte im Heisenberg-Bild ist durch den Energie-Impuls-Tensor bestimmt

$$H^H(x) = T^{00}(x)$$
$$\text{mit} \quad \theta^{\mu\nu} = \Pi^\mu(x)\Phi(x) - g^{\mu\nu}(L_0(x) + L_\mathrm{I}(x))$$

Die Wechselwirkung ist

$$H_I^H(x) = T_I^{00}(x) .$$

S ist lorentzinvariant, wenn $H_I(x)$ ein Lorentz-Skalar ist, was im Allgemeinen der Fall ist ($H_I(x) = -L_\mathrm{I}(x)$). Lorentz-Transformationen können die Zeitordnung zweier Operatoren $A(x)$ und $B(x)$ ändern, wenn $(x-y)^2 < 0$, d. h. raumartig ist. Dann ist aber $[A(x), B(y)] = 0$ wegen der Kausalität.

$H_I(x)$ ist ein Produkt von Feldoperatoren am selben Raum-Zeitpunkt. In der QED ist

$$H_I^{(H)}(x) = -g_{00}L_\mathrm{I}^{(H)}(x) \quad \text{Heisenberg-Bild.}$$

Im Wechselwirkungsbild wird

$$\begin{aligned} H_I &= U^{-1}H_I^{(H)}U \\ &= U^{-1}e\overline{\Psi}(x)\gamma_\nu\Psi(x)A^\nu(x)U \\ &= eU^{-1}\overline{\Psi}(x)\gamma_\nu UU^{-1}\Psi(x)UU^{-1}A^\nu(x)U \\ &= e\overline{\Psi}_I(x)\gamma_\nu\Psi_I(x)A_I^\nu(x) \end{aligned}$$

D. h. wir erhalten H_I, in dem wir einfach die Operatoren im Wechselwirkungsbild nehmen. Die Operatoren im Wechselwirkungsbild entsprechen freien Operatoren im Heisenberg-Bild,

$$H_I(x) = e\overline{\Psi}_{(0)}(x)\gamma_\nu\Psi_{(0)}(x)A^\nu_{(0)}(x) ,$$

wo die $\Psi_{(0)}(x)$ und $A^\nu_{(0)}(x)$ die freien Feldgleichungen erfüllen,

$$\Box A^\mu_{(0)} - \left(1 - \frac{1}{\xi}\right)\partial^\mu(\partial_\nu A^\nu_{(0)}) = 0$$
$$(i\partial\!\!\!/ - m)\Psi_{(0)}(x) = 0$$

Beachte, dass die Operatoren in H normalgeordnet sein müssen, damit das Vakuum Energie 0 hat. Der S-Operator der QED ist also

$$S = T\exp\left\{-ie\int d^4x\left(:\overline{\Psi}_{(0)}(x)\gamma_\nu\Psi_{(0)}(x):A^\nu_{(0)}(x)\right)\right\}$$

Die obige Formulierung der Störungstheorie hat nur heuristischen Wert. Es wurde vorausgesetzt, dass für $t \to \pm\infty$ die asymptotischen Felder freie Felder sind. Wir werden jedoch sehen, dass die Wechselwirkung auch bei $t \to \pm\infty$ die freien Felder modifiziert, d. h. ihre Masse und Normierung.

5.3 Das Wicksche Theorem

Es wandelt T-Produkte in Normalprodukte um und bildet die Grundlage der Störungstheorie. Das T-Produkt für Photonen und Fermionen war

$$\begin{aligned} T\left[A^\mu(x)A^\nu(y)\right] &= \theta(x_0-y_0)A^\mu(x)A^\nu(y)+\theta(y_0-x_0)A^\nu(x)A^\mu(x) \\ T\left[\Psi(x)\overline{\Psi}(y)\right] &= \theta(x_0-y_0)\Psi(x)\overline{\Psi}(y)-\theta(y_0-x_0)\overline{\Psi}(y)\Psi(x) \end{aligned}$$

Beachte das Minuszeichen bei den Fermionen. Wir diskutieren zunächst nur den einfachen Fall skalarer Bosonen und führen folgende Notation ein:

$$T\Phi(x)\Phi(y) = :\Phi(x)\Phi(y): + \overbrace{\Phi(x)\Phi(y)} \, .$$

Dabei ist:

$:\Phi(x)\Phi(y):$	Normalprodukt (Vernichtungsoperatoren rechts)
$\overbrace{\Phi(x)\Phi(y)}$	ist eine c-Zahl, die vom Vertauschen von Operatoren herrührt

Der Terminus „c-Zahl" stammt von Dirac und bedeutet „classical" oder „commuting". Eine c-Zahl ist eine Größe, die mit allen Operatoren des Hilbert-Raumes vertauscht. Zur Bestimmung der c-Zahl $\overbrace{\Phi(x)\Phi(y)}$ bilden wir den Vakuumerwartungswert

$$<0|\overbrace{\Phi(x)\Phi(y)}|0> = \overbrace{\Phi(x)\Phi(y)} = \langle 0|T\Phi(x)\Phi(y)|0\rangle \, , \quad \text{da} \quad \langle 0|:\Phi(x)\Phi(y):|0\rangle = 0 \, .$$

D. h. die Zahl ist genau der Feynmansche Propagator.

$$\overbrace{\Phi(x)\Phi(y)} = i\int \frac{d^4k}{(2\pi)^4} e^{-ik(x-y)} \frac{1}{k^2-m^2+i\varepsilon}$$

Für T-Produkte von n Operatoren gilt das *Wicksche Theorem*

$$\begin{aligned} T\Phi_1\dots\Phi_n = {} & :\Phi_1\dots\Phi_n: \\ & + \overbrace{\Phi_1\Phi_2}:\Phi_3\dots\Phi_n: \quad +\text{Perm.} \\ & + \overbrace{\Phi_1\Phi_2}\,\overbrace{\Phi_3\Phi_4}\;:\Phi_5\dots\Phi_n: \quad +\text{Perm.} \\ & + \cdots \\ & \overbrace{\Phi_1\Phi_2}\dots\overbrace{\Phi_{n-1}\Phi_n} \quad +\text{Perm. (n gerade)} \\ & \overbrace{\Phi_1\Phi_2}\dots\overbrace{\Phi_{n-2}\Phi_{n-1}}\,\Phi_n \quad +\text{Perm. (n ungerade)} \end{aligned}$$

wo $\Phi_i \equiv \Phi(x_i)$ und

$$:\Phi_1\dots\Phi_n: = \delta_p \sum_{A,B} \prod_{i\in A} \Phi_i^{(-)} \prod_{j\in B} \Phi_j^{(+)} \, .$$

Es ist über alle Indexmengen der Mächtigkeit n zu summieren. Der Index (+) bezieht sich auf positive Frequenzen, d. h. Vernichtunsoperatoren, der Index (−) bezieht sich auf negative Frequenzen d. h. auf Erzeugungsoperatoren, δ_p ist das Vorzeichen der Permutation der Fermion-Felder. Beweis durch Induktion.

In der QED ist

$$\overbrace{A^\mu(x)A^\nu(y)} = i\int \frac{d^4k}{(2\pi)^4} e^{-ik(x-y)} \frac{-g^{\mu\nu} - (1-a)\frac{k^\mu k^\nu}{k^2+i\varepsilon}}{k^2 - m^2 + i\varepsilon}$$

$$\overbrace{\Psi(x)\overline{\Psi}(y)} = i\int \frac{d^4p}{(2\pi)^4} e^{-ip(x-y)} \frac{\not{p} + m}{p^2 - m^2 + i\varepsilon} .$$

Man beachte, dass

$$T\Phi_1(x)\Phi_2(y) = T\Phi_2(y)\Phi_1(x)\eta$$

$$:\Phi_1(x)\Phi_2(y): = :\Phi_2(y)\Phi_1(x):\eta ,$$

wo

$$\eta = +1 \quad \text{für Bosonen}$$

$$\eta = -1 \quad \text{für Fermionen.}$$

D. h. man kann die Reihenfolge in T-Produkten vertauschen.

Da im S-Operator

$$S = T\exp\left\{-ie\int d^4x : \overline{\Psi}_{(0)}(x)\gamma_\nu\Psi_{(0)}(x) : A^\nu_{(0)}(x)\right\}$$

nur freie Felder auftreten, lassen wir im Folgenden den Index (0) weg.

Wir brauchen in der störungstheoretischen Berechnung von S das T-Produkt von Normalprodukten. Das Wicksche Theorem gilt genauso, nur, dass die Kontraktionen innerhalb von Normalprodukten nicht auftreten. $:A_\mu(x)A_\nu(x):$ und $:\overline{\Psi}(x)\gamma_\nu\Psi(x):$ wirken jeweils wie ein einziger bosonischer Operator. Außerdem verwenden wir, dass Ψ und A^μ vertauschen.

Der *S*-Operator in 2. Ordnung

In zweiter ordnung erhalten wir für den S-Operator

$$S^{(2)} = \frac{(-ie)^2}{2!}\int d^4x\int d^4x'\,T\left\{:\overline{\Psi}(x)\gamma_\nu\Psi(x):A^\nu(x):\overline{\Psi}(x')\gamma_\nu\Psi(x'):A^\nu(x')\right\}$$

Mit der Notation

$$\Psi(x) = \Psi \qquad \Psi(x') = \Psi'$$

$$A_\mu(x) = A_\mu \qquad A_\mu(x') = A'_\mu$$

wird

$$T(L_I(x)L_I(x')) = T(:\overline{\Psi}(x)\gamma_\nu\Psi(x): \; :\overline{\Psi}(x')\gamma_\nu\Psi(x'):) \times T(A_\mu A'_\nu) \tag{5.13}$$

mit

$$T(A_\mu A'_\nu) = :(A_\mu A'_\nu): + \overbrace{A_\mu A'_\nu} ,$$

und

$$
\begin{aligned}
&T(:\overline{\Psi}(x)\gamma_\mu\Psi(x):\ :\overline{\Psi}(x')\gamma_\nu\Psi(x'):) \\
&= :\overline{\Psi}(x)\gamma_\nu\Psi(x)\overline{\Psi}(x')\gamma_\nu\Psi(x'): \\
&\quad + :\overline{\Psi}(x)\gamma_\nu\,\overbrace{\Psi(x)\overline{\Psi}(x')}\,\gamma_\nu\Psi(x): \\
&\quad + :\overbrace{\overline{\Psi}(x)\gamma_\nu\Psi(x)\overline{\Psi}(x')\gamma_\nu\Psi(x')}: \\
&\quad + :\overbrace{\overline{\Psi}(x)\gamma_\nu\,\overbrace{\Psi(x)\overline{\Psi}(x')}\,\gamma_\nu\Psi(x')}:
\end{aligned}
$$

$(\overbrace{\Psi(x)\Psi(x')} = 0)$. Der Ausdruck (5.13) liefert damit 8 Terme. Die einzelnen Terme lassen sich bildlich darstellen. Zwei typische Beispiele sind

$$:\overline{\Psi}\gamma_\mu\Psi\overline{\Psi}'\gamma_\nu\Psi':\overbrace{A_\mu A'_\nu}$$

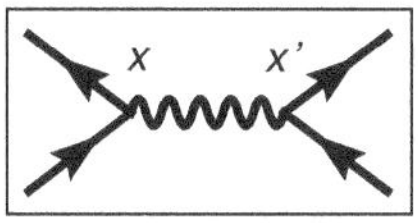

$$\overbrace{\overline{\Psi}\gamma_{\mu\mu}\,\overbrace{\Psi\overline{\Psi}'}\,\gamma_\nu\Psi'}:A_\mu A'_\nu:$$

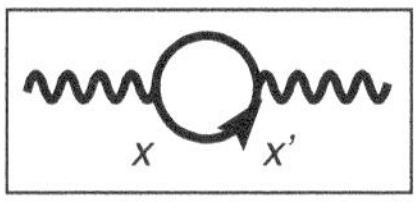

Dies sind die berühmten Feynman-Diagramme (im x-Raum). Feynman-Diagramme liefern die bildliche Darstellung des Wickschen Theorems.

5.4 S-Matrixelement für die Compton-Streuung

Als Anwendung des Wickschen Theorems betrachten wir die Compton-Streuung, d. h. ist die Streuung von Photonen an Elektronen,

$$\gamma(k_1) + e^-(p_1) \to \gamma(k_2) + e^-(p_2)\,.$$

Vom historischen Standpunkt bildete die Änderung der Wellenlänge der Photonen im Streuprozess ein überzeugendes Argument für die mögliche Teilchennatur von Licht. Das relevante Matrixelement ist

$$
\begin{aligned}
\langle\gamma e^-|S|\gamma e^-\rangle = \frac{1}{2}(-ie)^2 \int d^4x d^4x' \\
&\left\langle p_2,\eta_2|T(:\overline{\Psi}\gamma^\mu\Psi:\ :\overline{\Psi}'\gamma^\nu\nu\Psi':)|p_1,\eta_1\right\rangle \\
&\times \left\langle k_2,\sigma_2|T(A_\mu A'_\nu)|k_1,\sigma_1\right\rangle
\end{aligned}
$$

wo $\Psi' \equiv \Psi(x')$ und

$\|p,\eta\rangle$	Ein-Elektronenzustand mit 4-Impuls p und Spin-Eigenwert η
$\|k,\sigma\rangle$	Ein-Photonzustand mit 4-Impuls k und Polarisation σ

Nach der obenstehenden Diskussion sollte es klar sein, dass aus der Wick-Entwicklung des T-Produktes nur folgende Terme beitragen:

$$\langle p_2, \eta_2 | \{: \overline{\Psi}' \gamma^\nu \overbrace{\Psi' \overline{\Psi}} \gamma^\mu \Psi : + : \overline{\Psi} \gamma^\mu \overbrace{\Psi' \overline{\Psi}} \gamma^\nu \Psi' :\} | p_1, \eta_1 \rangle$$

und

$$\left\langle k_2, \sigma_2 | : A_\mu A'_\nu : | k_1, \sigma_1 \right\rangle .$$

Wir betrachten zunächst den zweiten Term. Es war

$$A_\mu(x) = \sum_{\sigma=0}^{3} \int \frac{d^3 k}{(2\pi)^3 2k_0} \{\varepsilon_\mu(k,\sigma) a_\sigma(k) e^{-ikx} + \varepsilon^*_\mu(k,\sigma) a^\dagger_\sigma(k) e^{+ikx}\} .$$

Zwischen Ein-Photonzuständen trägt nur das Normalprodukt

$$: A_\mu A'_\nu : = \sum_{\sigma=0}^{3} \int \frac{d^3 k}{(2\pi)^3 2k_0} \frac{d^3 k'}{(2\pi)^3 2k'_0} \times \{e^{ikx} e^{-ik'x'} \varepsilon^*_\mu(k,\sigma) \varepsilon_\nu(k',\sigma') a^\dagger_\sigma(k) a_{\sigma'}(k') + e^{-ikx} e^{ik'x'} \varepsilon^*_\nu(k',\sigma') \varepsilon_\nu(k,\sigma') a^\dagger_{\sigma'}(k') a_\sigma(k)\} + \dots$$

bei. Der erste Term ergibt, angewendet auf einen Ein-Photonzustand,

$$\begin{aligned} a_{\sigma'}(k') | k_1, \sigma_1 \rangle &= a_{\sigma'}(k') a^\dagger(k_1, \sigma_1) | 0 \rangle \\ &= [a_{\sigma'}(k'), a^\dagger(k_1, \sigma_1)] 0 \\ &= \delta_{\sigma'\sigma_1} (2\pi)^3 2k'_0 \delta^3(\vec{k}_1 - \vec{k}') | 0 \rangle . \end{aligned}$$

Der zweite Term ergibt analog

$$a_\sigma(k) | k_1, \sigma_1 \rangle = \delta_{\sigma\sigma_1} (2\pi)^3 2k_0 \delta^3(\vec{k}_1 - \vec{k}) | 0 \rangle .$$

Die anderen erfolgen durch Konjugation

$$\begin{aligned} \langle k_2, \sigma_2 | a^\dagger_\sigma(k) &= \delta_{\sigma\sigma_2} (2\pi)^3 2k_0 \delta^3(\vec{k}_2 - \vec{k}) \langle 0 | \\ \langle k_2, \sigma_2 | a^\dagger_{\sigma'}(k') &= \delta_{\sigma'\sigma_2} (2\pi)^3 2k'_0 \delta^3(\vec{k}_2 - \vec{k}') \langle 0 | . \end{aligned}$$

Wir finden also

$$\left\langle k_2, \sigma_2 | : A_\mu A'_\nu : | k_1, \sigma_1 \right\rangle = e^{ik_2 x} e^{-ik_1 x'} \varepsilon^*_\mu(k_2, \sigma_2) \varepsilon_\nu(k_1, \sigma_1) + e^{-ik_1 x} e^{ik_2 x'} \varepsilon^*_\nu(k_2, \sigma_2) \varepsilon_\mu(k_1, \sigma_1) .$$

Auf analoge Weise erhält man für das Matrixelement der Fermionen

$$
\begin{aligned}
&\langle p_2, \eta_2| \{: \overline{\Psi}' \gamma^\nu \overbrace{\Psi' \overline{\Psi}} \gamma^\mu \Psi : + : \overline{\Psi} \gamma^\mu \overbrace{\Psi' \overline{\Psi}} \gamma^\nu \Psi' :\} |p_1, \eta_1\rangle \\
&= \int \frac{d^4 p}{(2\pi)^4} \Big\{ e^{-ip(x'-x)} e^{ip_2 x'} e^{-ip_1 x} \\
&\qquad \times \bar{u}(p_2, \eta_2) \gamma^\nu \frac{i}{\not{p} - m + i\varepsilon} \gamma^\mu u(p_1, \eta_1) \\
&\qquad + e^{ip(x'-x)} e^{ip_2 x} e^{-ip_1 x'} \\
&\qquad \times \bar{u}(p_2, \eta_2) \gamma^\mu \frac{i}{\not{p} - m + i\varepsilon} \gamma^\nu u(p_1, \eta_1) \Big\} .
\end{aligned}
$$

Beide Terme zusammen ergeben

$$
\begin{aligned}
\langle \gamma e^- |S| \gamma e^- \rangle = \frac{1}{2}(-ie)^2 \int d^4x d^4x' \int \frac{d^4 p}{(2\pi)^4} \Big\{ &\bar{u}_2 \gamma^\nu \frac{i}{\not{p} - m + i\varepsilon} \gamma^\mu u_1 \\
&\times \Big[\varepsilon^*_\mu(2) \varepsilon_\nu(1) e^{ix(k_2+p-p_1)} e^{ix'(-k_1-p-p_2)} \\
&\quad + \varepsilon^*_\nu(2) \varepsilon_\nu(1) e^{ix(k_2+p-p_1)} e^{ix'(-k_1-p-p_2)} \Big] \\
&+ \bar{u}_2 \gamma^\mu \frac{i}{\not{p} - m + i\varepsilon} \gamma^\nu u_1 \\
&\times \Big[\varepsilon^*_\mu(2) \varepsilon_\nu(1) e^{ix(-k_1+p-p_1)} e^{ix'(k_2-p+p_2)} \\
&\quad + \varepsilon^*_\nu(2) \varepsilon_\nu(1) e^{ix(-k_1-p+p_2)} e^{ix'(k_2+p-p_1)} \Big] \Big\}
\end{aligned}
$$

wo $u_1 \equiv u(p_1, \eta_1)$ usw. Die Integrationen sind nun trivial ($\int d^4 x e^{ipx} = (2\pi)^4 \delta^4(p)$)

$$
\begin{aligned}
\langle \gamma e^- |S| \gamma e^- \rangle = \frac{1}{2}(-ie)^2 &\frac{1}{(2\pi)^4} (2\pi)^4 \delta^4(k_2 + p_2 - k_1 - p_1) \\
\times \bar{u}(2) \Big\{ &\gamma^\nu \frac{i}{\not{p}_1 - \not{k}_2 - m + i\varepsilon} \gamma^\mu \varepsilon^*_\mu(2) \varepsilon_\nu(1) \\
&+ \gamma^\nu \frac{i}{\not{p}_2 + \not{k}_2 - m + i\varepsilon} \gamma^\mu \varepsilon^*_\nu(2) \varepsilon_\mu(1) \\
&+ \gamma^\mu \frac{i}{\not{k}_1 + \not{p}_1 - m + i\varepsilon} \gamma^\nu \varepsilon^*_\mu(2) \varepsilon_\nu(1) \\
&+ \gamma^\mu \frac{i}{\not{p}_2 - \not{k}_1 - m + i\varepsilon} \gamma^\nu \varepsilon^*_\nu(2) \varepsilon_\mu(1) \Big\} u(1) .
\end{aligned}
$$

Da μ und ν nur Summationsindizes sind, folgt, dass der 1. und der 4. Term gleich sind, ebenso der 2. und der 3. Damit wird

$$
\begin{aligned}
\langle \gamma e^- |S| \gamma e^- \rangle = (-ie)^2 &\frac{1}{(2\pi)^4} (2\pi)^4 \delta^4(k_2 + p_2 - k_1 - p_1) \\
\times \bar{u}(p_2) \Big\{ &\gamma^\nu \frac{i}{\not{p}_1 - \not{k}_2 - m + i\varepsilon} \gamma^\mu \\
&+ \gamma^\nu \frac{i}{\not{p}_2 + \not{k}_2 - m + i\varepsilon} \gamma^\mu \Big\} u(p_1) \varepsilon^*_\mu(2) \varepsilon_\nu(1) .
\end{aligned}
$$

Mit diesem Ergebnis können wir zwei Feynman-Diagramme assoziieren:

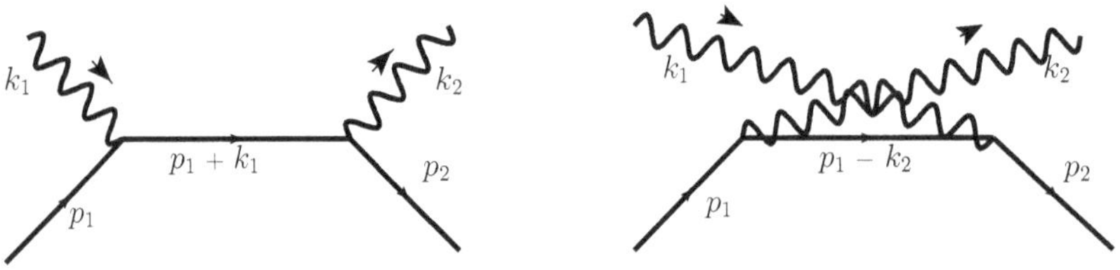

Compton-Streuung

5.5 Feynman-Regeln

Man kann das Ergebnis auch direkt aufschreiben mit Hilfe der *Feynman-Regeln*. Diese geben direkt die Amplituden im Impulsraum an.

Wenn wir die T-Matrix definieren über

$$S_{fi} = \delta_{fi} + i(2\pi)^4 \delta^4(P_f - P_i) T_{fi} \tag{5.14}$$

dann lauten die Feynman-Regeln für das T-Matrixelement:

1. Zeichne alle verbundenen und topologisch nicht-äquivalenten Diagramme (ohne Selbstenergien in den externen Linien)
2. Für jedes innere Elektron ein Faktor
$$\frac{i}{\not p - m + i\varepsilon} = \frac{i(\not p + m)}{p^2 - m^2 + i\varepsilon}$$
3. Für jede innere Photonlinie ein Faktor
$$\frac{i}{k^2 + i\varepsilon}\left[-g_{\mu\nu} + (1-a)\frac{k_\mu k_\nu}{k^2 + i\varepsilon}\right]$$
4. Für jeden Vertex ein Faktor
$$-ie\gamma_\mu$$
5. Für äußere Linien die Faktoren

$u^{(r)}(p)$	einlaufendes e^-
$\overline{u}^{(r)}(p)$	auslaufendes e^-
$\overline{v}^{(r)}(p)$	einlaufendes e^+
$v^{(r)}(p)$	auslaufendes e^+
$\varepsilon_\mu^{(s)}(k)$	einlaufendes Photon
$\varepsilon_\mu^{(s)*}(k)$	auslaufendes Photon

6. Für jede geschlossene Fermionschleife ein Faktor (-1). Der Grund ist, dass in der zugehörigen Wick-Kontraktion zwei Fermionfelder vertauscht werden müssen.
7. Integration über Schleifenimpulse $\int \frac{d^4k}{(2\pi)^4}$. Die Richtung der Impulse ist egal, so lange die 4-Impulserhaltung respektiert wird.
8. Ein relativen Faktor (-1) zwischen zwei Diagrammen, die sich nur durch Vertauschen von Elektronen unterscheiden (Fermi-Statistik).

Die Streumatrix hängt von den Polarisationsindizes der Photonen (s) und den Spinindizes (r) der Elektronen ab. Wenn sie Spins und Polarisationen nicht beobachtet werden, dann muss über sie summiert (Endzustand) bzw. gemittelt (Anfangszustand) werden.

Man beachte, dass γ-Matrizen und Spinoren nicht vertauschen. Man schreibt die Amplitude von links nach rechts gegen den Fermion-Fluss.

6 Streuquerschnitt

6.1 Übergangswahrscheinlichkeit

Verschwindet die Wechselwirkung, so ist $S = 1$ (es passiert nichts). Dieser Teil von S kann nicht zur Streuung beitragen. Die Übergangswahrscheinlichkeit $|R|^2$ ergibt sich daher aus der Definition

$$S = 1 + R\,.$$

Man sieht anhand der Feynman-Regeln, dass R immer eine δ-Funktion enthält, die die Gesamt-4-Impulserhaltung gewährleistet. Daher definieren wir die *T-Matrix* durch

$$R_{fi} = i(2\pi)^4\delta^4(P_f - P_i)T_{fi}\,.$$

Dabei ist $P_i = p_1 + p_2$ die Summe der einlaufenden Impulse und $P_f = p_1' + p_2' + \ldots$ die Summe der auslaufenden Impulse; der Faktor i ist Konvention. Bei der Berechnung von $|R|^2$ ergibt sich ein Problem wegen des Quadrats der Deltafunktionen $(\delta^4(P_f - P_i))^2$. Das rührt daher, dass wir mit ebenen Wellen arbeiten, statt mit Wellenpaketen. Die folgende vereinfachte Diskussion ergibt das richtige Ergebnis.

Wir betrachten ein endliches Volumen V und eine endliche Zeit T. Dann gilt

$$\begin{aligned}(2\pi)^4\delta^4(P_f - P_i) &= \lim_{T,V\to\infty}\int_{-\frac{T}{2}}^{\frac{T}{2}} dt \int_V d^3x e^{i(P_f - P_i)x} \\ (2\pi)^4\delta^4(0) &= \lim_{T,V\to\infty} TV\,.\end{aligned}$$

Die Übergangswahrscheinlichkeit pro Zeiteinheit und Volumeneinheit ist daher

$$\Gamma_{fi} = (2\pi)^4\delta^4(P_f - P_i)|T_{fi}|^2\,.$$

Wir sind meist an der Übergangswahrscheinlichkeit pro Teilchen interessiert, d. h. wir müssen durch die Zahl der Teilchen pro Volumeneinheit dividieren. Für endliche Volumina könnten wir auf ein Teilchen im Volumen V normieren

$$\langle p|p\rangle = 1 \times V \quad \text{ein Teilchen pro Volumeneinheit}$$

Unsere Normierung ist aber

$$\left\langle p|p'\right\rangle = 2p_0\delta^3(\vec{p} - \vec{p}\,')(2\pi)^3\,,$$

oder

$$\langle p|p\rangle = 2p_0 \lim_{V\to\infty} V$$

d. h. wir haben $2p_0$ Teilchen pro Volumeneinheit.

https://doi.org/10.1515/9783110488593-006

Bei einer Streuung befinden sich 2 Teichen im Anfangszustand. Wir definieren dann den *Streuquerschnitt* durch

$$\sigma = \frac{\Gamma(\text{pro Teilchen})}{\text{einfallenden Fluss}} .$$

Γ ist die Übergangswahrscheinlichkeit pro Zeiteinheit und Teilchen. Der Fluss F ist definiert als die Zahl der einlaufenden Teilchen, die die Flächeneinheit pro Sekunde passieren. Die Geschwindigkeiten der einlaufenden Teilchen seien $\vec{v}_1$ und $\vec{v}_2$ mit $\vec{v} = \vec{p}/p_0$. Bei einem Teilchen pro Volumeneinheit ist der Fluss im Ruhesystem des Teilchens 2 gleich $F = |\vec{v}_1|$. Im Schwerpunkt-System gilt $F = |\vec{v}_1 - \vec{v}_2| \equiv v$. Bei $2p_0$ Teilchen pro Volumeneinheit gibt es noch einen Faktor $2E_1 2E_2$ von der Normierung. Damit wird der Fluss

$$F = 2E_1 2E_2 v .$$

Die relativistische Verallgemeinerung lautet

$$F = 2[(2p_1 \cdot p_2)^2 - 4m_1^2 m_2^2]^{\frac{1}{2}} ,$$

Beweis. Der Beweis erfolgt am einfachsten im Ruhsystem des Teilchens 2. In diesem System gilt

$$p_1^\mu = (E_1, \vec{p}_1) , \quad p_2^\mu = (E_2, \vec{0}) , \quad (p_1 \cdot p_2) = E_1 E_2$$

$$\begin{aligned}(2p_1 \cdot p_2)^2 - 4m_1^2 m_2^2 &= 4E_1^2 E_2^2 - 4m_1^2 m_2^2 \\ &= 4(|\vec{p}_1|^2 + m_1^2)m_2^2 - 4m_1^2 m_2^2) = (2|\vec{p}_1|^2 m_2)^2\end{aligned}$$

$$F = 2E_1 2E_2 v_1 = 4E_1 m_2 \frac{|\vec{p}_1|}{E_1} = 4|\vec{p}_1| m_2 \qquad \square$$

Damit wird der Streuquerschnitt

$$\sigma_{fi} = \frac{(2\pi)^4 \delta^4(P_f - P_i)|T_{fi}|^2}{F} . \tag{6.1}$$

Um den Streuquerschnitt für ein Teilchen im Endzustand mit Impuls zwischen $\vec{p}'$ und $\vec{p}' + d\vec{p}'$ zu berechnen, müssen wir diesen Ausdruck noch mit

$$\prod_j \frac{d^3 p_j'}{(2\pi)^3 2E_j'}$$

multiplizieren. Der Faktor $(2\pi)^{-3} 2E'$ kommt vom Phasenraum, was man wie folgt sieht. Wir betrachten zunächst wieder ein System, das auf $\langle p|p\rangle = 1$ normiert ist. Dieses sei bei periodischen Randbedingungen in ein kubisches Volumen $V = L^3$ eingeschlossen. Dann sind die erlaubten Impulse

$$p_x = \frac{2\pi}{L} n_x , \quad p_y = \frac{2\pi}{L} n_y ; \quad p_z = \frac{2\pi}{L} n_z$$

wo $n_x = 0, 1, 2, \ldots$ usw. Die Zahl der Zustände mit Impuls zwischen $\vec{p}$ und $\vec{p} + d\vec{p}$, die ein Teilchen im Volumen V annehmen kann, ist somit

$$dn = \frac{V}{(2\pi)^3} d^3 p$$

Bei $2p_0$ Teilchen pro Volumeneinheit kommt ein Faktor $2E$ dazu. Damit erhalten wir schließlich für den differentiellen Wirkungsquerschnitt

$$d\sigma_{fi} = \frac{(2\pi)^4 \delta^4(P_f - P_i)|}{4E_i^{(1)} E_i^{(2)} |\vec{v}_1 - \vec{v}_2|} \prod_{j=1}^{n} \frac{d^3 p_f^{(j)}}{(2\pi)^3 2E_f^{(j)}} |T_{fi}|^2 \tag{6.2}$$

$$= \frac{(2\pi)^3 \delta^4(P_f - P_i)}{4[(p_1 \cdot p_2)^2 - m_1^2 m_2^2]^{1/2}} |T_{fi}|^2 \prod_{j=1}^{n} \frac{d^3 p_f^{(j)}}{(2\pi)^3 2E_f^{(j)}} \tag{6.3}$$

Enthält der Endzustand noch n identische Teilchen, so gibt es noch einen Faktor $1/n!$.

6.2 Absolutquadrat von Spinoramplituden

Bei der Berechnung von Streuquerschnitten müssen die Amplituden quadriert werden. Dies geschieht bei Spinoramplituden wie folgt. Es gilt

$$|\bar{u}(f)\Gamma u(i)|^2 = \bar{u}(f)\Gamma u(i)\bar{u}(i)\bar{\Gamma} u(f) , \tag{6.4}$$

wo Γ irgendeine 4×4 Matrix ist und

$$\bar{\Gamma} \equiv \gamma_0 \Gamma^\dagger \gamma_0$$

Beweis.

$$\begin{aligned}(\bar{u}(f)\Gamma u(i))^\dagger &= u^\dagger(i)\Gamma^\dagger (u^\dagger(f)\gamma_0)^\dagger \\ &= u^\dagger(i)\gamma_0\Gamma^\dagger\gamma_0\gamma_0 u(f) \\ &= \bar{u}(i)\bar{\Gamma} u(f)\end{aligned}$$

□

Speziell ist

$$\begin{aligned}\bar{\gamma}_\mu &= \gamma_\mu , \quad \bar{\gamma}_5 = -\gamma_5 \\ \overline{\not{a}\not{b}\ldots\not{p}} &= \not{p}\ldots\not{b}\not{a}\end{aligned} \tag{6.5}$$

Beweis. Betrachte den einfachsten Fall

$$\overline{\not{a}\not{b}} = \gamma_0(\not{a}\not{b})^\dagger\gamma_0 = \gamma_0\not{b}^\dagger\not{a}^\dagger\gamma_0 = \gamma_0\not{b}\gamma_0\gamma_0\not{a}\gamma_0\gamma_0 = \not{b}\not{a} ,$$

wo wir verwendet haben, dass $\gamma_\mu^\dagger = \gamma_0\gamma_\mu\gamma_0$. Der Beweis für mehr Faktoren erfolgt analog. □

In unseren Darstellungen ist γ_0 Hermitesch und γ_i Antihermitesch. Damit wird

$$\bar{\gamma}_0 = \gamma_0\gamma_0^\dagger\gamma_0 = \gamma_0$$
$$\bar{\gamma}_i = \gamma_0\gamma_i^\dagger\gamma_0 = -\gamma_0\gamma_i\gamma_0 = \gamma_i\gamma_0\gamma_0 = \gamma_i$$

Wenn der Spin der *Elektronen* nicht beobachtet wird, summiert man über den Spin der auslaufenden Teilchen und mittelt über den Spin der einlaufenden Teilchen

$$\left(\frac{1}{2}\sum_{s_i}\right)\sum_{s_f}$$

Die früher abgeleitete Beziehung

$$\sum_{s=1,2} u_\alpha(p,s)\bar{u}_\beta(p,s) = (\not{p}+m)_{\alpha\beta}\,, \qquad \sum_{s=1,2} v_\alpha(p,s)\bar{v}_\beta(p,s) = (\not{p}-m)_{\alpha\beta}$$

kann man benützen, um Spinsummation auf Spurbildung zurückzuführen. Im Fall der Compton-Streuung ergibt sich z. B.

$$\begin{aligned}
&\sum_{r,s=1,2} \bar{u}(p_2,r)\Gamma u(p_1,s)\bar{u}(p_1,s)\bar{\Gamma}u(p_2,r) \\
&= \sum_{r=1,2} \bar{u}_\alpha(p_2,r)\Gamma_{\alpha\nu}(\not{p}_1+m)_{\nu\sigma}\bar{\Gamma}_{\sigma\beta}u_\beta(p_2,r) \\
&= [\Gamma(\not{p}_1+m)\bar{\Gamma}]_{\alpha\beta}(\not{p}_2+m)_{\beta\alpha} \\
&= [\Gamma(\not{p}_1+m)\bar{\Gamma}(\not{p}_2+m)]_{\alpha\alpha} \\
&= \mathrm{Sp}[\Gamma(\not{p}_1+m)\bar{\Gamma}(\not{p}_2+m)]
\end{aligned}$$

Wird über den Spin des Elektrons *nicht summiert*, so verwenden wir die allgemeinere Relation

$$u_\alpha(p,s)\bar{u}_\beta(p,s) = (\not{p}+m)_{\alpha\sigma}\frac{1}{2}(1+\gamma_5\not{s})_{\sigma\beta}$$

(s. unten) und erhalten

$$\begin{aligned}
&\bar{u}(p_2,s_2)\Gamma u(p_1,s_1)\bar{u}(p_1,s_1)\bar{\Gamma}u(p_2,s_2) \\
&= \Gamma_{\alpha\nu}\left[(\not{p}_1+m)\frac{1}{2}(1+\gamma_5\not{s})\right]^{\nu\sigma}\bar{\Gamma}_{\sigma\rho}\left[(\not{p}_1+m)\frac{1}{2}(1+\gamma_5\not{s})\right]^{\rho\alpha} \\
&= \mathrm{Sp}\left\{\Gamma\left[(\not{p}_1+m)\frac{1}{2}(1+\gamma_5\not{s})\right]\times\bar{\Gamma}\left[(\not{p}_1+m)\frac{1}{2}(1+\gamma_5\not{s})\right]\right\}\,.
\end{aligned}$$

Bei der Berechnung der Spuren werden folgende Formeln benötigt

$$\begin{aligned}
\mathrm{Sp}\,\mathbf{1} &= 4 \\
\mathrm{Sp}\,\gamma_\mu\gamma_\nu &= \frac{1}{2}\mathrm{Sp}(\gamma_\mu\gamma_\nu+\gamma_\nu\gamma_\mu) = g_{\mu\nu}\,\mathrm{Sp}\,\mathbf{1} = 4g_{\mu\nu} \\
\mathrm{Sp}\,\gamma_\mu\gamma_\nu\gamma_\sigma &= \mathrm{Sp}\,\gamma_5\gamma_5\gamma_\mu\gamma_\nu\gamma_\sigma = \mathrm{Sp}\,\gamma_5\gamma_\mu\gamma_\nu\gamma_\sigma\gamma_5 = -\mathrm{Sp}\,\gamma_5\gamma_5\gamma_\mu\gamma_\nu\gamma_\sigma = 0 \\
\mathrm{Sp}\,\gamma_\mu\gamma_\nu\gamma_\alpha\gamma_\beta &= 4\left[g_{\mu\nu}g_{\alpha\beta} - g_{\mu\alpha}g_{\nu\beta} + g_{\mu\beta}g_{\nu\alpha}\right] \\
\mathrm{Sp}\,\gamma_5\gamma_\mu\gamma_\nu\gamma_\alpha\gamma_\beta &= -4i\varepsilon_{\mu\nu\alpha\beta}
\end{aligned}$$

Wenn die Polarisation der ein- und auslaufenden *Photonen* nicht gemessen wird, verfährt man analog, d. h. man mittelt über die einlaufenden Polarisationen und summiert über die auslaufenden Polarisationen. Betrachte z. B. ein einlaufendes Photon. Die Spinsumme ist von der Form

$$\sum_{r=1,2} \varepsilon^*_\mu(k,r) M^{\dagger\mu} \varepsilon_\nu(k,r) M^\nu$$

Für eichinvariante M mit $k_\mu M^\mu = 0$ kann man setzen

$$\sum_{r=1,2} \varepsilon^*_\mu(k,r)\varepsilon_\nu(k,r) = -g_{\mu\nu} .$$

Beweis. Wähle

$$k^\mu = (k, 0, 0, k) ; \quad (k = |\vec{k}|) \tag{6.6}$$

$$\varepsilon^\mu_{(0)}(k) = (1, \vec{0})$$

$$\varepsilon^\mu_{(i)}(k) = (0, \vec{n}_{(i)}(k)) , \quad i = 1, 2, 3 , \quad \vec{n} = \frac{\vec{k}}{k}$$

Wir benötigen

$$\sum_{r=1,2} \varepsilon_\mu(k,r) M^\mu \varepsilon^*_\nu(k,r) N^\nu \quad \text{mit} \quad N \equiv M^\dagger$$

Für beliebige 4-Vektoren v und v' ist

$$M_\mu N_\nu k^\mu v^\nu = 0 \tag{6.7}$$

$$M_\mu N_\nu v'^\mu k^\nu = 0 \tag{6.8}$$

(da $k \cdot M = k \cdot N = 0$ wegen Eichinvarianz)

Wir wählen speziell

$$v^\mu = \varepsilon^\mu_{(3)} , \quad v'^\mu = \varepsilon^\mu_{(0)}$$

Nach (6.6) war

$$k^\mu = k(\varepsilon^\mu_{(3)} + \varepsilon^\mu_{(0)}) .$$

Wir subtrahieren (6.7) von (6.8) und erhalten

$$M_\mu N_\nu (\varepsilon^\mu_{(0)} \varepsilon^\nu_{(0)} - \varepsilon^\mu_{(3)} \varepsilon^\nu_{(0)}) = 0 .$$

Damit wird

$$\sum_{m=1,2} M^\mu N^\nu \varepsilon^{(m)}_\mu \varepsilon^{(m)}_\nu = \sum_{m=0}^{3} M^\mu N^\nu \varepsilon^{(m)}_\mu \varepsilon^{(m)}_\nu = -M^\mu N^\nu g_{\mu\nu} = -M \cdot N . \qquad \square$$

6.3 Spinprojektion für Spinoren

Wir betrachten zunächst das Ruhsystem eines Elektrons und bringen anschließend das Ergebnis auf kovariante Form. In diesem System ist

$$\frac{1}{2}(1+\sigma_z) = \begin{bmatrix} 1 & 0 \\ 0 & 0 \end{bmatrix}$$

ein Projektor auf $|\uparrow, z\rangle$ und

$$\frac{1}{2}(1+\vec{\sigma}\cdot\vec{n})$$

ein Spinprojektor auf die Richtung des Einheitsvektors $\vec{n}$. In 4 Dimensionen wird die Polarisation eines Spinors festgelegt durch einen raumarigen Vektor s^μ, mit der Eigenschaft

$$s^\mu s_\mu = -1\,, \quad s^\mu p_\mu = 0\,.$$

Der gesuchte *Spinprojektor* ist dann

$$\Sigma(n) = \frac{1}{2}(1+\gamma_5 \not{s})$$

mit $\gamma_5 = i\gamma^0\gamma^1\gamma^2\gamma^3$.

Beweis. Im Ruhesystem ist

$$s^\mu = (0,0,0,1) \quad \text{und} \quad u^{(1)}(0) = (1,0,0,0)^\mathsf{T}\,.$$

Damit wird

$$\begin{aligned}
\Sigma(s)u^{(1)}(0) &= \frac{1}{2}(1+\gamma_5\not{s})u^{(1)}(0) = \frac{1}{2}(1+\gamma_5\gamma_3)u^{(1)}(0) \\
&= \frac{1}{2}(1+\gamma_5\gamma_3\gamma_0)u^{(1)}(0) \quad \text{da} \quad \gamma_0 = \begin{bmatrix} 1 & 0 \\ 0 & -1 \end{bmatrix} \\
&= \frac{1}{2}(1+i\gamma^0\gamma^1\gamma^2\underbrace{\gamma^3\gamma_3}_{=1}\gamma_0)u^{(1)}(0) \\
&= \frac{1}{2}(1+i\gamma^1\gamma^2)u^{(1)}(0) = \frac{1}{2}\left(1+\frac{i}{2}\left[\gamma^1,\gamma^2\right]\right)u^{(1)}(0)\,,
\end{aligned}$$

da $\{\gamma_1,\gamma_2\} = 0$. Es ist

$$\frac{i}{2}\left[\gamma^1,\gamma^2\right] = \sigma^{12} = \begin{bmatrix} \sigma_3 & 0 \\ 0 & \sigma_3 \end{bmatrix} = \begin{bmatrix} \vec{\sigma}\cdot\vec{n} & 0 \\ 0 & \vec{\sigma}\cdot\vec{n} \end{bmatrix}$$

Damit wird im Ruhesystem

$$\Sigma(s)u^{(1)}(0) = \frac{1}{2}(1+\sigma_3)u^{(1)}(0) = u^{(1)}(0) \tag{6.9}$$

□

In beliebigen Inertialsystemen geht Gl. (6.9) über in

$$\Sigma(s)u(p,s) = u(p,s)\,.$$

Dies sieht man wie folgt:
Wir hatten

$$u(p) = k(p + m)u(0)\,.$$

Damit wird

$$\begin{aligned}\Sigma(s)u(p,s) &= \Sigma(s)k(p+m)u(0,s)\\ &= k(p+m)\Sigma(s)u(0,s)\\ &= k(p+m)u(0,s) = u(p)\end{aligned}$$

Analog zeigt man

$$\begin{aligned}\Sigma(s)v(p,s) &= v(p,s)\,,\\ \Sigma(-s)u(p,s) &= \Sigma(-s)v(p,s) = 0\,.\end{aligned}$$

Wegen der kovarianten Form der Projektoren, können wir für einen beliebigen Polarisationsvektor s^μ mit $s \cdot p = 0$ schreiben

$$\begin{aligned}\Sigma(s)u(p,s) &= u(p,s)\\ \Sigma(s)v(p,s) &= v(p,s)\\ \Sigma(s)u(p,-s) &= \Sigma(s)v(p,-s) = 0\,.\end{aligned}$$

6.4 Phasenraumintegrale

Wir betrachten speziell den Streuprozess von je zwei Teilchen im Anfangs und Endzustand. Die zugehörigen Impulse seien p_1, p_2 und p_3, p_4. Es gilt die 4-Impulserhaltung $p_1 + p_2 \to p_3 + p_4$. Der differentielle Streuquerschnitt war

$$\begin{aligned}d\sigma(p_1+p_2-p_3-p_4) &= \frac{(2\pi)^4\delta^4(p_1+p_2-p_3-p_4)}{2[(2p_1\cdot p_2)^2-4m_1^2m_2^2]^{1/2}}\int\frac{d^3p_3}{(2\pi)^3 2E_3}\frac{d^3p_4}{(2\pi)^3 2E_4}|T|^2\\ &= \frac{1}{(2\pi)^2}\frac{1}{2\lambda(s,m_1^2,m_2^2)}\int\frac{d^3p_3}{2E_3}\frac{d^3p_4}{2E_4}\delta^4(P-p_3-p_4)|T|^2\end{aligned} \tag{6.10}$$

mit der *Källen-Funktion*

$$\begin{aligned}\lambda(s,m_1^2,m_2^2) &= \sqrt{(2p_1\cdot p_2)^2-4m_1^2m_2^2} = \sqrt{(s-m_1^2-m_2^2)^2-4m_1^2m_2^2}^{\,2}\\ &= \sqrt{s-(m_1+m_2)^2}\sqrt{s-(m_1-m_2)^2}\\ &= \sqrt{s^2+m_1^4+m_2^4-2m_1^2m_2^2-2sm_1^2-2sm_2^2}\end{aligned}$$

und $s = (p_1 + p_2)^2$. Es ist hier praktisch mit Invarianten, den sogenannten *Mandelstam-Variablen*, zu arbeiten. Diese sind wie folgt definiert

$$\begin{aligned} s &= (p_1 + p_2)^2 = (p_3 + p_4)^2 \\ t &= (p_1 - p_3)^2 = (p_4 - p_2)^2 \\ u &= (p_1 - p_4)^2 = (p_2 - p_3)^2 \end{aligned}$$

mit

$$s + t + u = m_1^2 + m_2^2 + m_3^2 + m_4^2 \,.$$

Für die Integration über den Phasenraum in Gl. (6.10) wählen wir das *Schwerpunktsystem* oder Centre of Mass System (CM), das definiert ist durch $\vec{p}_1 + \vec{p}_2 = \vec{p}_3 + \vec{p}_4 = 0$, d. h. $|\vec{p}_1| = |\vec{p}_2|$ und $|\vec{p}_3| = |\vec{p}_4|$. Wir schreiben

$$\begin{aligned} & p_1 = (E_1, \vec{p})\,, \quad p_2 = (E_1, -\vec{p}) \\ & s = (E_1 + E_2)^2 = (E_3 + E_4)^2 = E_{CM}^2 = \sqrt{m_1^2 + |\vec{p}|^2} + \sqrt{m_2^2 + |\vec{p}|^2}\,, \end{aligned}$$

wo E_{CM} die Gesamtenergie im CM-System ist.

Im CM gilt folgende wichtige Beziehung

$$|\vec{p}| = \frac{\lambda(s, m_1^2, m_2^2)}{2\sqrt{s}}\,, \tag{6.11}$$

die es erlaubt $|\vec{p}|$ durch Invariante auszudrücken.

Beweis.

$$\begin{aligned} 0 &= (\sqrt{s} - E_1 - E_2)^2 = s + E_1^2 + E_2^2 - 2\sqrt{s}E_1 - 2\sqrt{s}E_2 + 2E_1E_2 \\ \rightarrow \quad E_2^2 &= s + E_1^2 - 2\sqrt{s}E_1 + \underbrace{(2E_2(E_2 - \sqrt{s} + E_1))}_{=0} \end{aligned}$$

Es gilt also

$$\begin{aligned} m_2^2 + |\vec{p}|^2 &= s + m_1^2 + |\vec{p}|^2 - 2\sqrt{s}E_1 \\ \rightarrow \quad E_1 &= \frac{s + m_1^2 - m_2^2}{2\sqrt{s}} \end{aligned}$$

und damit

$$\begin{aligned} |\vec{p}|_{CM} &= |\vec{p}_1|_{CM} = \sqrt{E_1^2 - m_1^2} = |\vec{p}_2|_{CM} = \sqrt{E_2^2 - m_2^2} \\ &= \sqrt{\frac{\left(s + m_1^2 - m_2^2\right)^2 - 4sm_1^2}{4s}} \\ &= \sqrt{\frac{s^2 + m_1^4 + m_2^4 + 2sm_1^2 - 2sm_2^2 - 2m_1^2m_2^2 - 4sm_1^2}{4s}} = \frac{\lambda(s, m_1^2, m_2^2)}{2\sqrt{s}} \end{aligned}$$

Für die zwei Teilchen mit Impuls p_3 und p_4 im Endzustand gilt entsprechend auch

$$|\vec{p}_3|_{CM} = |\vec{p}_4|_{CM} = \frac{\lambda(s, m_3^2, m_4^2)}{2\sqrt{s}} \tag{6.12}$$

□

Im CM-System hängt der Streuwinkel θ_{CM} mit der Variablen t zusammen gemäß

$$t = (p_1 - p_3)^2 = m_1^2 + m_3^2 - 2E_1E_3 + 2|\vec{p}_1||\vec{p}_3|\cos\theta_{CM} . \tag{6.13}$$

Im üblichen Streuexperiment sind E_1 und E_3 und somit auch $|\vec{p}_1|$ und $|\vec{p}_3|$ fest vorgegeben. Daher ist

$$dt = 2|\vec{p}_1||\vec{p}_3|d\cos\theta_{CM} .$$

Wir setzen $|\vec{p}_1|$ und $|\vec{p}_3|$ aus Gl. (6.11) und (6.12) ein und erhalten

$$d\cos\theta_{CM} = \frac{2s}{\lambda(s, m_1^2, m_2^2)\lambda(s, m_3^2, m_4^2)} dt . \tag{6.14}$$

Bei azimutaler Symmetrie ist $d\Omega_{CM} = 2\pi d\cos\theta_{CM}$.

6.5 Streuquerschnitt im CM-System

In der Formel (6.10) tritt folgendes *Phasenraumintegral* auf

$$I = \int \frac{d^3p_3}{2E_3}\frac{d^3p_4}{2E_4}\delta^4(P - p_3 - p_4) \quad (P = p_1 + p_2 = p_3 + p_4) .$$

Wir wollen die Integration soweit wie möglich ausführen, wobei wir beachten müssen, dass die Streumatrix $|T|^2$ von der Madelstam-Variablen t abhängen kann. Die Integration über die Deltafunktion liefert folgendes Ergebnis

$$I = \int d\Omega_3^{CM}\frac{1}{8s}\lambda(s, m_3^2, m_4^2) \tag{6.15}$$

wo $d\Omega_3^{CM}$ der zu $\vec{p}_3$ gehörende Raumwinkelelement ist, $d\Omega_3^{CM} = d\phi d(\cos\theta_{CM})$.

Beweis.

$$\begin{aligned} I &= \int \frac{d^3p_3}{2E_3}\frac{d^3p_4}{2E_4}\delta^4(P - p_3 - p_4) \\ &= \int \frac{d^3p_3}{2E_3}d^4p_4\theta(E_4 - m_4)\delta(p_4^2 - m_4^2)\delta^4(P - p_3 - p_4) \\ &= \int \frac{d^3p_3}{2E_3}\delta((P - p_3)^2 - m_4^2) . \end{aligned} \tag{6.16}$$

Da das Integral lorentzinvariant ist, kann man es in jedem Inertialsystem auswerten, am einfachsten im Schwerpunktsystem. Im CM-System wird die Deltafunktion

$$\delta((p_1 + p_2 - p_3)^2 - m_4^2) = \delta(s + m_3^2 - 2E_3\sqrt{s} - m_4^2)$$

Die Nullstellen der Deltafunktion bestimmen sich aus

$$s + m_3^2 - 2E_3\sqrt{s} - m_4^2 = 0 \quad \text{mit} \quad E_3 = \sqrt{\vec{p}_3^2 + m_3^2} \tag{6.17}$$

oder

$$E_3^* = \frac{\left(s + m_3^2 - m_4^2\right)}{2\sqrt{s}} \quad \text{an der Nullstelle} \tag{6.18}$$

Für positive Energien trägt nur die eine Nullstelle $|\vec{p}_3| = |\vec{p}^*|$ in Gl. (6.17) bei

$$|\vec{p}_3^*| = \sqrt{E_3^{*2} - m_3^2} = \sqrt{\frac{\left(s + m_3^2 - m_4^2\right)^2 - 4m_3^2 s}{4s}} = \frac{1}{2\sqrt{s}}\lambda(s, m_3, m_4)\,. \tag{6.19}$$

Wir verwenden folgende Eigenschaft der Deltafunktion

$$\delta[f(x)] = \sum_{\text{Nullstellen } i} \frac{\delta(x - x_i)}{|f'(x_i)|}$$

und finden

$$\delta((P - p_3)^2 - m_4^2) = \frac{\delta(|\vec{p}_3| - |\vec{p}_3^*|)}{\left|\frac{d}{d|\vec{p}_3|}(s - m_3^2 - m_4^2 - 2E_3\sqrt{s})\right|_{|\vec{p}_3| = |\vec{p}_3^*|}}$$

mit

$$\left|\frac{d}{d|\vec{p}_3|}(s - m_3^2 - m_4^2 - 2\sqrt{|\vec{p}_3|^2 - m_3^2}\sqrt{s})\right| = 2\sqrt{s}\left(\frac{1}{2}\frac{2|\vec{p}_3|}{\sqrt{|\vec{p}_3^2| + m_3^2}}\right).$$

Damit wird das Phasenraumintegral Gl. (6.16)

$$\begin{aligned} I &= \int \frac{1}{2E_3}|\vec{p}_3|^2 d|\vec{p}_3| d\Omega_3^{\mathrm{CM}} \frac{\delta(|\vec{p}_3| - |\vec{p}_3^*|)}{2\sqrt{s}\frac{|\vec{p}_3|}{E_3}} \\ &= \int |\vec{p}_3|^2 d|\vec{p}_3| \frac{1}{4\sqrt{s}} d\Omega_3^{\mathrm{CM}} \frac{1}{|\vec{p}_3|}\delta(|\vec{p}_3| - |\vec{p}_3^*|) \\ &= \frac{1}{4\sqrt{s}}|\vec{p}_3^*| \int d\Omega_3^{\mathrm{CM}} \end{aligned}$$

Im folgenden lassen wir den Stern in $|\vec{p}_3^*|$ weg. Dieses Ergebnis kann mit Hilfe von Gl. (6.19) geschrieben werden als

$$I(s, m_3^2, m_4^2) = \frac{1}{8s}\lambda(s, m_1^2, m_2^2) \int d\Omega_3^{\mathrm{CM}}\,.$$

Hier bezieht sich der Raumwinkel auf die willkürlich gewählte z-Achse. Dies Formel eignet sich unmittelbar für den Zerfall eines Teilchens der Masse $M = \sqrt{s}$. □

Für den Streuquerschnitt erhalten wir

$$d\sigma(p_1 + p_2 - p_3 - p_4) = \frac{1}{(2\pi)^2} \frac{|T|^2}{2\sqrt{(2p_1 \cdot p_2)^2 - 4m_1^2 m_2^2}} \frac{1}{8s} \lambda(s, m_3, m_4) d\Omega_3^{CM}$$
$$= \frac{1}{64\pi^2} \frac{\lambda(s, m_3, m_4)}{\lambda(s, m_1, m_2)} \frac{1}{s} |T|^2 d\Omega_3^{CM} \tag{6.20}$$

Gewöhnlich hängt das quadrierte Matrixelement nicht vom Azimutwinkel ϕ ab, es kann damit über ϕ integriert werden und $d\Omega_{CM} = 2\pi d\cos\theta_{CM}$. Wenn wir die z-Achse in Richtung $\vec{p}_1$ legen, dann entspricht θ_3 dem *Streuwinkel*. Bei elastischer Streuung ($m_1 = m_3$ und $m_2 = m_4$) heben sich die λ-Faktoren weg und der Streuquerschnitt im CM wir einfach

$$d\sigma(p_1 + p_2 - p_3 - p_4) = \frac{1}{64\pi^2} \frac{1}{s} |T|^2 d\Omega_3^{CM} \tag{6.21}$$

Mit Hilfe der oben abgeleiteten Relation

$$d\cos\theta_{CM} = \frac{2s}{\lambda(s, m_1^2, m_2^2)\lambda(s, m_3^2, m_4^2)} dt$$

können wir den Streuquerschnitt auch in invarianter Form schreiben,

$$d\sigma(p_1 + p_2 - p_3 - p_4) = \frac{1}{16\pi} \frac{|T|^2}{\lambda^2(s, m_1^2, m_2^2)} dt\,. \tag{6.22}$$

6.6 Streuquerschnitt im Laborsystem

Die invariante Formel (6.22) lässt sich in jedem Inertialsystem auswerten, speziell im Laborsystem. Wenn wir uns für $d\sigma$ als Funktion des Streuwinkels im Laborsystem θ_L interessieren, dann benötigen wir noch den Zusammenhang zwischen dt und $d\cos\theta_L$. Die geschieht in der Praxis am einfachsten jeweils für den speziellen Prozess. Der Vollständigkeit halber sei hier der allgemeine Streuprozess $p_1 + p_2 \to p_3 + p_4$ behandelt.

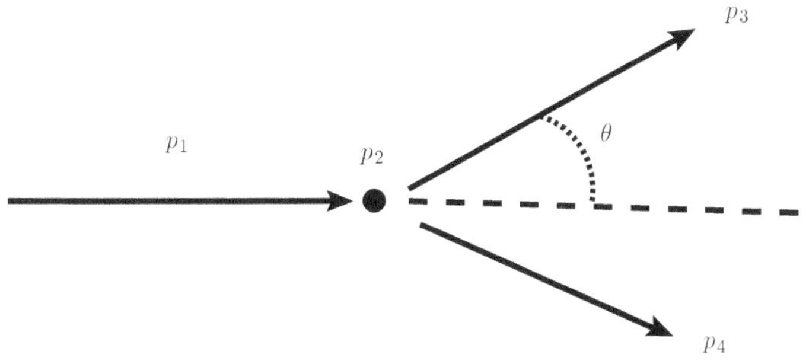

Streuung im Laborsystem

Im Laborsystem gilt

$$p_1 = (E_1, 0, 0, |\vec{p}_1|)\,, \qquad p_2 = (m_2, 0, 0, 0)\,,$$
$$p_3 = (E_3, E_3 \sin\theta, 0, E_3 \cos\theta)\,, \quad p_4 = (E_4, \vec{p}_4)\,,$$

wo wir angenommen haben, dass die Streuung in der (x, z)-Ebene erfolgt. Dann gilt

$$\frac{d\sigma}{d\Omega} = \frac{d\sigma}{dt}\frac{dt}{d\Omega} = \frac{1}{2\pi}\frac{dt}{d\cos\theta}\frac{d\sigma}{dt}\,.$$

Die Mandelstam-Variable t war definiert durch

$$\begin{aligned} t &= (p_2 - p_4)^2 = m_2^2 + m_4^2 - 2p_2 \cdot p_4 = m_2^2 + m_4^2 - 2m_2E_4 \\ &= m_2^2 + m_4^2 - 2m_2(E_1 + m_2 - E_3) \end{aligned}$$

Da die Massen und E_1 fest vorgegeben sind, wird

$$\frac{dt}{d\cos\theta} = 2m_2\frac{dE_3}{d\cos\theta}$$

und

$$\frac{d\sigma}{d\Omega} = \frac{1}{2\pi}\frac{dt}{d\cos\theta}\frac{d\sigma}{dt} = \frac{m_2}{\pi}\frac{dE_3}{d\cos\theta}\frac{1}{16\pi}\frac{|T|^2}{\lambda^2(s, m_1^2, m_2^2)} \tag{6.23}$$

Um $dE_3/d\cos\theta$ zu berechnen verwenden wir dass

$$\begin{aligned} t &= (p_2 - p_4)^2 = m_2^2 + m_4^2 - 2p_2 \cdot p_4 = m_2^2 + m_4^2 - 2m_2E_3 \\ &= (p_1 - p_3)^2 = m_1^2 + m_3^3 - 2(E_1E_3 - |\vec{p}_1||\vec{p}_3|\cos\theta) \end{aligned}$$

Wir müssen dabei beachten, dass sowohl E_3 als auch $|\vec{p}_3|$ von θ abhängen. Die Ableitung nach $\cos\theta$ ergibt dann

$$-2m_2\frac{dE_3}{d\cos\theta} = 2E_1\frac{dE_3}{d\cos\theta} - 2|\vec{p}_1||\vec{p}_3|\frac{d|\vec{p}_3|}{d\cos\theta} \tag{6.24}$$

Um $dE_3/d\cos\theta$ zu bestimmen benötigen wir eine zweite Gleichung, für die wir die Massenschalenbedingung $E_3^2 - |\vec{p}_3|^2 = m_3^2$ verwenden können. Sie ergibt

$$2E_3\frac{dE_3}{d\cos\theta} = 2|\vec{p}_3|\frac{d|\vec{p}_3|}{d\cos\theta}$$

Setzen wir dieses Ergebnis in Gl. (6.24) ein, so erhalten wir

$$\frac{dE_3}{d\cos\theta} = \frac{|\vec{p}_1||\vec{p}_3|^2}{|\vec{p}_3|(E_1 + m_2) - E_3|\vec{p}_1|\cos\theta}$$

und damit aus Gl. (6.23)

$$\begin{aligned} \frac{d\sigma}{d\Omega} &= \frac{m_2}{\pi}\frac{dE_3}{d\cos\theta}\frac{1}{16\pi}\frac{|T|^2}{\lambda^2(s, m_1^2, m_2^2)} \\ &= m_2\frac{|\vec{p}_1||\vec{p}_3|^2}{|\vec{p}_3|(E_1 + m_2) - E_3|\vec{p}_1|\cos\theta)}\frac{1}{16\pi^2}\frac{|T|^2}{\lambda^2(s, m_1^2, m_2^2)} \end{aligned} \tag{6.25}$$

Im Laborsystem gilt

$$s = (p_1 + p_2)^2 = m_1^2 + m_2^2 + 2p_1 \cdot p_2 = m_1^2 + m_2^2 + 2E_1 m_2$$

und damit

$$\begin{aligned}\lambda^2(s, m_1^2, m_2^2) &= \left[s - (m_1 + m_2)^2\right]\left[s - (m_1 - m_2)^2\right] \\ &= [2E_1 m_2 - 2m_1 m_2][2E_1 m_2 + 2m_1 m_2] = 4E_1^2 m_2^2 - 4m_1^2 m_2^2 \\ &= 4m_2^2(E_1^2 - m_1^2) = 4m_2^2 |\vec{p}_1|^2 \,.\end{aligned}$$

Damit wird der Streuquerschnitt im Laborsystem

$$\begin{aligned}\frac{d\sigma}{d\Omega} &= \frac{dE_3}{d\cos\theta} \frac{m_2}{64\pi^2} \frac{|T|^2}{m_2^2 |\vec{p}_1|^2} \\ &= \frac{|\vec{p}_1||\vec{p}_3|^2}{|\vec{p}_3|(E_1 + m_2) - E_3|\vec{p}_1|\cos\theta} \frac{1}{64\pi^2} \frac{|T|^2}{m_2|\vec{p}_1|^2} \\ &= \frac{|\vec{p}_3|^2}{\left[|\vec{p}_3|(E_1 + m_2) - E_3|\vec{p}_1|\cos\theta\right]} \frac{1}{m_2|\vec{p}_1|} \frac{1}{64\pi^2} |T|^2 \,. \end{aligned} \tag{6.26}$$

7 Compton-Streuung

7.1 Compton-Streuung im Schwerpunktsystem

Wir hatten in Kapitel 5 die Amplitude für die Compton-Streuung in niedrigster Ordnung bestimmt,

$$M = (-ie)^2 \bar{u}(p_2) \left[\gamma^\nu \frac{i}{\not{p}_1 + \not{k}_1 - m + i\varepsilon} \gamma^\mu + \gamma^\nu \frac{i}{\not{p}_1 - \not{k}_2 - m + i\varepsilon} \gamma^\mu \right] u(p_1) \varepsilon^*_\mu(2) \varepsilon_\nu(1)$$
$$\equiv (M_1 + M_2) .$$

Dabei sind p_1 und k_1 die Impulse des einlaufenden Elektrons und Photons und p_2 und k_2 die Impulse des auslaufenden Elektrons und Photons. Um daraus den Streuquerschnitt zu berechnen, benötigen wir das Absolutquadrat der Streuamplitude. Wir werden der Einfachheit halber dabei über die Spins der Elektronen und über die Polarisationen der Photonen mitteln und summieren, d. h. mitteln über Spins der einfallenden Teilchen und summieren über die der auslaufenden Teilchen. Es ist sinnvoll invariante Mandelstam-Variable einzuführen. Für die Compton-Streuung sind diese wie folgt definiert:

$$\begin{aligned} s &= (p_1 + k_1)^2 = (p_2 + k_2)^2 = m^2 + 2p_1 k_1 = m^2 + 2p_2 k_2 \\ t &= (p_1 - p_2)^2 = (k_1 - k_2)^2 = 2m^2 - 2p_1 p_2 = -2k_1 k_2 \\ u &= (p_1 - k_2)^2 = (p_2 - k_1)^2 = m^2 - 2p_1 k_2 = m^2 - 2p_2 k_1 \end{aligned} \tag{7.1}$$

Die drei Variablen sind nicht unabhängig. es gilt $s + t + u = 2m^2$.

Wir berechnen nun das Absolutquadrat der Streuamplitude

$$|M|^2 = |M_1|^2 + |M_2|^2 + M_1^* M_2 + M_1 M_2^*$$

Wir beginnen mit $|M_1|^2$ und summieren bzw. mitteln über Spins

$$\begin{aligned} |M_1|^2 = \frac{e^4}{4} \sum_{s_1,s_2} \sum_{\lambda_1,\lambda_2} & \varepsilon_\nu(\lambda_2)\varepsilon_\mu(\lambda_1)\varepsilon_\rho(\lambda_1)\varepsilon_\sigma(\lambda_2) \\ & \bar{u}(p_2, s_2)\gamma^\nu \frac{\not{p}_1 + \not{k}_1 + m}{(p_1 + k_1)^2 - m^2} \gamma^\mu u(p_1, s_1) \\ & \bar{u}(p_1, s_1)\gamma^\rho \frac{\not{p}_1 + \not{k}_1 + m}{(p_1 + k_1)^2 - m^2} \gamma^\sigma u(p_2, s_2) . \end{aligned}$$

Mit Hilfe der Vollständigkeitsrelationen

$$\sum_\lambda \varepsilon_\nu(\lambda)\varepsilon_\mu(\lambda) = -g_{\mu\nu} , \quad \sum_s u(p, s)\bar{u}(p, s) = \not{p} + m$$

wird

$$|M_1|^2 = \frac{e^4}{4(s - m^2)^2} \mathrm{Sp} \left[(\not{p}_2 + m)\gamma^\nu(\not{p}_1 + \not{k}_1 + m)\gamma^\mu(\not{p}_1 + m)\gamma_\mu(\not{p}_1 + \not{k}_1 + m)\gamma_\nu \right] .$$

https://doi.org/10.1515/9783110488593-007

Bei der Berechnung der Spuren benötigen wir die Formeln aus Kapitel 6, z. B. $\mathrm{Sp}\,\gamma_\mu\gamma_\nu = 4g_{\mu\nu}$, $\mathrm{Sp}\,\gamma_\mu\gamma_\nu\gamma_\alpha\gamma_\beta = 4[g_{\mu\nu}g_{\alpha\beta} - g_{\mu\alpha}g_{\nu\beta}\alpha + g_{\mu\beta}g_\nu]$. Außerdem hilft eine Reihe von Identitäten von Gamma-Matrizen,

$$\gamma_\nu\gamma^\nu = 4\,,\quad \gamma_\nu \not{p}\gamma^\nu = -2\not{p}\,,\quad \gamma_\nu\not{p}\not{k}\gamma^\nu = 4pk\,,\quad \gamma_\nu\not{p}\not{k}\not{q}\gamma^\nu = -2\not{q}\not{k}\not{p}\,.$$

Beweis der zweiten Relation.

$$\gamma_\nu\not{p}_2\gamma^\nu = p_2^\alpha\gamma_\nu\gamma_\alpha\gamma^\nu = p_2^\alpha(-\gamma_\alpha\gamma_\nu + 2g_{\alpha\nu})\gamma^\nu = -2\not{p}$$ □

Wir vernachlässigen zunächst die Elektronenmasse, d. h. wir beschränken uns auf hohe Energien. Dann wird

$$\begin{aligned}|M_1|^2 &= \frac{e^4}{s^2}\,\mathrm{Sp}\,[\gamma_\nu\not{p}_2\gamma^\nu(\not{p}_1+\not{k}_1)\gamma^\mu(\not{p}_1)\gamma_\mu(\not{p}_1+\not{k}_1)]\\ &= \frac{e^4}{s^2}\,\mathrm{Sp}\,[\not{p}_2(\not{p}_1+\not{k}_1)\not{p}_1(\not{p}_1+\not{k}_1)]\\ &= \frac{e^4}{s^2}\,\mathrm{Sp}\,[\not{p}_2\not{k}_1\not{p}_1\not{k}_1] \quad (\not{p}_1\not{p}_1 = p_1^2 = m^2 = 0)\\ &= \frac{e^4}{s^2}4[2(p_2k_1)(p_1k_1)] = \frac{e^4}{s^2}2(-us) = -2e^2\frac{u}{s}\,.\end{aligned}$$

Als nächstes berechnen wir $|M_2|^2$

$$|M_2|^2 = \frac{e^4}{4(u-m^2)^2}\,\mathrm{Sp}\,[\not{p}(+m)\gamma^\nu(\not{p}_1 - \not{k}_2 + m)\gamma^\mu(\not{p}_1 + m)\gamma_\mu(\not{p}_1 - \not{k}_2 + m)\gamma_\nu]$$

$|M_2|^2$ unterscheidet sich von $|M_1|^2$ nur durch die Ersetzung $k_1 \leftrightarrow -k_2$ oder $s \leftrightarrow u$. D. h.

$$|M_2|^2 = -2e^2\frac{s}{u}$$

Als letztes berechnen wir $M_1M_2^*$

$$\begin{aligned}M_1M_2^* &= \frac{-e^4}{4(s-m^2)(u-m^2)}\\ &\quad\times \mathrm{Sp}\,[(\not{p}_2+m)\gamma^\nu(\not{p}_1+\not{k}_1+m)\gamma^\mu(\not{p}_1+m)\gamma_\nu(\not{p}_1-\not{k}_2+m)\gamma_\mu]\\ &= \frac{-e^4}{4su}\,\mathrm{Sp}\,[\not{p}_2\gamma^\nu(\not{p}_1+\not{k}_1)\gamma^\mu\not{p}_1\gamma_\nu(\not{p}_1-\not{k}_2)\gamma_\mu] + \mathcal{O}(m^2)\\ &= \frac{-e^4}{4su}\,\mathrm{Sp}\,[\not{p}_2\gamma^\nu(\not{p}_1+\not{k}_1)(-2)(\not{p}_1-\not{k}_2)\gamma_\nu\not{p}_1] + \mathcal{O}(m^2)\\ &= \frac{-e^4}{4su}(-8)\,\mathrm{Sp}\,[\not{p}_2(p_1+k_1)\cdot(p_1-k_1)\not{p}_1] + \mathcal{O}(m^2)\\ &= 8m^2(p_1p_2) = 0 + \mathcal{O}(m^2)\end{aligned}$$

Fassen wir zusammen so erhalten wir

$$|M|^2 = -2e^2\left(\frac{u}{s}+\frac{s}{u}\right) \tag{7.2}$$

Mit den gleichen Techniken und etwas Geduld leitet man das Ergebnis für $m \neq 0$ ab,

$$|M|^2 = 2e^4 \left[-\left(\frac{s-m^2}{u-m^2} + \frac{u-m^2}{s-m^2} \right) \right.$$
$$\left. +4\left(\frac{m^2}{s-m^2} + \frac{m^2}{u-m^2} \right) + 4\left(\frac{m^2}{s-m^2} + \frac{m^2}{u-m^2} \right)^2 \right]$$

Zur Berechnung des Streuquerschnittes verwenden wir das Ergebnis aus Kapitel 6

$$\frac{d\sigma}{dt} = \frac{1}{16\pi} \frac{1}{\lambda^2(s, m^2, 0)} |M|^2 \tag{7.3}$$

Mit $\lambda(s, m_1^2, m_2^2) = \sqrt{s-(m_1+m_2)^2}\sqrt{s-(m_1+m_2)^2}$ oder hier $\lambda(s, m^2, 0) = s - m^2$ Damit wird der Streuquerschnitt in invarianten Variablen

$$\frac{d\sigma}{dt} = \frac{e^4}{8\pi} \frac{1}{(s-m^2)^2} \left[-\left(\frac{s-m^2}{u-m^2} + \frac{u-m^2}{s-m^2} \right) \right.$$
$$\left. + 4\left(\frac{m^2}{s-m^2} + \frac{m^2}{u-m^2} \right) + 4\left(\frac{m^2}{s-m^2} + \frac{m^2}{u-m^2} \right)^2 \right] . \tag{7.4}$$

7.2 Compton-Steuung im Laborsystem

Das Laborsystem ist das Ruhsystem des einlaufenden Elektrons. Es gilt

$$p_1^\mu = (m, \vec{0}) , \quad k_1^\mu = (\omega_1, \vec{k}_1)$$
$$p_2^\mu = (m, \vec{p}_1) , \quad k_2^\mu = (\omega_2, \vec{k}_2) .$$

Zum Vergleich mit dem Experiment ist es nützlich das lorentzinvariante Ergebnis (7.3) ins Laborsystem zu übertragen. In Laborsystem ist

$$s - m^2 = 2m\omega_1 , \quad u - m^2 = -2m\omega_2 . \tag{7.5}$$

Damit wird

$$\frac{d\sigma}{dt} = \frac{e^4}{8\pi} \frac{1}{(2m\omega_1)^2} \left[\left(\frac{\omega_1}{\omega_2} + \frac{\omega_2}{\omega_1} \right) \right. \tag{7.6}$$
$$\left. + 2\left(\frac{m}{\omega_1} - \frac{m}{\omega_2} \right) + \left(\frac{m}{\omega_1} - \frac{m}{\omega_2} \right)^2 \right] . \tag{7.7}$$

Die Frequenz ω_2 des auslaufenden Photons hängt vom Streuwinkel θ ab, dem Winkel zwischen k_1 und k_2, gemäß

$$\omega_2 = \frac{\omega_1 m}{m + \omega_1(1-\cos\theta)} \quad \text{oder} \quad \frac{1}{\omega_2} = \frac{1}{\omega_1} + \frac{1}{m}(1-\cos\theta) . \tag{7.8}$$

Beweis.

$$\begin{aligned}
p_2 &= p_1 + k_1 - k_2 \\
m^2 &= m^2 + 2p_1(k_1 - k_2) + (k_1 - k_2)^2 \\
\Rightarrow \quad 0 &= 2p_1(k_1 - k_2) - 2(k_1 k_2) \\
0 &= 2m(\omega_1 - \omega_2) - 2\omega_1\omega_2(1 - \cos\theta) \qquad (7.9) \\
\Rightarrow \quad \omega_2 &= \frac{\omega_1 m}{m + \omega_1(1 - \cos\theta)} \qquad \square
\end{aligned}$$

Damit wird

$$\begin{aligned}
\frac{d\sigma}{dt} &= \frac{e^4}{8\pi}\frac{1}{(2m\omega_1)^2}\left[\left(\frac{\omega_1}{\omega_2} + \frac{\omega_2}{\omega_1}\right) - 2 + 2\left(1 + \frac{m}{\omega_1} - \frac{m}{\omega_2}\right)^2\right] \\
&= \frac{e^4}{8\pi}\frac{1}{(2m\omega_1)^2}\left[\left(\frac{\omega_1}{\omega_2} + \frac{\omega_2}{\omega_1}\right) - 2 + 2\left(1 + \frac{m}{\omega_1} - \frac{m}{\omega_2}\right)^2\right] \\
&= \frac{e^4}{8\pi}\frac{1}{(2m\omega_1)^2}\left[\left(\frac{\omega_1}{\omega_2} + \frac{\omega_2}{\omega_1}\right) - \sin^2\theta\right]
\end{aligned}$$

Man beachte, dass wir die Frequenz ω_2 des auslaufenden Photons im Sinne einer kompakten Schreibweise in den Formeln behalten, obwohl die 4-Impulserhaltung verlangt, dass die übliche Formel (7.8) für die Frequenzverschiebung gilt.

Es fehlt noch die Beziehung zwischen dt und $d\cos\theta$. Man findet diese wie folgt:

$$t = (k_1 - k_2)^2 = -2k_1k_2 = -2\omega_1\omega_2(1 - \cos\theta)$$

Mit dem Ergebnis Gl. (7.8) wird

$$\begin{aligned}
\frac{dt}{d\cos\theta} &= 2\omega_1\omega_2 - 2\omega_1(1 - \cos\theta)\frac{d\omega_2}{d\cos\theta} \\
&= 2\omega_2\omega_1 - \frac{2\omega_1\omega_2^2}{m}(1 - \cos\theta) = 2\omega_2^2\,, \qquad (7.10)
\end{aligned}$$

wo wir die Relation $2m(\omega_1 - \omega_2) - 2\omega_1\omega_2(1 - \cos\theta) = 0$ aus Gl. (7.9) verwendet haben.

Damit haben wir alle nötigen Formeln beisammen um den Streuquerschnitt im Laborsystem anzugeben,

$$\frac{d\sigma}{d\cos\theta} = \frac{d\sigma}{dt}\frac{dt}{d\cos\theta} = \frac{e^4}{16\pi}\left(\frac{\omega_2}{m\omega_1}\right)^2\left(\frac{\omega_1}{\omega_2} + \frac{\omega_2}{\omega_1} - \sin^2\theta\right) \qquad (7.11)$$

mit $\omega_2 = \frac{\omega_1 m}{m+\omega_1(1-\cos\theta)}$. Diese Formel wurde 1929 in einer der ersten QED Rechnungen von O. Klein und Y. Nishina abgeleitet. Im nicht-relativistischen Grenzfall können wir $\omega_1 \ll m$, $\omega_2 \approx \omega_1$ setzen und erhalten die klassische Thomson-Formel,

$$\frac{d\sigma}{d\cos\theta} = \frac{e^4}{16\pi}\left(\frac{\omega_2}{\omega_1}\right)^2\left(1 + \cos^2\theta\right) .$$

Im nicht-relativistischen Grenzfall $s \ll m^2$ erfolgt die Streuung hauptsächlich in Vorwärts- und Rückwärtsrichtung. Für $s \gg m^2$ $(\omega_1 \gg m^2)$ dominiert die Vorwärtsstreuung fast vollständig.

8 Weitere elementare Prozesse

8.1 Elektron-Myon-Streuung

Die Streuung von Elektronen an Myonen wird durch folgendes Feynman-Diagram beschrieben:

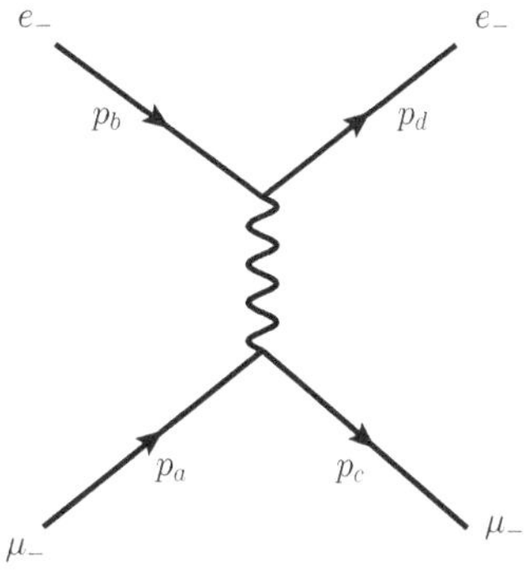

Da die Teilchen nicht identisch sind, tritt kein gekreuztes Diagram auf. Die entsprechende Amplitude ist gegeben durch

$$iM = (-ie)\bar{u}(p_c)\gamma^{\mu}u(p_a)\frac{-ig_{\mu\nu}}{q^2}(-ie)\bar{u}(p_d)\gamma^{\nu}u(p_b)$$

Um den unpolarisierten Streuquerschnitt zu berechnen, müssen wir die Amplitude quadrieren und über den Spin der einlaufenden Teilchen mitteln und den Spin der auslaufenden Teilchen summieren. Dabei verwenden wir das in Kapitel abgeleitete Ergebnis

$$\sum_{\alpha=1}^{2}\sum_{\beta=1}^{2} |\bar{u}_{\alpha}(p_d)\Gamma u_{\beta}(p_b)|^2 = \mathrm{Sp}\left[\Gamma(\not{p}_b + m)\gamma^0\Gamma^{\dagger}\gamma^0(\not{p}_d + m)\right]$$

und erhalten

$$\begin{aligned}\frac{1}{4}\sum_{\text{Spins}} |M|^2 &= \frac{1}{4}\frac{e^4}{(p_a - p_c)^4}\sum_{\text{Spins}} \bar{u}(p_c)\gamma^{\mu}u(p_a)\bar{u}(p_a)\gamma^{\nu}u(p_c)\bar{u}(p_d)\gamma_{\nu}u(p_b)\bar{u}(p_b)\gamma_{\mu}u(p_d)\\ &= \frac{1}{4}\frac{e^4}{(p_a - p_c)^4}K_{\mu\nu}(p_a, p_c)K^{\nu\mu}(p_b, p_d)\end{aligned}$$

mit

$$\begin{aligned}K^{\mu\nu}(p_a, p_c) &= \sum_{s=1,2}\sum_{s'=1,2} \bar{u}_i^{(s')}(p_c)\left[\gamma^{\mu}\right]_{ij}u_j^{(s)}(p_a)\bar{u}_k^{(s)}(p_a)\left[\gamma^{\nu}\right]_{kl}u_l^{(s')}(p_c)\\ &= \mathrm{Sp}\left[(\not{p}_c + m_e)\gamma^{\mu}(\not{p}_a + m_e)\gamma^{\nu}\right]\\ &= \mathrm{Sp}\left[\not{p}_a\gamma_{\nu}\not{p}_b\gamma_{\mu} + m_e^2\gamma_{\nu}\gamma_{\mu}\right]\end{aligned}$$

https://doi.org/10.1515/9783110488593-008

und

$$K_{\nu\mu}(p_b, p_d) = \mathrm{Sp}\left[(\not p_d + m_\mu)\gamma_\nu(\not p_b + m_\mu)\gamma_\mu\right] \,.$$

Die Spur kann mit den Identitäten der Gammamatrizen aus Kapitel 6, $\mathrm{Sp}(\gamma^\mu\gamma^\nu) = 4g^{\mu\nu}$ und $\mathrm{Sp}(\gamma^\mu\gamma^\nu\gamma^\rho\gamma^\sigma) = 4(g^{\mu\nu}g^{\rho\sigma} - g^{\mu\rho}g^{\nu\sigma} + g^{\mu\sigma}g^{\nu\rho})$, ausgewertet werden, mit dem Ergebnis

$$K^{\mu\nu}(p_a, p_c) = 4\left[p_a^\mu p_c^\nu + p_a^\nu p_c^\mu - (p_a \cdot p_c - m_e^2)g^{\mu\nu}\right]$$
$$K^{\nu\mu}(p_b, p_d) = 4\left[p_b^\nu p_d^\mu + p_b^\mu p_d^\nu - (p_b \cdot p_d - m_\mu^2)g^{\mu\nu}\right] \,.$$

Damit wird

$$\begin{aligned}\frac{1}{4}\sum_s |M|^2 &= \frac{e^4}{(p_c - p_a)^4}\frac{1}{4}\mathrm{Sp}\left[(\not p_c + m_e)\gamma^\mu(\not p_a + m_e)\gamma^\nu\right]\mathrm{Sp}\left[(\not p_d + m_\mu)\gamma_\nu(\not p_b + m_\mu)\gamma_\mu\right] \\ &= 8\frac{e^4}{(k' - k)^4}\left[(p_c p_d)(p_a p_b) + (p_c p_b)(p_a p_d) - m_e^2(p_d p_b) - m_\mu^2(p_c p_a)\right. \\ &\qquad \left. + 2m_e^2 m_\mu^2\right] \\ &= 2\frac{e^4}{t^2}\left[u^2 + s^2 + 4t(m_e^2 + m_\mu^2) - 2(m_e^4 - 4m_e^2 m_\mu^2 + m_\mu^4)\right] \,,\end{aligned}$$

wo die Mandelstam-Variablen s, t, u hier gegeben sind sind durch

$$\begin{aligned} s &= (p_a + p_b)^2 = m_e^2 + m_{\mu^2} + 2p_a \cdot p_b \\ t &= (p_a - p_c)^2 = 2m_e^2 - 2p_a \cdot p_c \\ u &= (p_a - p_d)^2 = m_e^2 + m_{\mu^2} - 2p_a \cdot p_d \end{aligned}$$

Die Variable $s = (p_a + p_b)^2$ ist die Energie im Schwerpunktsystem. Da $s + t + u = 2m_e^2 + 2m_\mu^2$, kann man das invariante Matrixelement auch in der Form schreiben

$$\frac{1}{4}\sum_s |M|^2 = \frac{2e^4}{t^2}\left[2(m_e^2 + m_\mu^2)t + (s - m_e^2 - m_\mu^2)^2 + (s + t - m_e^2 - m_\mu^2)^2\right] \,.$$

Nach Kapitel 6 war der differentielle Querschnitt im Schwerpunktsystem für elastische Streuung gegeben durch

$$d\sigma(p_a + p_b \to p_c + p_d) = \frac{1}{64\pi^2}\frac{1}{s}\left[\frac{1}{4}\sum_{\text{Spins}} |M|^2\right] d\Omega_{\text{CM}} \,.$$

Dieser wird jetzt

$$\frac{d\sigma}{d\Omega_{\text{CM}}} = \frac{\alpha^2}{2s}\frac{1}{t^2}\left[u^2 + s^2 + 4t(m_e^2 + m_\mu^2) - 2(m_e^4 - 4m_e^2 m_\mu^2 + m_\mu^4)\right] \,,$$

wo $\alpha = e^2/4\pi$ die *Feinstrukturkonstante* ist.

Wenn wir uns auf hohe Energien beschränken können wir $m_e = m_\mu = 0$ setzen. Dann wird

$$\frac{d\sigma}{d\Omega_{\text{CM}}} = \frac{\alpha^2}{2s}\frac{1}{t^2}[u^2 + s^2] \quad \text{mit} \quad s + t + u = 0\,.$$

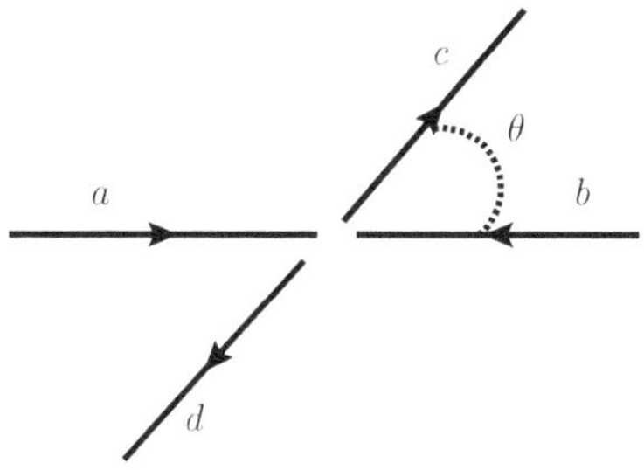

Streuung im CM-System

Bei hohen Energien hängen t und u mit dem Streuwinkel zwischen p_a und p_c wie folgt zusammen

$$t = (p_a - p_c)^2 = -2p_a \cdot p_c = -\frac{s}{2}(1 - \cos\theta_{\text{CM}})$$
$$u = (p_a - p_d)^2 = -2p_a \cdot p_d = -\frac{s}{2}(1 + \cos\theta_{\text{CM}})\,.$$

Der differentielle Streuquerschnitt wird damit

$$\frac{d\sigma}{d\Omega_{\text{CM}}} = \frac{\alpha^2}{8s}\frac{4 + (1 + \cos\theta_{\text{CM}})^2}{(1 - \cos\theta_{\text{CM}})^2}$$

Man beachte, dass der Streuquerschnitt für kleine Winkel divergiert,

$$\frac{d\sigma}{d\Omega_{\text{CM}}} = \frac{4\alpha^2}{s}\frac{1}{\theta_{\text{CM}}^4}\,.$$

Diese Divergenz entspricht der Divergenz in der Rutherfordschen Streuformel.

8.2 Coulomb-Streuung

Coulomb-Streuung ist die Streuung von Elektronen an einem äußeren Coulomb-Potential. Letztere entspricht der Streuung an einem unendlich schweren Myon oder Kern. Wir betrachten dazu den Grenzfall $m_\mu \to \infty$ in der Elektron-Myon-Streuung im Ruhsystem des Myons. In diesem Limes ist $E_a = E_c = E$, $|\vec{p}_b| \simeq |\vec{p}_c| \equiv k$ und damit

$$p_a = (E, \vec{p}_a)\,, \quad p_b = (m_\mu, 0)\,, \quad p_c = (E, \vec{p}_c)\,, \quad p_d \approx (m_\mu, 0)\,, \quad |\vec{p}_a| \approx |\vec{p}_c| \equiv k\,.$$

Der Streuwinkel ist dann θ definiert durch

$$\vec{p}_a \cdot \vec{p}_c = k^2 \cos\theta = v^2 E^2 \cos\theta \,,$$

wo v die relativistische Geschwindigkeit des Elektrons ist,

$$v = \frac{k}{E} = \sqrt{1 - \frac{m_{e^2}}{E^2}} \,. \tag{8.1}$$

Im Limes $m_e \to 0$ werden

$$\begin{aligned} t &= (p_a - p_c)^2 \simeq -(\vec{p}_a - \vec{p}_c)^2 = -2p^2(1-\cos\theta) = -4p^2 \sin^2\frac{\theta}{2} \\ s &= (p_a + p_b)^2 = m_\mu^2 + 2p_a p_b = 2Em_\mu + m_\mu^2 \simeq 2Em_\mu + m_\mu^2 \,, \end{aligned}$$

wo wir $1-\cos\theta = 2\sin^2\frac{\theta}{2}$ gesetzt haben. Wir betrachten das invariante Matrixelement in dieser Näherung

$$\begin{aligned} \frac{1}{4}\sum_s |M|^2 &= \frac{2e^4}{t^2}\left[2(m_e^2 + m_\mu^2)t + (s - m_e^2 - m_\mu^2)^2 + (s + t - m_e^2 - m_\mu^2)^2\right] \\ &\simeq \frac{2e^4}{t^2}\left[2m_\mu^2 t + 2(2m_\mu E)^2\right] = 4\frac{e^4}{t^2}m_\mu^2\left[-4p^2\sin^2\frac{\theta}{2} + 4E^2\right] \\ &= 4e^4\frac{1}{16p^4\sin^4\frac{\theta}{2}}4m_\mu^2E^2\left[1 - \left(\frac{k}{E}\right)^2\sin^2\frac{\theta}{2}\right] \,. \end{aligned}$$

In Kapitel 6 hatten wir die Formel für den invarianten Streuquerschnitt abgeleitet,

$$d\sigma(p_a + p_b - p_c - p_d) = \frac{1}{16\pi}\frac{1}{\lambda^2(s, m_a^2, m_b^2)}\frac{1}{4}\sum_s |M|^2 dt \,.$$

Im Limes $m_\mu = \infty$ gelten folgende Näherungen:

$$\lambda^2(s, m_a^2, m_b^2) = (s - (m_a + m_b)^2)(s - (m_a - m_b)^2) \simeq (s - m_\mu^2)^2 \simeq 4E^2 m_\mu^2$$

und

$$dt = 2p^2 d\cos\theta = \frac{p^2}{\pi}d\Omega \,.$$

Damit wird der Streuquerschnitt im Laborsystem

$$\frac{d\sigma}{d\Omega} = \frac{e^4}{16\pi}\frac{1}{4E^2m_\mu^2}\frac{m_\mu^2E^2}{k^4\sin^4\frac{\theta}{2}}\left[1 - \left(\frac{k}{E}\right)^2\sin^2\frac{\theta}{2}\right]\frac{k^2}{\pi} \,.$$

oder

$$\frac{d\sigma}{d\Omega} = \frac{\alpha^2}{4\pi^2}\frac{1}{v^2k^2}\frac{1}{\sin^4\frac{\theta}{2}}\left[1 - v^2\sin^2\frac{\theta}{2}\right] \tag{8.2}$$

Dabei ist $v = \frac{k}{E} = \sqrt{1 - \frac{m_{e^2}}{E^2}}$ die relativistische Geschwindigkeit des Elektrons. Man beachte, dass das Ergebnis nicht von der Myonmasse abhängt. Daher gilt es auch für die

Elektron-Proton-Streuung. Gleichung (8.2) stellt die *Rutherfordsche Streuformel* einschließlich der relativistischen Korrektur dar. Die relativistische Korrektur bewirkt, dass die Streuung in Rückwärtsrichtung stark unterdrückt ist. Für kleine Winkel verhält sich der Streuquerschnitt wie

$$\frac{d\sigma}{d\omega} \propto \frac{1}{\theta^4} \quad \text{für} \quad \theta \ll 1$$

Die *Coulomb-Singularität* stammt von der langen Reichweite der elektromagnetischen Wechselwirkung.

8.3 $e^+e^- \to \mu^+\mu^-$- Paarvernichtung

Der Prozess $e^+e^- \to \mu^+\mu^-$ bildet einen wichtigen Hintergrund bei hohen Energien im Prozess Elektron-Positron → Hadronen, der wesentlich zum Verständnis der starken Wechselwirkung (QCD) beigetragen hat. In niedrigster Ordnung trägt nur ein Feynman-Diagramm bei

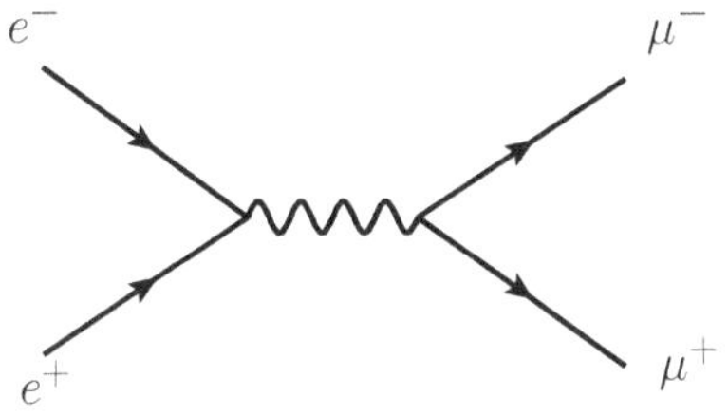

Das zugehörige Matrixelement lautet

$$iM = (-ie)\bar{v}(p_b)\gamma^\mu u(p_a)\frac{-ig_{\mu\nu}}{(p_a+p_b)^2}(-ie)\bar{u}(p_c)\gamma^\nu v(p_d)$$

Für die Übergangswahrscheinlichkeit benötigen wir

$$\begin{aligned} |M|^2 &= \frac{e^2}{s^2}\left[\bar{v}(p_b)\gamma^\mu u(p_a)\right]\left[\bar{u}(p_c)\gamma_\mu v(p_d)\right]\left[\bar{v}(p_d)\gamma^\nu u(p_c)\right]\left[\bar{u}(p_a)\gamma_\nu v(p_b)\right] \\ &= \frac{e^2}{s^2}\left[\bar{v}(p_b)\gamma^\mu u(p_a)\right]\left[\bar{u}(p_a)\gamma_\nu v(p_b)\right]\left[\bar{u}(p_c)\gamma_\mu v(p_d)\right]\left[\bar{v}(p_d)\gamma^\nu u(p_c)\right] \end{aligned} \tag{8.3}$$

mit $s = (p_a + p_b)^2$. Wir nehmen an, dass die Spins nicht beobachtet werden. Mit Hilfe der Relation

$$\sum_s v_s(p)\bar{v}_s(p) = \not{p} - m$$

summieren wir über die Spins im Endzustand, d. h. in den beiden letzten Klammern in Gl. (8.3) und erhalten

$$\sum_s \bar{u}(p_c)\gamma_\mu(\not{p}_d - m_\mu)\gamma^\nu u(p_c) = \mathrm{Sp}\left[(\not{p}_c + m_\mu)\gamma_\mu(\not{p}_d - m_\mu)\gamma^\nu\right] \ .$$

Auf analoge Weise finden wir die Spinsumme für den Anfangszustand

$$\sum_s \bar{u}(p_a)\gamma_\nu(\not{p}_b - m_e)\gamma^\mu u(p_a) = \mathrm{Sp}\left[(\not{p}_a + m_e)\gamma_\nu(\not{p}_b - m_e)\gamma^\mu\right] .$$

Wenn wir über die Spins im Anfangszustand mitteln und über die Spins im Endzustand summieren, erhalten wir

$$\frac{1}{4}\sum_s |M|^2 = \frac{e^2}{4(p_a+p_b)^4}\,\mathrm{Sp}\left[(\not{p}_a + m_e)\gamma_\nu(\not{p}_b - m_e)\gamma^\mu\right]\mathrm{Sp}\left[(\not{p}_c + m_\mu)\gamma_\mu(\not{p}_d - m_\mu)\gamma^\nu\right] .$$

Wir können dieses Ergebnis mit dem entsprechenden Ergebnis für die $e^-\mu^- \to e^-\mu^-$ Streuung,

$$\frac{1}{4}\sum_s |M|^2 = \frac{e^4}{(p_a+p_b)^4}\frac{1}{4}\,\mathrm{Sp}\left[(\not{p}_c + m_e)\gamma^\mu(\not{p}_a + m_e)\gamma^\nu\right]\mathrm{Sp}\left[(\not{p}_d + m_\mu)\gamma_\nu(\not{p}_b + m_\mu)\gamma_\mu\right]$$

vergleichen. Man sieht, dass man das Ergebnis für die Paarvernichtung $e^+e^- \to \mu^+\mu^-$ aus dem für die Streuung $e^-\mu^- \to e^-\mu^-$ erhält, indem man dieses Feynman-Diagramm um 90° dreht, d. h. ein einlaufendes Teilchen durch ein auslaufendes Antiteilchen ersetzt. Formal besagt die *Crossing Symmetrie*, dass eine Antiteilchen-Streuamplituden die analytische Fortsetzung der Teilchen-Streuamplitude zu negativen Energien ist. Hier substituieren wir

$$p_a \to p_a\,, \quad p_c \to -p_b\,, \quad p_d \to p_c\,, \quad p_b \to -p_d\,.$$

Diese Ersetzung ist rein mathematisch zu sehen, $p_c \to -p_b$ bedeutet eine negative Energie, die kein externes Teilchen besitzen kann. Ein Antiteilchen entspricht somit einem Teilchen, das sich rückwärts in der Zeit bewegt. Ausgedrückt durch die Mandelstam-Variablen lauten die Crossing-Ersetzung

$$\begin{aligned} s = (p_a+p_b)^2 \quad &\to \quad u = (p_a-p_d)^2 \\ t = (p_a-p_c)^2 \quad &\to \quad s = (p_a+p_b)^2 \\ u = (p_a-p_d)^2 \quad &\to \quad t = (p_a-p_c)^2 \end{aligned}$$

Daher erhalten wir aus

$$\frac{1}{4}\sum_s |M|^2_{e\mu\to e\mu} = 2\frac{e^4}{t^2}\left[u^2 + s^2 + 4t(m_e^2 + m_\mu^2) - 2(m_e^4 - 4m_e^2 m_\mu^2 + m_\mu^4)\right]$$

das Ergebnis

$$\begin{aligned} \frac{1}{4}\sum_s |M|^2_{ee\to\mu\mu} &= 2\frac{e^4}{s^2}\left[t^2 + u^2 + 4s(m_e^2 + m_\mu^2) - 2(m_e^4 - 4m_e^2 m_\mu^2 + m_\mu^4)\right] \\ &\simeq 2\frac{e^4}{s^2}(t^2 + u^2) \quad \text{für} \quad s \gg m_\mu^2, m_e^2\,. \end{aligned}$$

Für den Streuquerschnitt bei hohen Energien erhalten wir entsprechend

$$\frac{d\sigma}{d\Omega} = \frac{\alpha^2}{2s}\frac{t^2+u^2}{s^2} \,.$$

Der Faktor $1/s$ vom Fluss und Phasenraum ändert sich natürlich nicht. Sei θ der Winkel zwischen $e^-(p_a)$ und $\mu^-(p_c)$. Bei hohen Energien hängen t und u mit dem Streuwinkel wie folgt zusammen

$$t = -\frac{s}{2}(1-\cos\theta)\,, \quad u = -\frac{s}{2}(1+\cos\theta)\,.$$

Damit wird

$$\frac{d\sigma}{d\Omega} = \frac{\alpha^2}{4s}(1+\cos^2\theta)$$

Die Divergenz für $\theta \to 0$ tritt hier nicht auf.

Für den totalen Streuquerschnitt erhalten wir

$$\sigma_{\text{total}} = \frac{\alpha^2}{4s}2\pi\int_{-1}^{1} d(\cos\theta)(1+\cos^2\theta) = \frac{4\pi}{3}\frac{\alpha^2}{s}$$

In e^+e^--Hochenergiebeschleunigern wird neben den Prozessen $e^+e^- \to \mu^+\mu^-$ und $e^+e^- \to e^+e^-$ auch der Prozess $e^+e^- \to$ Hadronen gemessen. Für große Impulsüberträge kann dieser Prozess durch die perturbative QCD beschrieben werden. Der Streuquerschnitt für $e^+e^- \to$ Hadronen unterscheidet sich dann bei großen s von $\sigma(e^+e^- \to \mu^+\mu^-)$ nur um den Faktor der elektrischen Ladung der Quarks und einem Faktor $N_c = 3$ von der Summe über die Quarkfarben, d. h.

$$\sigma_{\text{total}}^{\text{Had}}(s) = \frac{4\pi}{3}\frac{\alpha^2}{s}N_c\sum_{f=u,d,s,\ldots}^{n} Q_f^2[1+\mathcal{O}(\alpha_s)]\,,$$

wo $Q_u = 2/3$, $Q_d = -1/3$, $Q_d = -1/3$ etc. Im Bereich oberhalb der ρ-Resonanz aber unter der Charm-Quark-Masse tragen nur die Up-, Down- und Strange-Quarks bei und

$$\frac{\sigma_{\text{total}}^{\text{Hadron}}(s)}{\sigma_{\text{total}}^{\text{QED}}} = 2$$

Die QCD-Strahlungskorrekturen zu diesem Ergebnis sind bis $\mathcal{O}(\alpha_s^4)$ gerechnet, mit $\alpha_s = g_s^2/4\pi$, wo g_s die Kopplung der starken Wechselwirkung ist. Die Übereinstimmung mit dem Experiment ist beeindruckend.

9 Greensche Funktionen

9.1 Die Formel von Gell-Mann und Low

Wir hatten bisher die Feynman-Regeln heuristisch aus dem Wickschen Theorem abgeleitet und auf der Berechnung elementarer Prozesse, sogenannten Baumgraphen, angewendet. Will man Wechselwirkungen und Feynman-Graphen höherer Ordnungen systematisch behandeln ist eine etwas formalere Vorgehensweise notwendig. Diese geht von den Vakuumerwartungswerten zeitgeordneter Produkte von Feldoperatoren, den Green-Funktionen,

$$G_n(x_1, \ldots x_n) = \langle \Omega | T\Phi(x_1) \ldots \Phi(x_n) | \Omega \rangle \ ,$$

aus. Dabei ist $\Phi(t, \vec{x})$ das volle, d. h. das Heisenberg-Feld der wechselwirkenden Theorie und $|\Omega\rangle$ der zugehörige Vakuum-Zustand.

Um Green-Funktionen perturbativ zu berechnen, teilen wir den Hamilton-Operator H in einen freien Teil und eine Wechselwirkung auf,

$$H = H_0 + H' \ .$$

Dabei ist H_0 die Hamilton-Dichte für ein freies Feld mit der physikalischen Masse m und H' die Wechselwirkung. Die wesentliche Annahme ist jetzt, dass das Feld $\Phi(t, \vec{x})$, zu einer irgendeiner Zeit t_0 gleich einem freien Feld $\Phi_0(t, \vec{x})$ ist. Durch Translation in der Zeit können wir speziell $t_0 = 0$ wählen. Dann gelten für das Feld und den kanonischen Impuls die Randbedingungen

$$\Phi_0(0, \vec{x}) = \Phi(0, \vec{x}) \ , \qquad \partial_0 \Phi_0(0, \vec{x}) = \partial_0 \Phi(0, \vec{x}) \ .$$

Die Felder erfüllen die Heisenbergschen Bewegungsgleichungen und damit gilt

$$\begin{aligned} \Phi(t, \vec{x}) &= e^{iHt} \Phi(0, \vec{x}) e^{-iHt} \\ \Phi_0(t, \vec{x}) &= e^{iH_0 t} \Phi_0(0, \vec{x}) e^{-iH_0 t} \quad \text{(freies Feld)}. \end{aligned}$$

Daraus folgt

$$\Phi(t, \vec{x}) = e^{iHt} e^{-iH_0 t} \Phi_0(0, \vec{x}) e^{iH_0 t} e^{-iHt} \ .$$

Wenn wir einen unitären Operator $U(t, 0)$ definieren als

$$U(t, 0) \equiv e^{iH_0 t} e^{-iHt} \ , \tag{9.1}$$

wird damit

$$\Phi(t, \vec{x}) = U^\dagger(t, 0) \Phi_0(t, \vec{x}) U(t, 0) \ . \tag{9.2}$$

Es gelten die Gruppen- und Kompositionsregeln

$$U^{-1}(t, 0) = U^\dagger(t, 0) = U(0, t) \tag{9.3}$$

$$U(t_1, t_2) = U(t_1, 0) U(0, t_2) = U(t_1, 0) U^\dagger(t_2, 0) \ . \tag{9.4}$$

https://doi.org/10.1515/9783110488593-009

Aus Gl. (9.1) folgt

$$i\frac{\partial}{\partial t}U(t,0) = e^{iH_0 t}[H(\Phi) - H_0(\Phi_0)]e^{-iH_0 t}U(t,0)\,. \tag{9.5}$$

Beweis.

$$\begin{aligned} i\frac{\partial}{\partial t}\left[e^{iH_0 t}e^{-iHt}\right] &= -e^{iH_0 t}H_0 e^{-iHt} + e^{iH_0 t}He^{-iHt} \\ &= -e^{iH_0 t}H_0 e^{-iH_0 t} - e^{iH_0 t}H_0 e^{-iH' t} + e^{iH_0 t}He^{-iH_0 t} + e^{iH_0 t}He^{-iH' t} \\ &= -e^{iH_0 t}H_0 e^{-iH_0 t} + e^{iH_0 t}He^{-iH_0 t} \end{aligned}$$

□

Sowohl $H(\Phi)$ als auch $H_0(\Phi_0)$ hängen nicht von der Zeit ab. Wenn wir wählen speziell $t = 0$ wählen, wo $H(\Phi) = H(\Phi_0) = H_0(\Phi_0) + H'(\Phi_0)$, dann erhalten wir aus Gl. (9.5)

$$i\frac{\partial}{\partial t}U(t,0) = H'(\Phi_0(x))U(t,0) \tag{9.6}$$

Dies ist auch die Gleichung des Zeitentwicklungsoperators im Wechselwirkungsbild. In Kapitel 5 hatten wir die Lösung abgeleitet

$$U(t,0) = T\left[\exp - \left(i\int_0^t H'(\Phi_0(x'))dt'\right)\right]. \tag{9.7}$$

Wenn die Wechselwirkung keine Ableitungen enthält, dann ist $H' = -L'$ und

$$U(t,0) = T\left[\exp\left(i\int_0^{t\prime} L'(\Phi_0(x'))dt'\right)\right]. \tag{9.8}$$

Wir können jetzt die volle Green-Funktion durch freie Green-Funktion ausdrücken. Dazu müssen wir die Heisenberg-Felder $\Phi(x_i)$ durch die entsprechenden freien $\Phi_0(x_i)$ ersetzen. Das Ergebnis ist

$$\langle\Omega|T\Phi(x_1)\ldots\Phi(x_n)|\Omega\rangle = \langle\Omega|\,T\Phi_0(x_1)\ldots\Phi_0(x_n)e^{-i\int d^4x H'(\Phi_0(x))}\,|\Omega\rangle$$

Beweis. Ausgangspunkt ist der Zusammenhang (9.2) zwischen den vollen Heisenberg-Feldoperatoren $\Phi(x)$ und den freien Feldoperatoren $\Phi_0(x)$

$$\Phi(x,t) = U^\dagger(t,0)\Phi_0(x,t)U(t,0)\,,$$

wo U durch Gl. (9.7) gegeben ist. Wir schreiben $U(t)$ für $U(t,0)$, um übersichtliche Formeln zu erhalten. Außerdem setzen wir $t_1 > t_2 > \cdots > t_n$, so dass die Zeitordnung automatisch erfüllt ist. Damit wird die Green-Funktion

$$\begin{aligned} G_n = \langle\Omega|\,&U^\dagger(t_1)\Phi_0(x_1)U(t_1)U^\dagger(t_2)\Phi_0(x_2)U(t_2)\ldots \\ &\ldots U^\dagger(t_n)\Phi_0(x_n)U(t_n)\,|\Omega\rangle\,. \end{aligned}$$

Wir führen jetzt noch einen weiteren Zeitparameter t ein, mit $t \gg t_1 > t_2 \ldots t_n \gg -t$. Dann erhalten wir

$$\begin{aligned} G_n = \langle\Omega|\, & U^\dagger(t)[U(t)U^\dagger(t_1)\Phi_0(x_1)U(t_1)U^\dagger(t_2)\Phi_0(x_2)U(t_2)\ldots \\ & \times U^\dagger(t_n)\Phi_0(x_n)U(t_n)U^\dagger(-t)]U(-t)\,|\Omega\rangle \end{aligned}$$

Nach der Regeln Gl. (9.4) und Gl. (9.3) gilt $U(t_1, t_2) = U(t_1, 0)U^\dagger(t_2, 0)$. Dann erhalten wir für die Green-Funktion

$$\begin{aligned} G_n &= \langle\Omega|\, U^\dagger(t)T[\Phi_0(x_1)\Phi_0(x_2)\ldots\Phi_0(x_n) \\ &\quad \times \underbrace{U(t,t_1)U(t_1,t_2)\ldots U(t_n,-t)}_{U(t,-t)}]U(-t)\,|\Omega\rangle \\ &= \langle\Omega|\,\Phi_0(x_1)\ldots\Phi_0(x_n)U(t,-t)\,|\Omega\rangle \qquad (9.9) \end{aligned}$$

□

Als nächstes müssen wir das Vakuum $|\Omega\rangle$ der Theorie mit Wechselwirkung durch das freie Vakuum $|0\rangle$ ausdrücken. Dazu betrachten wir $e^{-iH}|0\rangle$ und fügen einen vollständigen Satz von Eigenzuständen von H ein,

$$\begin{aligned} e^{-iHt}\,|0\rangle &= e^{-iHt}\,|\Omega\rangle\,\langle\Omega|0\rangle + \sum_{n\neq 0} e^{-iHt}\,|n\rangle\,\langle n|0\rangle \\ &= e^{-iE_0t}\,|\Omega\rangle\,\langle\Omega|0\rangle + \sum_{n\neq 0} e^{-iE_nt}\,|n\rangle\,\langle n|0\rangle\ . \end{aligned}$$

Im Limes $t \to \infty$ verschwindet der zweite, rasch oszillierende Term aufgrund des Riemann-Lebesque-Lemmas. Damit wird

$$\lim_{t\to\infty} e^{-iHt}\,|0\rangle = \lim_{t\to\infty} e^{-iE_0t}\,|\Omega\rangle\,\langle\Omega|0\rangle$$

Für konvergente Folgen gilt $\lim_{n\to\infty}\frac{a_n}{b_n} = \frac{\lim_{n\to\infty}a_n}{\lim_{n\to\infty}b_n}$ für $b_n \neq 0$. Wir erhalten also

$$\begin{aligned} |\Omega\rangle &= \lim_{t\to\infty}\left[e^{-iE_0t}\,\langle\Omega|0\rangle\right]^{-1} e^{-iHt}\,|0\rangle = \lim_{t\to\infty}\left[e^{-iE_0t}\,\langle\Omega|0\rangle\right]^{-1} e^{-iHt}\,|0\rangle \\ &= \lim_{t\to\infty}\left[e^{-iE_0t}\,\langle\Omega|0\rangle\right]^{-1} \underbrace{e^{-iHt}e^{-iH_0t}}_{U^\dagger(-t,0)}|0\rangle \qquad (H_0\,|0\rangle = 0) \\ &= \lim_{t\to\infty}\left[e^{-iE_0t}\,\langle\Omega|0\rangle\right]^{-1} U(0,-t,)\,|0\rangle\ , \end{aligned}$$

wegen $U(t,0) = e^{-iH_0t}e^{-iHt}$, $U^\dagger(t,0) = e^{iHt}e^{iH_0t}$. Entsprechend gilt

$$\langle\Omega| = \lim_{t\to\infty}\langle 0|\,U(t,0)\left[e^{E_0t}\,\langle 0|\Omega\rangle\right]^{-1}\ .$$

Damit wird Gl. (9.9)

$$\begin{aligned} &\langle\Omega|\,\Phi_0(x_1)\ldots\Phi_0(x_n)U(t,-t)\,|\Omega\rangle \\ &= \langle\Omega|U^\dagger(t_1,t)\Phi_0(x_1)U(t_1,t_2)\ldots U^\dagger(t_{n-1},t_n)\Phi_0(x_n)U(t_n,-t)|\Omega\rangle \\ &= \frac{\lim_{t\to\infty}\langle 0|U^\dagger(t,t_0)U(t_1,t_0)\Phi_0(x_1)U(t_1,t_2)\ldots U^\dagger(t_{n-1},t_n)\Phi_0(x_n)U(t_n,t_0)U(t_0,-t)|0\rangle}{\lim_{t\to\infty} e^{-2E_0t}|\,\langle 0|\Omega\rangle\,|^2} \\ &= \frac{\lim_{t\to\infty}\langle 0|\,\Phi_0(x_1)\ldots\Phi_0(x_n)U(t,-t)\,|0\rangle}{\lim_{t\to\infty} e^{-2E_0t}|\,\langle 0|\Omega\rangle\,|^2}\ . \end{aligned}$$

Speziell gilt:

$$1 = \langle \Omega | \Omega \rangle = \frac{\lim_{t\to\infty} \langle 0 | \, U(t,-t) \, |0\rangle}{\lim_{t\to\infty} e^{-2E_0 t} | \, \langle 0 | \Omega \rangle \, |^2}$$

Daraus folgt

$$\lim_{t\to\infty} e^{-2E_0 t} | \, \langle 0 | \Omega \rangle \, |^2 = \lim_{t\to\infty} \langle 0 | \, U(t,-t) \, |0\rangle = \langle 0 | \, e^{-i\int d^4x H'(x)} \, |0\rangle \; .$$

Zusammenfassend haben wir folgendes Ergebnis erhalten

$$\langle 0 | T\Phi(x_1)\ldots\Phi(x_n)|0\rangle = \frac{\langle 0 | \, \Phi_0(x_1)\ldots\Phi_0(x_n) e^{-i\int d^4x H'(x)} \, |0\rangle}{\langle 0 | \, e^{-i\int d^4x H'(x)} \, |0\rangle} \; .$$

Im Prinzip können wir damit die Green-Funktion berechnen, da wir sowohl Zähler als auch Nenner mit Hilfe des Wickschen Theorems berechnen können. Mit einem einfachen Argument, das im Wesentlichen auf der Eigenschaft der Exponentialfunktion $e^A/e^B = e^{A-B}$ beruht, zeigt man, dass sich die Vakuumdiagramme wegheben und man nur die *verbundenen Diagramme* betrachten muss. „Verbunden" bedeutet, dass alle Anfangs- und Endzustände miteinander verbunden sind. Für die Green-Funktion gilt somit

$$\begin{aligned} G_n(x_1,\ldots x_n) &= \langle \Omega | T\Phi(x_1)\ldots\Phi(x_n)|\Omega\rangle \\ &= \langle 0 | \, \Phi_0(x_1)\ldots\Phi_0(x_n) e^{-i\int d^4x H'(x)} \, |0\rangle_{\text{verbunden}} \; . \end{aligned} \tag{9.10}$$

Dies ist die wichtige *Formel von Gell-Mann und Low*. Die Berechnung von Green-Funktionen der wechselwirkenden Theorie ist reduziert auf die Berechnung der freien Green-Funktionen. Letztere lassen sich einfach mit dem Wickschen Theorem auswerten.

Leider hat dieses Ergebnis ein ernstes Problem, das auf dem *Haagschen Theorem* beruht. Eine sich auf Gl. (9.2) beziehende Aussage des Theorems lautet:

Sind zwei Quantenfelder zu jeder gegebenen Zeit durch eine unitäre Transformation verbunden und ist eines der Felder ein freies Feld, dann ist auch das andere ein freies Feld.

Das Theorem besagt, dass das Wechselwirkungsbild in der Quantenfeldtheorie strenggenommen nicht existiert. Auf die mathematischen Schwierigkeiten werden wir später bei der Behandlung der Renormierung kurz zurückkommen. Die konzeptionellen Probleme werden in den folgenden Abschnitten besprochen.

9.2 Asymptotische Zustände

In den früheren Kapiteln hatten wir den Raum der Zustände der freien Theorie, den sogenannten Fock-Raum, konstruiert. Im realistischen physikalischen Fall mit Wechselwirkungen funktioniert diese einfache Konstruktion nicht mehr. Die Quantenfeldtheorie mit Wechselwirkung lässt sich in vier Dimensionen nur noch störungstheoretisch lösen. Wir wollen zunächst einige allgemeine Eigenschaften der wechselwirkenden Theorie postulieren:

a) Die physikalischen Zustände sind Eigenzustände des Energie-Impuls-Operators P^μ und aller Observablen, die mit P^μ vertauschen.
b) Die Eigenwerte p^μ von P^μ erfüllen $p^2 \geq 0$ und $p^0 > 0$.
c) Es gibt einen lorentzinvarianten Zustand niedrigster Energie, das physikalische Vakuum $|\Omega\rangle$, mit $P^\mu|\Omega\rangle = 0$.

Wenn wir Streuprobleme betrachten, dann suchen wir Basiszustände, die für $t \to \pm\infty$ eine einfache Interpretation erlauben. Wir wollen den Zusammenhang zwischen diesen *asymptotischen Zuständen* der Teilchen und ihrer feldtheoretischen Beschreibung anhand skalare Felder etwas sorgfältiger diskutieren. Eine typische Lagrange-Dichte lautet

$$L = \frac{1}{2}\left(\partial^\mu \Phi \partial_\mu \Phi - m^2 \Phi^2 + \frac{1}{2}\lambda \Phi^4\right) .$$

Die S-Matrix im Heisenberg-Bild ist definiert als

$$S = \langle \text{in} : q_1 \ldots q_m | k_1 \ldots k_n : \text{out} \rangle ,$$

wo die *asymptotischen Zustände* $| \ldots : \text{in}\rangle$ und $| \ldots : \text{out}\rangle$ jeweils vollständige Sätze von Eigenzuständen von „in" und „out" Observablen bilden. Die asymptotischen Zustände sind Eigenzustände des vollen Hamilton-Operators H zur Zeit $t = -\infty$ bzw. $t = +\infty$. Zu diesen Zeiten sollen alle Teilchen (Wellenpakete) sehr weit voneinander entfernt sein und nicht mit den anderen Teilchen wechselwirken. Wir verwenden die Notation $\Phi_{\text{as}} \equiv \Phi_{\text{in,out}}$, wenn nicht zwischen Φ_{in} und Φ_{out} unterschieden werden muss.

Allerdings existiert in der Quantenfeldtheorie für diese asymptotischen Zustände immer noch die Wechselwirkung mit dem Vakuum, d. h. mit der Wolke von virtuellen Teilchen. Die „in" und „out" Hilbert-Räume $\mathcal{H}_{\text{in,out}}$ werden mit dem Fock-Raum der *freien Felder* $\Phi_{\text{in}}(x)$ und $\Phi_{\text{out}}(x)$ der Masse m identifiziert, wo m die *physikalische Masse* der Teilchen ist. Die axiomatische Feldtheorie fordert außerdem die asymptotische Vollständigkeit $\mathcal{H}_{\text{in}} = \mathcal{H}_{\text{out}} = \mathcal{H}$, wo $\mathcal{H}$ der Hilbert-Raum der vollen wechselwirkenden Theorie ist.

Die asymptotischen Felder erfüllen die Bewegungsgleichung

$$(\partial^2 + m^2)\Phi_{\text{as}}(x) = 0$$

und transformieren sich unter Poincaré-Transformationen wie die vollen Felder $\Phi(x)$. Für Translationen gilt

$$i\left[P^\mu, \Phi_{\text{as}}(x)\right] = \partial^\mu \Phi_{\text{as}}(x)$$

Der Impuls P^μ ist erhalten und spielt eine besondere Rolle. Das Vakuum erfüllt $P^\mu|\Omega\rangle = 0$, d. h. man muss nicht zwischen „in" und „out" Vakua und dem Vakuum der vollen Theorie unterscheiden,

$$|0 : \text{in}\rangle = |0 : \text{out}\rangle = |\Omega\rangle .$$

Auch die Einteilchen-Zustände ändern sich nicht,

$$|p:\mathrm{in}\rangle = |p:\mathrm{out}\rangle = |p\rangle \ .$$

Die Fourier-Entwicklung für die asymptotischen Felder ist die gleiche wie für freie Felder,

$$\Phi_{\mathrm{as}}(x) = \int \frac{d^3k}{(2\pi)^3 2E_k} \left\{a_{\mathrm{as}}(k)e^{-ikx} + a^\dagger_{\mathrm{as}}(k)e^{ikx}\right\}$$

oder

$$a_{\mathrm{as}}(k) = i\int d^3x e^{ikx}\overleftrightarrow{\partial}_0\Phi_{\mathrm{as}}(x)\ , \quad a^\dagger_{\mathrm{as}}(k) = -i\int d^3x e^{-ikx}\overleftrightarrow{\partial}_0\Phi_{\mathrm{as}}(x)\ . \tag{9.11}$$

Das Symbol $\overleftrightarrow{\partial}$ steht für die antisymmetrisierte Ableitung $u\overleftrightarrow{\partial}v = u\partial v - (\partial u)v$. Die a_{as} und $a^\dagger_{\mathrm{as}}$ erfüllen die üblichen Vertauschungsrelationen im Fall freier Felder. Das Integral ist unabhängig von $x_0 = t$. Die Normierung lautet

$$\langle 0:\mathrm{in}|\Phi_{\mathrm{as}}(x)|k:\mathrm{in}\rangle = e^{-ikx}\ . \tag{9.12}$$

Das Vakuum und die Einteilchen-Zustände sind stabil, der S-Operator kann sie nicht verändern. Es gilt somit

$$\langle\Omega|S|\Omega\rangle = \langle\Omega|\Omega\rangle = 1\ , \quad \left\langle k'|S|k\right\rangle = \left\langle k'|k\right\rangle\ .$$

Ein asymptotischer Einteilchen-Zustand ist gegeben durch

$$|p:\mathrm{as}\rangle = a^\dagger_{\mathrm{as}}(k)\,|\Omega\rangle\ .$$

In Zustände aus der S-Matrix werden damit

$$\begin{aligned} |q_1...q_m:\mathrm{in}\rangle &= \lim_{t\to-\infty} a^\dagger(q_1)a^\dagger(q_2)...a^\dagger(q_m)\,|\Omega\rangle \\ |p_1...p_n:\mathrm{out}\rangle &= \lim_{t\to\infty} a^\dagger(p_1)a^\dagger(p_2)...a^\dagger(p_n)\,|\Omega\rangle\ . \end{aligned}$$

In der vollen Theorie erwarten wir, dass die Operatoren Φ_{as}, die die asymptotischen Zustände $|\ldots:\mathrm{as}\rangle$ erzeugen, für $t\to\pm\infty$ bis auf einen Normierungsfaktor $\sqrt{Z}$ weitgehend freien Feldern entsprechen. Das Problem besteht darin, die asymptotischen Felder Φ_{as} mit den vollen Heisenberg-Feldern in Beziehung zu setzen. Allerdings stellt sich heraus, dass die starke Konvergenz

$$\lim_{t\to-\infty}\frac{1}{\sqrt{Z}}\Phi(x)\to\Phi_{\mathrm{in}}(x)\ , \quad \lim_{t\to\infty}\frac{1}{\sqrt{Z}}\Phi(x)\to\Phi_{\mathrm{out}}(x) \tag{9.13}$$

nicht funktioniert. Als konsistente Definition für den Z-Faktor kann die *Lehmannsche Asymptotenbedingung*

$$\lim_{t\to\pm\infty}\langle\Omega|\Phi(x)|k:\mathrm{in}\rangle = \sqrt{Z}\,\langle\Omega|\Phi_{\mathrm{as}}(x)|k:\mathrm{in}\rangle = \sqrt{Z}e^{-ikx}\ , \tag{9.14}$$

dienen. Dabei ist $\sqrt{Z}$ die Amplitude für den Operator $\Phi(x)$, einen asymptotischen Einteilchen-Zustand aus dem Vakuum zu erzeugen. Die Konstante Z ist notwendig, da $\Phi_{\text{as}}|\Omega\rangle$ nur Einteilchen-Zustände erzeugt, während der volle Operator $\Phi|\Omega\rangle$ neben Einteilchen- auch Mehrteilchen-Zustände erzeugt. Eine alternative Formulierung der Asymptotenbedingung lautet

$$\begin{aligned}\langle\alpha|\, a_{\text{as}}(\vec{p})\,|\beta\rangle &= \langle\alpha|\left[i\int d^3x e^{ikx}\overleftrightarrow{\partial}_0\Phi_{\text{as}}(x)\right]|\beta\rangle \\ &= i\lim_{t\to\pm\infty}\int d^3x Z^{-1/2}\,\langle\alpha|\, e^{ikx}\overleftrightarrow{\partial_0}\Phi(x)\,|\beta\rangle \end{aligned} \tag{9.15}$$

$$\begin{aligned}\langle\alpha|\, a^\dagger_{\text{as}}(\vec{k})\,|\beta\rangle &= \langle\alpha|\left[-i\int d^3x e^{-ikx}\overleftrightarrow{\partial}_0\Phi_{\text{as}}(x)\right]|\beta\rangle \\ &= -i\lim_{t\to\pm\infty}\int d^3x Z^{-1/2}\,\langle\alpha|\, e^{-ikx}\overleftrightarrow{\partial_0}\Phi(x)\,|\beta\rangle\ , \end{aligned} \tag{9.16}$$

wo $|\alpha\rangle$ und $|\beta\rangle$ beliebige Elemente des wechselwirkenden Hilbert-Raumes $\mathcal{H}$ sind. Diese Gleichungen kann man auffassen als Definition der asymptotischen Leiteroperatoren a_{as} und $a^\dagger_{\text{as}}$ durch Grenzwerte der vollen Leiteroperatoren, die auf $\mathcal{H}$ wirken.

9.3 Die LSZ Reduktionsformel

Die Lehmann-Symanzik-Zimmermann (LSZ) Formel ist eine Beziehung zwischen S-Matrixelementen und den perturbativ berechenbaren Green-Funktionen. Dabei werden die In- und Out-Zustände durch die entsprechenden In- und Out-Operatoren ersetzt.

Wir betrachten die $n \to m$ Streuamplitude in einer skalaren Feldtheorie

$$\mathcal{M} = \langle k_1, \ldots k_m : \text{out}|p_1, \ldots p_n : \text{in}\rangle$$

Wir ersetzen zunächst den asymptotischen In-Zustand $|p_1\rangle$ durch den entsprechenden freien Feldoperator

$$\begin{aligned}\mathcal{M} &= \left\langle k_1, \ldots k_m : \text{out}|a^\dagger_{\text{in}}(p_1)|p_2 \ldots p_n : \text{in}\right\rangle \\ &= -i\int d^3x e^{-ip_1x}\overleftrightarrow{\partial_0}\,\langle k_1, \ldots k_m : \text{out}|\Phi_{\text{in}}(t,\vec{x})|p_2 \ldots p_n : \text{in}\rangle\end{aligned}$$

Da das Integral zeitunabhängig ist, können wir es zur Zeit $t \to -\infty$ berechnen und dann die Lehmannsche Asymptotenbedingung Gl. (9.14) verwenden. Damit wird

$$\mathcal{M} = -i\lim_{t\to-\infty} Z^{-1/2}\,\langle k_1, \ldots k_m : \text{out}\,|\Phi(t,\vec{x})|\, p_2, \ldots p_n : \text{in}\rangle$$

Folgende Beziehungen zwischen den Erzeugungsoperatoren und den Feldoperatoren wird sich als nützlich erweisen,

$$a^\dagger_{\text{in}}(\vec{p}) - a^\dagger_{\text{out}}(\vec{p}) = iZ^{-\frac{1}{2}}\int d^4x e^{-ipx}\left(\partial^2 + m^2\right)\Phi(x) \tag{9.17}$$

$$a_{\text{in}}(\vec{p}) - a_{\text{out}}(\vec{p}) = -iZ^{-\frac{1}{2}}\int d^4x e^{ipx}\left(\partial^2 + m^2\right)\Phi(x)\,. \tag{9.18}$$

Beweis. Wir verwenden, dass $\int_{-\infty}^{+\infty} dx_0 f'(x) = \lim_{x_0\to\infty} f(x) - \lim_{x_0\to-\infty} f(x)$. Mit Gl. (9.13) gilt dann

$$a_{\text{in}}^{\dagger}(\vec{k}) - a_{\text{out}}^{\dagger}(\vec{k}) = +iZ^{-\frac{1}{2}} \int\limits_{-\infty}^{\infty} dt \int d^3x \partial_0 e^{-ikx} \overleftrightarrow{\partial_0} \Phi(x)$$
$$a_{\text{in}}(\vec{k}) - a_{\text{out}}(\vec{k}) = -iZ^{-\frac{1}{2}} \int\limits_{-\infty}^{\infty} dt \int d^3x \partial_0 e^{ikx} \overleftrightarrow{\partial_0} \Phi(x) \,.$$

Das Ergebnis kann weiter vereinfacht werden,

$$\int d^4x \partial_0 e^{\pm ikx} \overleftrightarrow{\partial_0} \Phi(x) = \int d^4x e^{\pm ikx} \left[E_k^2 + \partial_0^2\right] \Phi(x) = \int d^4x e^{\pm ikx} \left(\vec{k}^2 + m^2 + \partial_0^2\right) \Phi(x)$$
$$= \int d^4x e^{\pm ikx} \left(-\vec{\nabla}^2 + m^2 + \partial_0^2\right) \Phi(x) = \int d^4x e^{\pm ikx} \left(\Box + m^2\right) \Phi(x) \,.$$

Wir haben zweimal partiell integriert und $k^2 = m^2$ gesetzt. Damit ist Gl. (9.17) bewiesen. Die Gleichung (9.18) folgt durch Hermitesche Konjugation. □

Wenn wir annehmen, dass $\vec{p}_1 \neq \vec{k}_i$ ist, erhalten wir damit für die Streuamplitude

$$\begin{aligned}
\mathcal{M} &= \left\langle k_1, k_2, \ldots k_m : \text{out} | a_{\text{in}}^{\dagger}(\vec{p}_1) | p_1, p_2, \ldots p_n : \text{in} \right\rangle \\
&= \left\langle k_1, k_2, \ldots k_m : \text{out} | a_{\text{in}}^{\dagger}(\vec{p}_1) - a_{\text{out}}^{\dagger}(\vec{p}_1) | p_1, p_2, \ldots p_n : \text{in} \right\rangle \\
&= iZ^{-\frac{1}{2}} \int d^4x e^{-ikx} \left(\partial^2 + m^2\right) \langle k_1, k_2, \ldots k_m : \text{out} | \Phi(x) | p_1, p_2, \ldots p_n : \text{in} \rangle
\end{aligned}$$

Wir können die gleiche Prozedur mit einem Out-Zustand durchführen mit dem Ergebnis

$$\begin{aligned}
\mathcal{M} &= \left\langle k_2, \ldots k_m : \text{out} | \left[a_{\text{out}}(\vec{p}_n) - a_{\text{out}}(\vec{p}_n)\right] \left[a_{\text{in}}^{\dagger}(\vec{p}_1) - a_{\text{out}}^{\dagger}(\vec{p}_1)\right] | p_2 \ldots p_n : \text{in} \right\rangle \\
&= \frac{i}{\sqrt{Z}} \frac{-i}{\sqrt{Z}} \int d^4y_1 e^{iky} \left(\partial_{y_1}^2 + m^2\right) \int d^4x_1 e^{-ikx_1} \left(\partial_{x_1}^2 + m^2\right) \\
&\qquad \langle k_1, \ldots k_m : \text{out} | T\Phi(x_1)\Phi(y_1) | p_1 \ldots p_{n-2} : \text{in} \rangle \,.
\end{aligned}$$

Die Zeitordnung ergibt sich, da $\Phi(x_1)$ auf den „in“ Zustand ($t = -\infty$) angewendet wird und $\Phi(y_1)$ auf den „out“ Zustand.

Wir verfahren genauso mit allen anderen Zuständen in der Streuamplitude

$$\mathcal{M} = \langle \Omega | \, a(k_1) a(k_2) \ldots a(k_m) a^{\dagger}(p_1) a^{\dagger}(p_2) \ldots a^{\dagger}(p_n) \, | \Omega \rangle \,.$$

Dann erhalten wir die LSZ Reduktionsformel

$$\begin{aligned}
\mathcal{M} = &\frac{i^n(-i)^m}{\sqrt{Z}^{m+n}} \prod_{k=1}^{n} \left(\int d^4x_k e^{-ip_k \cdot x_k} \left(\partial_{x_k}^2 + m^2\right)_k \right) \prod_{j=1}^{m} \left(\int d^4y_j e^{ik_j \cdot y_j} \left(\partial_{y_j}^2 + m^2\right)_j \right) \\
&\times \langle \text{out} : 0 | T \left[\Phi(x_1)\Phi(x_2) \ldots \Phi(x_n)\Phi(y_1)\Phi(y_2) \ldots \Phi(y_m)\right] | \text{in} : 0 \rangle
\end{aligned} \tag{9.19}$$

mit $|0:\mathrm{in}\rangle = |0:\mathrm{out}\rangle = |\Omega\rangle$. Die Operatoren sind automatisch zeitgeordnet, da die „out"-Zustände zu $t \to \infty$ gehören und die „in"-Zustände zu $t \to -\infty$. Andere Terme verschwinden, da durch die Zeitordnung die Vernichtungsoperatoren rechts stehen und das Vakuum vernichten, $a_{\mathrm{out}}(\vec{k})|0\rangle = 0$, während die Erzeugungsoperatoren links stehen und auch das Vakuum vernichten, $\langle 0|a^{\dagger}_{\mathrm{out}}(\vec{k}) = 0$. Die Faktoren $(\partial^2 + m^2)$ bewirken, dass die äußeren Teilchen auf der Massenschale liegen. Da $(\partial^2 + m^2) \to (-k^2 + m^2)$, folgt $\mathcal{M} = 0$, es sei denn die Propagatoren der äußeren Teilchen sind auf der Massenschale d. h. sie weisen einen Pol $1/(k^2 - m^2)$ auf. Für die Übergangsamplituden tragen also nur die trunkierten Greensfunktionen bei.

Die wichtige Aussage der LSZ Formel ist, dass man für die Berechnung eines beliebigen Streumatrixelementes nur die Green-Funktion

$$G_n(x_1,\ldots x_n) = \langle\Omega|T\Phi(x_1)\Phi(x_2)\ldots\Phi(x_n)|\Omega\rangle$$

benötigt, die sich, wie oben gezeigt mit der Formel von Gell-Man-Low und dem Wickschen Theorem berechnen lässt.

Mit Hilfe der LSZ-Asymptotenbedingung Gl. (9.14) leitet man die *Källen-Lehmann-Darstellung* für den Propagator ab,

$$\begin{aligned}\Delta(p^2) &= -i\int d^4x e^{-ipx}\langle\Omega|T\Phi(x)\Phi(0)|\Omega\rangle = -iZ\int d^4x e^{-ipx}\langle\Omega|T\Phi_{\mathrm{as}}(x)\Phi_{\mathrm{as}}(0)|\Omega\rangle \\ &= \frac{Z}{p^2 - m^2 + i\varepsilon} + Z\int_{s_0}^{\infty} ds\rho_0(s)\frac{1}{p^2 - s}\end{aligned} \tag{9.20}$$

wo s_0 die Schwelle des Kontinuums der Mehrteilchen-Zustände darstellt und $|\Omega\rangle = |0:\mathrm{in}\rangle$. Der Normierungsfaktor Z kann daher berechnet werden, indem man das Residuum am Pol des Propagators betrachtet.

Erläuterung

Wir betrachten das gewöhnliche Produkt der zwei Operatoren und fügen einen vollständigen Satz von Zwischenzuständen ein

$$\begin{aligned}\langle 0|\Phi_{\mathrm{as}}(x)\Phi_{\mathrm{as}}(0)|0\rangle &= \sum_n \langle 0|\Phi_{\mathrm{as}}(x)\,|n\rangle\,\langle n|\,\Phi_{\mathrm{as}}(0)|0\rangle = \sum_n e^{-ip_n x}|\,\langle 0|\Phi_{\mathrm{as}}(0)|n\rangle\,|^2 \\ &= \int d\mu^2\rho(\mu^2)\int\frac{d^4p}{(2\pi)^3}e^{-ipx}\theta(p_0)\delta(p^2-\mu^2)\,,\end{aligned} \tag{9.21}$$

mit

$$\rho(p^2)\theta(p_0) = (2\pi)^3\sum_n \delta^4(p - p_n)\,\langle 0|\Phi_{\mathrm{as}}(0)|n\rangle\,|^2\,.$$

Der Zustand mit $n = 1$ ist der Einteilchen-Pol. Nach der Diskussion der singulären Funktionen in Kapitel 2 erhält man im Fall des zeitgeordneten Produktes statt des zweiten Integrals in Gl. (9.21) den Feynmanschen Propagator. Damit wird

$$\langle 0|T\Phi(x)\Phi(0)|0\rangle = \int d\mu^2\rho(\mu^2)\frac{1}{p^2 - \mu^2 + i\varepsilon}\,.$$

9.4 Renormierung der $\lambda\Phi^4$-Theorie

Wir gehen zurück zur Lagrange-Dichte für skalare Felder mit Φ^4-Wechselwirkung

$$L = \frac{1}{2}\left(\partial^\mu \Phi_0 \partial_\mu \Phi_0 - m_0^2 \Phi_0^2 + \frac{1}{2}\lambda_0 \Phi_0^4\right) .$$

Die Felder $\Phi_0(x)$ entsprechen den wechselwirkenden Feldern $\Phi(x)$ von oben. Der Index 0 dient der Klarheit, da die Felder nicht normiert sein müssen und die Masse und Kopplung auch erst durch Vergleich mit dem Experiment bestimmt werden müssen. Man spricht von *unrenormierten* oder *nackten* Größen. Wir nehmen vorweg, dass die Green-Funktionen im Allgemeinen divergieren. In der $\lambda\Phi^4$-Theorie und in der QED lässt sich diese Divergenz in die Renormierung der Felder, Massen und Kopplungen stecken. D. h. man führt renormierte Felder und Parameter ein,

$$\Phi_\mathrm{R}(x) = \frac{1}{\sqrt{\tilde{Z}}}\Phi_0(x) , \quad m_\mathrm{R} = Z_m m , \quad \lambda_\mathrm{R} = Z_\lambda \lambda$$

Die erste Definition ist eine Operatorgleichung und $\tilde{Z}$ hat eigentlich nichts mit dem oben eingeführten Z zu tun. Man kann aber

$$\tilde{Z} = Z \quad \text{(numerisch)}$$

setzen. Man spricht dann vom *On-Shell-Renormierungsschema*. Die Konstante Z wird als *Wellenfunktionsrenormierungskonstante* bezeichnet.

Das einfachste Beisspiel ist der *renormierten* Propagator

$$\begin{aligned} i\Delta_\mathrm{R}(p^2) &= \int d^4x e^{-ipx} \langle 0|T\Phi_\mathrm{R}(x)\Phi_\mathrm{R}(0)|0\rangle \\ &= \tilde{Z}^{-1} \int d^4x e^{-ipx} \langle 0|T\Phi_0(x)\Phi_0(0)|0\rangle \\ &= \tilde{Z}^{-1} \int d^4x e^{-ipx} \langle 0|\, T\Phi_\mathrm{as}(x)\Phi_\mathrm{as}(0)e^{-i\int d^4x H_I(x)}\, |0\rangle \end{aligned}$$

Aus der Källen-Lehmann-Darstellung

$$\lim_{p^2\to m^2} \Delta_0(p^2) = \lim_{p^2\to m^2} -i\int d^4x e^{-ipx} \langle 0|T\Phi_0(x)\Phi_0(0)|0\rangle = \frac{Z}{p^2 - m^2 + i\varepsilon} \tag{9.22}$$

folgt

$$\begin{aligned} \lim_{p^2\to m^2} \Delta_\mathrm{R} &= \frac{Z}{\tilde{Z}}\frac{1}{p^2 - m^2} \\ &= \frac{1}{p^2 - m^2} \quad \text{im On-Shell-Schema} \end{aligned} \tag{9.23}$$

Entsprechend definieren wir renormierte n-Punkt-Green-Funktionen

$$\begin{aligned} G_n^R(x_1, x_2, \ldots x_n) &= \langle \Omega|T\Phi_\mathrm{R}(x_1)\Phi_\mathrm{R}(x_2)\ldots \Phi_\mathrm{R}(x_n)|\Omega\rangle \\ &= \tilde{Z}^{-n/2} \langle \Omega|T\Phi_0(x_1)\Phi_0(x_2)\ldots \Phi_0(x_n)|\Omega\rangle \\ &= \tilde{Z}^{-n/2} \langle 0|\, \Phi_\mathrm{as}(x_1)\ldots \Phi_\mathrm{as}(x_n)e^{-i\int d^4x H_\mathrm{as}(x)}\, |0\rangle \end{aligned}$$

Mit Hilfe dieser Formel und der LSZ-Formel (9.19) lässt sich auch die S-Matrix berechnen

$$\langle k_1 \ldots q_m : \text{out} | p_1 \ldots p_n : \text{in} \rangle = \lim_{q_i^2 \to m^2} \lim_{q_j^2 \to m^2} \prod_{i,j} \frac{1}{i}(q_i^2 - m^2) \frac{1}{i}(p_j^2 - m^2)$$
$$\left(Z^{-\frac{m+n}{2}}\right) G_0^{(m+n)}(q_1, \ldots q_m, p_1, \ldots p_n; \lambda_0, m_0)$$

wo G_0 die unrenormierte Green-Funktion ist,

$$G_0^{(m+n)}(q_1, \ldots q_m, p_1, \ldots p_n; \lambda_0, m_0, \varepsilon)$$
$$= \int \prod_{i=1}^{n} dx_i e^{-ip_i x_i} \prod_{j=1}^{m} dy_j e^{iq_j y_j} \langle 0 | T\Phi_0(x_1) \ldots \Phi_0(x_n) \Phi_0(y_1) \ldots \Phi_0(y_m) | 0 \rangle \; .$$

Im On-Shell-Schema werden renormierte Green-Funktionen definiert, indem man $\Phi_0 = \sqrt{Z}\Phi_R$ setzt.

Die S-Matrix nimmt dann eine einfache Form an

$$S = Z^{\frac{m+n}{2}} G_0^{\text{amp}}(p_1 \ldots p_n, q_1, \ldots q_m; \lambda_0, m_0) \, , \tag{9.24}$$

wo G^{amp} die *amputierte Green-Funktion* ist (d. h. ohne äußere Beine)

Beweis. Wir verwenden die Ergebnisse Gl. (9.22) und (9.23) mit $\widetilde{Z} = Z$. und der Definition $q_i \equiv p_{n+i}$ zur Vereinfachung der Schreibweise,

$$\begin{aligned} S &= \left[\lim_{p_i^2 \to m^2} \prod_{i=1}^{m+n} \frac{1}{i}(p_i^2 - m^2) \right] Z^{-\frac{m+n}{2}} G_0^{\text{amp}}(p_1 \ldots p_{m+m}) \\ &= \left[\lim_{p_i^2 \to m^2} \prod_{i=1}^{m+n} \Delta_R^{-1}(p_i) \right] Z^{-\frac{m+n}{2}} G_0^{\text{amp}}(p_1 \ldots p_{m+m}) \\ &= \left[\lim_{p_i^2 \to m^2} \prod_{i=1}^{m+n} Z\Delta_0^{-1}(p_i) \right] Z^{-\frac{m+n}{2}} G_0^{\text{amp}}(p_1 \ldots p_{m+m}) \\ &= Z^{\frac{m+n}{2}} G_0^{\text{amp}}(p_1 \ldots p_{m+m}) \, . \end{aligned}$$ □

Die Gleichung (9.24) bedeutet, dass man bei der Berechnung der S-Matrix alle Strahlungskorrekturen an äußeren Beinen weglassen kann, z. B. in der QED den Graphen

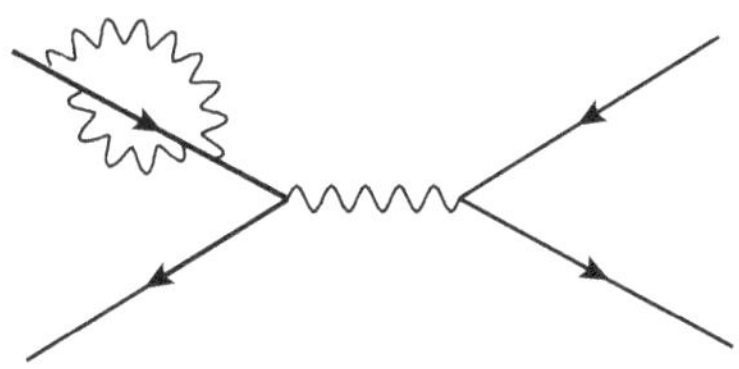

Für Prozesse, wo die äußeren Teilchen auf der Massenschale sind, stecken diese Graphen schon in den Z-Faktoren und tragen somit nur indirekt bei. Man spricht von amputierten Amplituden. Die Z-Faktoren müssen in jeder Theorie nur einmal berechnet

werden und können anschließend für alle Prozesse verwendet werden. Die Parameter λ_0 und m_0 müssen natürlich noch renormiert werden.

Es sollte bemerkt werden, dass die Renormierung nicht nur mit den Divergenzen der Theorie zu tun hat. Sie müsste auch erfolgen, wenn die Quantenfeldtheorie endlich wäre. Masse, Kopplung und Normierung der Felder müssten stets durch Vergleich theoretischer Ergebnisse mit dem Experiment festgelegt werden. Das wahrhaft Erstaunliche ist jedoch, dass in den Feldtheorien, die das Standard-Modell bilden, alle Messgrößen endlich herauskommen, obwohl Teilergebnisse divergieren. Man sagt die Theorien sind renormierbar.

In der QED müssen Photonen und Fermionen getrennt renormiert werden. Die entsprechenden Renormierungskonstanten der Wellenfunktionen werden jeweils mit Z_3 und Z_2 bezeichnet, die der Ladung und Masse des Elektrons mit Z_e und Z_m.

10 Ward-Identitäten in der QED

10.1 BRS-Transformation

Die QED Lagrange-Dichte ist gegeben durch

$$L_S = -\frac{1}{4}F^a_{\mu\nu}F^{a\mu\nu} + \overline{\Psi}(i\gamma_\mu D^\mu - m)\Psi \,,$$

wo s für „symmetrisch“ steht und

$$F_{\mu\nu} = \partial_\mu A_\nu - \partial_\nu A_\mu \,, \quad D_\mu = \partial_\mu - ieA_\mu \,.$$

L_S ist symmetrisch unter folgender infinitesimalen Eichtransformation

$$\begin{aligned} A_\mu(x) &\to A_\mu(x) - \partial_\mu \Lambda(x) \,, \qquad & \delta A_\mu(x) &= -\partial_\mu \Lambda(x) \\ \Psi(x) &\to \Psi(x) - ie\Lambda(x)\Psi(x) \,, \qquad & \delta\Psi(x) &= -ig\Lambda(x)\Psi(x) \,. \end{aligned}$$

Für die Quantisierung legen wir noch die Eichung fest

$$L_{EF} = \frac{-1}{2\xi}(\partial_\mu A^\mu)\cdot(\partial_\nu A^\nu) \,.$$

Zu $L_S + L_{EF}$ addieren wir zusätzlich noch die Lagrange-Dichte eines freien masselosen Skalarfeldes

$$L_{FP} = (\partial^\mu \overline{c}(x))\partial_\mu c(x) \,,$$

sogenannte *Fadeev-Popov-Geister*. Die $c(x)$ sollen antivertauschende Grassmann-Felder sein. Sie verletzen das Spin-Statistik-Theorem, was aber ohne Bedeutung ist, da diese Felder nicht physikalisch sind. Die Grassmann-Eigenschaft ist eigentlich erst für Nicht-Abelsche Eichtheorien notwendig, soll aber hier, im Sinne größerer Allgemeinheit, angenommen werden.

Die Geisterfelder koppeln nicht an andere Felder und erfüllen daher die freien Feldgleichungen,

$$\partial_\mu \frac{\delta L}{\delta \partial_\mu \overline{c}} - \frac{\delta L}{\delta \overline{c}} = 0 = \partial_\mu \partial^\mu c(x) \,.$$

Daher ist z. B. der Propagator

$$\langle 0|Tc(x)\overline{c}(x)|0\rangle = \int \frac{d^4k}{(2\pi)^4} e^{-ik(x-y)} \frac{i}{k^2 + i\varepsilon} \tag{10.1}$$

in allen Ordnungen der Störungstheorie.

Die gesamte Lagrange-Funktion

$$L = L_S + L_{EF} + L_{FP}$$

https://doi.org/10.1515/9783110488593-010

ist nicht mehr eichinvariant, aber sie ist immer noch invariant unter BRS-Transformationen (Becchi, Rouet, Stora, 1976), einer Restsymmetrie, die durch folgende Transformationen definiert ist

$$\begin{aligned}
\delta A_\mu(x) &= \partial_\mu c(x)\lambda \\
\delta \Psi(x) &= -ie\lambda c(x)\Psi(x) \\
\delta \overline{\Psi}(x) &= ie\overline{\Psi}(x)c(x)\lambda \\
\delta c(x) &= 0 \\
\delta \overline{c}(x) &= \frac{1}{\xi}(\partial^\mu A_\mu)\lambda \,,
\end{aligned}$$

wo λ ein x-unabhängiger Parameter ist, der mit den Fadeev-Popov-Feldern und $\Psi(x)$ *anti-kommutiert*.

Beweis. Der Beweis der Invarianz von L erfolgt in zwei Schritten:

a) L_S ist invariant, da die BRS-Transformation eine Eichtransformation ist, mit

$$\Lambda(x) = \lambda c(x) \quad (\Lambda(x) \text{ ist bosonisch}) \,.$$

b) Wir müssen zeigen, dass

$$L_{GF} + L_{FP} = -\frac{1}{2\xi}(\partial A)^2 - (\partial^\mu \overline{c})\partial_\mu c$$

BRS-invariant ist. Hier geht ein, dass Variation der Variation der Felder verschwindet

$$\delta\partial_\mu c = 0 \,, \quad \delta\partial_\mu A^\mu = 0$$

Es gilt z. B.

$$\delta(\partial A) = \partial_\mu \delta A^\mu = \partial_\mu(\lambda\partial^\mu c) = \lambda\partial_\mu\partial^\mu c(x) = 0$$

auf Grund der Bewegunsgleichung für die Fadeev-Popov-Geister $c(x)$. Für die Variation von $L_{GF} + L_{FP}$ erhalten wir damit

$$\begin{aligned}
\delta\left[-\frac{1}{2\xi}(\partial A)^2 - (\partial^\mu\overline{c})\partial_\mu c\right] &= -\frac{1}{2\xi}2(\partial A)\underbrace{\delta(\partial A)}_{=0} - (\partial^\mu\delta\overline{c})\partial_\mu c - (\partial^\mu\overline{c})\underbrace{\delta(\partial_\mu c)}_{=0} \\
&= -\left(\partial^\mu i\lambda\frac{1}{\xi}\partial A\right)\partial_\mu c \\
&= -i\lambda\frac{1}{\xi}\partial^\mu(\partial A\partial_\mu c) \,, \quad \text{da} \quad \underset{\text{(Bewegungsgleichung)}}{\partial_\mu\partial^\mu c = 0} \quad .
\end{aligned}$$

Dieser Term ist also eine totale Ableitung und lässt daher $L_{EF} + L_{FP}$ invariant. □

10.2 Ward-Identitäten

Die Geister treten in S in der Form auf

$$L_{\mathrm{FP}} = (\partial \bar{c})\partial c\,.$$

Dieser Term ist invariant unter der Eichtransformation

$$c \to e^{i\theta} c\,, \quad \bar{c} \to e^{-i\theta}\bar{c}\,, \quad \theta = \text{konst.}\,.$$

damit gibt es eine erhaltene Geisterladung. Da das Vakuum Geisterzahl 0 hat (Grassmann-Feld), folgt, dass die Vakuum-Erwartungswerte (Green-Funktionen) verschwinden, wenn die Gesamtgeisterzahl $\neq 0$ ist. Eine BRS-Transformation erhöht die Gesamtgeisterzahl um eins (z. B. $\delta A_\mu = \lambda D_\mu c$). D. h. wenn man von einer Green-Funktion mit Geisterzahl -1 ausgeht und BRS-transformiert sie dann, so erhält man eine nützliche Identität zwischen Green-Funktionen.

Theorem. *Sei G eine Green-Funktion. Wenn δ eine beliebige Transformation ist (z. B. BRS), die die Wirkung S invariant lässt, dann ist $\delta G = 0$.*

Beispiel 1 (Ward-Identität für den Photon-Propagator). Ausgangspunkt ist die Gleichung

$$\delta \langle 0|TA_\mu(x)\bar{c}(y)|0\rangle = 0\,. \tag{10.2}$$

Mit $\delta A_\mu(x) = \partial_\mu c(x)\lambda$, $\delta\bar{c}(x) = \frac{1}{\xi}(\partial^\nu A_\nu)\lambda$ wird Gl. (10.2)

$$\langle 0|T(\partial_\mu c(x))\bar{c}(y)|0\rangle - \frac{1}{\xi}\langle 0|TA_\mu(x)\partial^\nu A_\nu(y)|0\rangle = 0\,. \tag{10.3}$$

Wir bilden die Fourier-Transformation

$$\int dxdy e^{iqx}e^{-iq'y}\left[\langle 0|T(\partial_\mu c(x))\bar{c}(y)|0\rangle - \frac{1}{\xi}\langle 0|TA_\mu(x)\partial^\nu A_\nu(y)|0\rangle\right] = 0\,.$$

Dann verwenden wir, dass

$$\frac{\partial}{\partial y^\nu}(TA^\mu(x)A^\nu(y)) = TA^\mu(x)(\partial_\nu A^\nu(y)) + \delta(x_0 - y_0)[A^0(x), A^0(y)]\,.$$

Der letzte Term verschwindet wegen der kanonischen Vertauschungsrelationen. Damit erhalten wir

$$\int dxdy e^{iqx}e^{-iq'y}\left[-\frac{1}{\xi}\frac{\partial}{\partial y_\nu}\langle 0|TA_\mu(x)A_\nu(y)|0\rangle - \frac{\partial}{\partial x^\mu}\langle 0|Tc(x)\bar{c}(y)|0\rangle\right] = 0$$

oder, nach partieller Integration

$$\int dxdy e^{iqx}e^{-iq'y}\left[\frac{1}{\xi}q'_\nu\langle 0|TA^\mu(x)A^\nu(y)|0\rangle + q^\mu\langle 0|Tc(x)\bar{c}(y)|0\rangle\right] = 0$$

Da die Geisterfelder nicht wechselwirken, folgt

$$q^\nu D_{\mu\nu}(q) = -\xi q_\mu \frac{i}{q^2 + i\varepsilon} \tag{10.4}$$

Der freie Photon-Propagator $D^{(0)}_{\mu\nu}(q)$ war

$$D^{(0)}_{\mu\nu}(q) = \left(-g_{\mu\nu} + (1-\xi)\frac{q_\mu q_\nu}{q^2}\right)\frac{1}{q^2}$$

Damit ergibt sich aus Gl. (10.4)

$$q^\nu D_{\mu\nu}(q) = q^\nu D^{(0)}_{\mu\nu}(q)$$

In jeder Ordnung Störungstheorie ist daher der longitudinale Teil des Photon-Propagators gleich dem freien Teil. Der longitudinale Teil des Propagators wird nicht renormiert.

Beispiel 2 (*Ward-Identität für den Vertex*). Ausgangspunkt ist die Gleichung

$$\delta \langle 0|T\Psi(y)\overline{\Psi}(x)\overline{c}(z)|0\rangle = 0 \tag{10.5}$$

Es war $\delta\Psi(y) = -ie\lambda c(y)\Psi(y)$, $\delta\overline{\Psi}(x) = ie\overline{\Psi}(x)c(x)\lambda$, $\delta\overline{c}(z) = \frac{1}{\xi}(\partial^\mu A_\mu(z))\lambda$. Damit folgt aus Gl. (10.5)

$$\begin{aligned} &-ie\lambda \langle 0|T\Psi(y)\lambda c(y)\overline{\Psi}(x)\overline{c}(z)|0\rangle + ie\langle 0|T\Psi(y)\overline{\Psi}(x)c(x)\lambda\overline{c}(z)|0\rangle \\ &+\frac{1}{\xi}\langle 0|T\Psi(y)\overline{\Psi}(x)(\partial^\mu A_\mu)(z)|0\rangle = 0 \end{aligned}$$

Nach Fourier-Transformation wird daraus

$$\frac{1}{\xi}(-iq^\mu)V^\mu(p, p+q) = ie\frac{-i}{q^2 + i\varepsilon}\left[iS(p+q) - iS(p)\right] , \tag{10.6}$$

wo V^μ die Vertexfunktion ist,

$$V_\mu(p, p+q) = \int dxdy\, e^{-i(px+qy)} \langle 0|T\Psi(x)\overline{\Psi}(0)A_\mu(y)|0\rangle ,$$

$S(p)$ der Fermion-Propagator

$$iS(p) = \int dx\, e^{ipx} \langle 0|T\Psi(x)\overline{\Psi}(0)|0\rangle$$

und

$$\frac{i}{q^2 + i\varepsilon} = \int dy\, e^{-iqy} \langle 0|Tc(y)\overline{c}(0)|0\rangle$$

der Geist-Propagator.

Wir führen jetzt eine Vertexfunktion Γ_μ ein, bei der die äußeren Selbstenergien „amputiert“ wurden,

$$V_\nu(p, p+q) = iS(p+q)(-ie)\Gamma^\mu(p, p+q)iS(p)iD_{\mu\nu} .$$

Dann erhalten wir mit Gl. (10.6 und der ersten Ward-Identität

$$\begin{aligned}
&\frac{1}{\xi}(-iq^{\nu})iS(p+q)(-ie)\Gamma^{\mu}(p,p+q)iS(p)iD_{\mu\nu}\\
&=\frac{1}{\xi}iS(p+q)(-ie)\Gamma^{\mu}(p,p+q)iS(p)\left(-\xi q_{\mu}\frac{1}{q^2}\right)\\
&=ie\frac{-i}{q^2}\left[iS(p+q)-iS(p)\right]
\end{aligned}$$

oder

$$q_{\mu}\Gamma^{\mu}(p,p+q)=S^{-1}(p+q)-S^{-1}(p) \tag{10.7}$$

Dies ist die *Ward-Takahashi-Identität*. Sie gilt in jeder Ordnung Störungstheorie. Für infinitesimale q geht diese Identität über in

$$\Gamma^{\mu}(p,p)=\left.\frac{\partial S^{-1}(p+q)}{\partial q_{\mu}}\right|_{q=0}$$

In dieser Form wurde die Identität 1950 von Ward abgeleitet. In niedrigster Ordnung lautet Gl. (10.7)

$$q_{\mu}\frac{1}{\not p+\not q-m}\gamma^{\mu}\frac{1}{\not p-m}=\frac{1}{\not p+\not q-m}-\frac{1}{\not p-m}\,.$$

Dies sieht man sofort, da $q_{\mu}\gamma^{\mu}=(\not p+\not q-m)-(\not p-m)$.

Auf analoge Weise werden Ward-Identitäten für höhere Green-Funktionen abgeleitet.

11 Pauli-Villars-Regularisierung

Die abgeleiteten Feynman-Regeln erlauben uns, die eindeutige Berechnung von Baum-Diagrammen (d. h. keine Schleifen). Sobald wir die Regeln auf Diagramme mit Schleifen anwenden, erhalten wir Divergenzen, die von dem Hochenergieverhalten der Amplituden herrühren, und die die ganze Störungstheorie unsinnig erscheinen lassen. Wir betrachten als Beispiel die Vertexfunktion in zweiter Ordnung. Ein Photon mit Impuls q streut an einem Elektron mit Impuls p. Der Impuls des auslaufenden Elektrons sei p'.

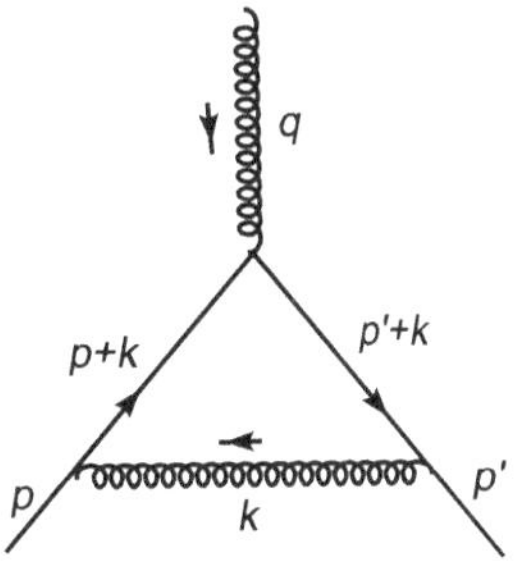

Nach den Feynman-Regeln ist die Vertexfunktion $\Gamma^\mu(p,q)$ definiert durch

$$-ie\bar{u}(p')\Gamma^\mu(p,q)u(p) = -(ie)^2\bar{u}(p')\int \frac{d^4k}{(2\pi)^4}\gamma^\alpha \frac{i(\not{k}+\not{p}'+m)}{(p'+k)^2-m^2+i\varepsilon}(-ie\gamma^\mu) \times \frac{i(\not{k}+\not{p}+m)}{(p+k)^2-m^2+i\varepsilon}\gamma^\beta \frac{-ig_{\alpha\beta}}{k^2+i\varepsilon}u(p)$$

oder

$$\Gamma^\mu(p,q)|_{p^2=p'^2=m^2} = -(ie)^2 i\int \frac{d^4k}{(2\pi)^4}\gamma^\alpha \frac{(\not{k}+\not{p}'+m)}{k^2+2p'k+i\varepsilon}\gamma^\mu \frac{(\not{k}+\not{p}+m)}{k^2+2pk+i\varepsilon}\gamma_\alpha \frac{1}{k^2+i\varepsilon}$$

mit $q = p - p'$. Diese Vertexfunktion bildet eine Teil unterschiedlicher Streuprozesse. Man beachte, dass $q^2 \neq 0$ (off-shell) sein kann.

Für große k verhält sich der Integrand wie

$$\underset{k\to\infty}{\text{Integrand}} \sim \frac{i\gamma^\alpha \not{k}\gamma^\mu \not{k}\gamma_\alpha}{k^2k^2k^2} .$$

Damit divergiert das Integral im ultravioletten (UV) Bereich logarithmisch.

Das Integral divergiert auch für kleine k logarithmisch,

$$\underset{k\ \text{klein}}{\text{Integrand}} \sim \frac{i\gamma^\alpha(\not{p}+m)\gamma^\mu(\not{p}+m)\gamma_\alpha}{(2pk)(2p'k)k^2} .$$

Man spricht von einer Infrarot-Divergenz (IR). Diese kann regularisiert werden, indem man dem Photon eine Masse λ gibt. Im Moment stellen wir die IR-Divergenzen hintan und betrachten nur die UV-Divergenzen.

https://doi.org/10.1515/9783110488593-011

Bevor wir weiterrechnen können, benötigen wir ein Regularisierungsverfahren um die Divergenzen zu parametrisieren. Wir könnten die Impulsintegrale für sehr große Impulse abschneiden und dann zeigen, dass experimentelle Ergebnisse nicht von dem Abschneideradius abhängen (hoffentlich). Bei diesem Verfahren ist es aber schwierig, die Eichinvarianz zu garantieren. Wir werden zwei eichinvariate Regularisierungsverfahren behandeln, die traditionelle Pauli-Villars-Regularisierung und später die elegante dimensionale Regularisierung.

11.1 Die Pauli-Villars-Regularisierung

In der Pauli-Villars-Regularisierung geschieht die Regularisierung durch die Einführung zusätzlicher schwerer Fermion-Felder der Masse M_i. Da die Regulatormassen sehr groß sein sollen, haben sie keinen Einfluss auf die Physik bei Energien, die viel kleiner als die M_i sind. Die regularisierte Lagrange-Funktion lautet dann

$$L = -\frac{1}{4}F^{\mu\nu}(x)F_{\mu\nu}(x) + \sum_{i=0}^{n} c_i \overline{\Psi}_i(x)(i\not{D} - M_i)\Psi_i(x)$$

mit

$$D^\mu = \partial^\mu + ieA^\mu \,, \quad M_0 = m \,, \quad c_0 = 1 \,, \quad M_i \gg m \quad \text{für} \quad i = 1, 2, \ldots$$

Die Koeffizienten c_i und die Hilfsmassen M_i werden so gewählt, dass sie die UV-Divergenzen kürzen. Die Propagatoren der Hilfsfelder müssen dabei umgekehrtes Vorzeichen haben, damit die UV-Kürzungen passieren können. Man spricht von Geisterfeldern. Üblicherweise genügen ein oder zwei Regulatorfelder um Ergebnisse endlich zu machen. Am Ende lässt man die Hilfsmassen nach unendlich gehen. Wir wollen die Pauli-Villars-Methode am einfacheren Beispiel der Vakuumpolarisation demonstrieren.

11.2 Die Vakuumpolarisation

Die Selbstenergie eines Photons wird als Vakuumpolarisation bezeichnet. In Ordnung α in der Störungstheorie trägt das folgende Feynman-Diagram bei:

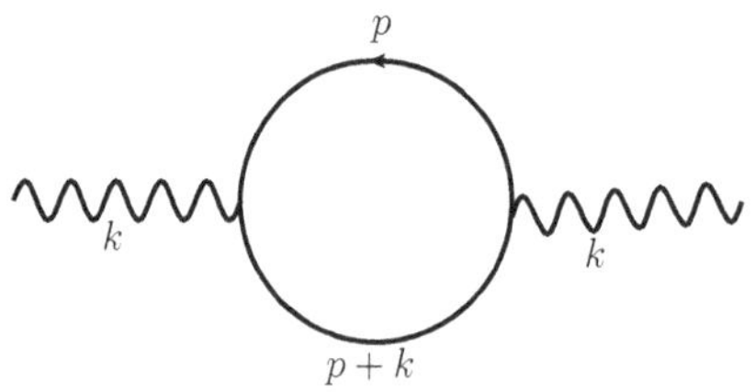

Vakuumpolarisation

Die zugehörige Amplitude ist gegeben durch

$$i\Pi_{\mu\nu}(q) = (-ie)^2(-1)\int \frac{d^4p}{(2\pi)^4}\gamma_\mu \frac{i}{\not p - m + i\varepsilon}\gamma_\nu \frac{i}{\not p + \not k - m + i\varepsilon}$$

wo m die Elektronenmasse ist. Dieser Ausdruck ist quadratisch divergent, wir müssen regularisieren, um dem Integral einen Sinn zu geben. Die Pauli-Villars-Methode führt zu

$$\Pi_{\mu\nu}(q) = ie^2 \sum_i c_i \int \frac{d^4p}{(2\pi)^4}\,\mathrm{Sp}\left[\gamma_\mu \frac{i}{\not p - M_i + i\varepsilon}\gamma_\nu \frac{i}{\not p + \not k - M_i + i\varepsilon}\right]$$

mit $M_1 = m$. Das Integral wird endlich, wenn wir verlangen, dass

$$\sum c_i = 0 \quad \text{und} \quad \sum c_i M_i^2 = 0 \tag{11.1}$$

Wir werten das Integral mit Hilfe der *Feynman-Parametrisierung* aus

$$\frac{1}{ab} = \int_0^1 dx \frac{1}{[(a-b)x + b]^2} \,.$$

Für

$$a = p^2 - M_i^2\,; \quad b = (p+k)^2 - M_i^2$$

wird

$$\begin{aligned} ax + b(1-x) &= ((p+k)^2 - M_i^2)x + (p^2 - M_i^2) \\ &= (p + kx)^2 + x(1-x)k^2 - M_i^2 \,. \end{aligned}$$

Da das Integral regularisiert ist und konvergiert, können wir zur Vereinfachung des Nenners eine Translation durchführen

$$p + k(1-x) \to p \,.$$

Dann wird

$$\Pi_{\mu\nu}(k) = ie^2 \sum_i c_i \int \frac{d^4p}{(2\pi)^4} \frac{1}{[p^2 - R_i^2 + i\varepsilon]^2} T_{\mu\nu}$$

mit

$$R_i^2 \equiv -x(1-x)p^2 + M_i^2$$

und

$$T_{\mu\nu} = \mathrm{Sp}\{\gamma_\mu(\not p + \not k(1-x) + M_i)\gamma_\nu(\not p + \not k(1-x) - \not k + M_i)\} \,.$$

Für endliche Integrale gelten die Formeln der *symmetrischen Integration*

$$p_\mu p_\nu \to \frac{1}{4}p^2 g_{\mu\nu}\,, \qquad \int d^4p\, f(p^2) p^{\mu_1} p^{\mu_2} \ldots p^{\mu_n} = 0 \quad \text{für} \quad n \text{ ungerade.}$$

Für die Spuren gilt nach Kapitel 3

$$\mathrm{Sp}\,\mathbf{1} = 4\,, \quad \mathrm{Sp}(\gamma_\mu\gamma_\nu) = 4g_{\mu\nu}\,, \quad \mathrm{Sp}\,\gamma_\mu \not p \gamma_\nu \not p = 4(2p_\mu p_\nu - p^2 g_{\mu\nu}) \to -2p^2 g_{\mu\nu}\,.$$

Wir verwenden diese Relationen, um die Spur zu vereinfachen und auszuwerten,

$$\begin{aligned}T_{\mu\nu} &= \mathrm{Sp}\{\gamma_\mu(\not p + \not k(1-x) + M_i)\gamma_\nu(\not p - \not k x + M_i)\}\\ &= \mathrm{Sp}\{\gamma_\mu \not p \gamma_\nu \not p\} + M_i^2\,\mathrm{Sp}\{\gamma_\mu\gamma_\nu\} - \mathrm{Sp}\{\gamma_\mu \not k(1-x)\gamma_\nu \not k x\}\\ &= \mathrm{Sp}\{\gamma_\mu \not p(-\not p\gamma_\nu + 2p_\nu)\}\\ &\quad - x(1-x)\,\mathrm{Sp}\{\gamma_\mu \not k(\not k\gamma_\nu - 2k_\nu)\} + 4M_i^2 g_{\mu\nu}\\ &= 4(-p^2 g_{\mu\nu} + 2p_\mu p_\nu) - 4x(1-x)(2k_\mu k_\nu - k^2 g_{\mu\nu}) + 4M_i^2 g_{\mu\nu}\,.\end{aligned}$$

Wir ordnen etwas um und fassen zusammen

$$\begin{aligned}T_{\mu\nu} &= [-2p^2 + 4M_i^2 - 4x(1-x)k^2]g_{\mu\nu}\\ &\quad - 8x(1-x)(k_\mu k_\nu - k^2 g_{\mu\nu})\\ &= -2(p^2 - 2R_i^2)g_{\mu\nu} + 8x(1-x)(k^2 g_{\mu\nu} - k_\mu k_\nu)\,.\end{aligned}$$

Damit wird

$$\Pi_{\mu\nu}(k) = (k^2 g_{\mu\nu} - k_\mu k_\nu)\Pi(k^2) + g_{\mu\nu}D(k^2)$$

mit

$$\begin{aligned}\Pi(k^2) &= ie^2 \int_0^1 dx 8x(1-x)\sum_i c_i \int \frac{d^4p}{(2\pi)^4}\frac{1}{[p^2 - R_i^2]^2}\\ D(k^2) &= -2ie^2 \int_0^1 dx \sum_i c_i \int \frac{d^4p}{(2\pi)^4}\frac{p^2 - 2R_i^2}{[p^2 - R_i^2]^2}\end{aligned}$$

Eine Folge der Eichinvarianz war, dass der longitudinale Anteil des Photon-Propagators in jeder Ordnung der Störungstheorie gleich dem freien Propagator ist. Das bedeutet

$$k^\mu \Pi_{\mu\nu}(k) = k^\nu \Pi_{\mu\nu}(k) = 0\,,$$

oder gleichbedeutend

$$D(k^2) = 0\,.$$

Das versteht man, wenn man erkennt, dass der longitudinale Integrand eine totale Ableitung darstellt,

$$\begin{aligned}\frac{\partial}{\partial p^\mu}\left(\frac{p^\mu}{p^2 + x(1-x) - M^2}\right) &= \frac{4}{p^2 + x(1-x)k^2 - M^2} - \frac{2p^2}{(p^2 + x(1-x) - M^2)^2}\\ &= \frac{4(p^2 + x(1-x)k^2 - M^2) - 2p^2}{(p^2 + x(1-x)k^2 - M^2)^2}\\ &= \frac{2p^2 + 4x(1-x)k^2 - 4M^2)}{(p^2 + x(1-x)k^2 - M^2)^2}\,.\end{aligned}$$

Auf Grund des Gaußschen Satzes führt dies zu einem Oberflächenterm, der verschwindet, da das Impulsintegral, wegen der Pauli-Villars-Regularisierung, endlich ist.

Wenn wir definieren

$$\Pi_{\mu\nu} = (k^2 g_{\mu\nu} - k_\mu k_\nu)\Pi(k^2)\,,$$

dann erhalten wir

$$\Pi(k^2) = 8ie^2 \sum_i c_i \int \frac{d^4p}{(2\pi)^4} \int_0^1 dx \frac{x(1-x)}{\left[p^2 - R_i^2\right]^2}$$

mit

$$R_i^2 = -x(1-x)k^2 + M_i^2$$

Das Integral ist jetzt, statt quadratisch, nur noch logarithmisch divergent. Allgemein gilt, dass die Eichinvarianz die UV-Divergenz verbessert.

Um die Integration auszuführen, gehen wir in die komplexe p-Ebene und ändern den Integrationsweg, wie in der Figur dargestellt.

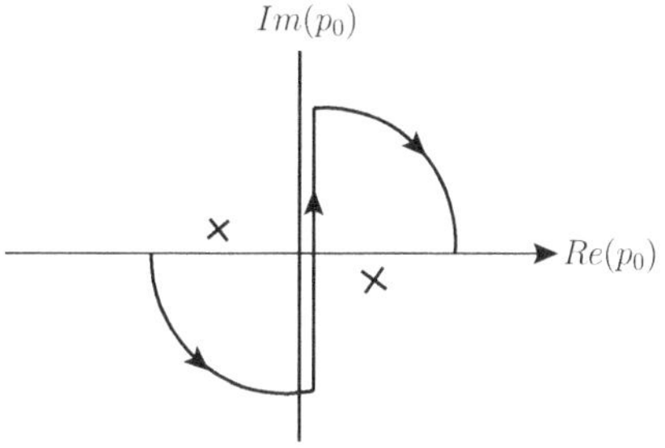

Wick-Rotation

Die Singularitäten liegen so, dass wir diese sogenannte *Wick-Rotation* ausführen können. Dazu ersetzen wir

$$p_0 \to ip_0\,, \quad p^2 = p_0^2 - \vec{p}^2 \to -(p_0^2 + \vec{p}^2) = -p^2\,.$$

Damit erhalten wir ein Euklidisches Integral, das einfach auszuführen ist. Die Winkelintegration ergibt

$$\int d^4p f(p^2) \to i \int p^3 dp f(-p^2) d\Omega_4 = i\pi^2 \int p^2 dp^2 f(-p^2) \quad \text{mit} \quad p \equiv \sqrt{p_0^2 + \vec{p}^2}\,.$$

Damit wird

$$\sum_i c_i \int \frac{d^4p}{(2\pi)^4} \frac{1}{[p^2 - R_i^2]^2} = \frac{i\pi^2}{(2\pi)^4} \sum_i c_i \int_0^\infty p^2 dp^2 \frac{1}{[p^2 + R_i^2]^2}$$

$$= \frac{i}{(4\pi)^2} \sum_i c_i \ln(R_i^2 + p^2)\Big|_{p^2=0}^{p^2=\infty} = -\frac{i}{(4\pi)^2} \sum_i c_i \ln(R_i^2)\,,$$

wo wir verwendet haben, dass $\Sigma c_i = 0$. Für die logarithmische Divergenz genügt ein Geisterfeld, $c_0 = 1$, $c_1 = -1$ und $M_1 = \Lambda$. Damit wird

$$\Pi(k^2) = \frac{8\alpha}{4\pi}\int_0^1 dx x(1-x)\ln\frac{m^2 - k^2 x(1-x)}{\Lambda^2} \tag{11.2}$$

mit $\alpha = \frac{e^2}{4\pi}$. Um den UV-divergenten Term zu isolieren, schreiben wir

$$\Pi(k^2) = \lim_{\Lambda\to\infty}\left[-\frac{\alpha}{\pi}2\int_0^1 dx x(1-x)\ln\frac{(-k^2 x(1-x) + m^2)}{m^2} - \frac{\alpha}{\pi}\frac{1}{3}\ln\frac{\Lambda^2}{m^2}\right], \tag{11.3}$$

wo wir in dem divergenten konstanten Term über x integriert haben ($\int_0^1 x(1-x)dx = \frac{1}{6}$). Integriert man auch den Rest, so erhält man für $k^2 < 4m^2$

$$\Pi(k^2) = -\frac{\alpha}{\pi}\frac{1}{3}\left\{\frac{1}{3} + 2\left(1 + \frac{2m^2}{k^2}\right)\left[\sqrt{\frac{4m^2}{k^2} - 1}\,\mathrm{arccot}\sqrt{\frac{4m^2}{k^2} - 1} - 1\right]\right\} - \frac{\alpha}{\pi}\frac{1}{3}\ln\frac{\Lambda^2}{m^2} \tag{11.4}$$

Für $k^2 > 4m^2$wird die Vakuumpolarisation komplex und wir erhalten $\Pi(k^2)$ durch analytische Fortsetzung,

$$\mathrm{arccot}(iz) = i\left(\arctan z + \frac{i\pi}{2}\right), \quad \sqrt{\frac{4m^2}{k^2} - 1} \to i\sqrt{1 - \frac{4m^2}{k^2}}$$

Damit erhalten wir

$$\Pi(k^2) = -\frac{\alpha}{\pi}\frac{1}{3}\left\{\frac{1}{3} + 2\left(1 + \frac{2m^2}{k^2}\right)\right.$$
$$\left.\left[\sqrt{1 - \frac{4m^2}{k^2}}\arctan\sqrt{1 - \frac{4m^2}{k^2}} - i\frac{\pi}{2}\sqrt{1 - \frac{4m^2}{k^2}} - 1\right]\right\}$$
$$- \frac{\alpha}{\pi}\frac{1}{3}\ln\frac{\Lambda^2}{m^2}$$

Für $k^2 > 4m^2$ bekommt $\Pi(k^2)$ einen *endlichen* Imaginärteil,

$$\mathrm{Im}\,\Pi(k^2) = \frac{\alpha}{3\pi}\left(1 - \frac{4m^2}{k^2}\right)^{1/2}\left(1 + \frac{2m^2}{k^2}\right)\theta\left(1 - \frac{4m^2}{k^2}\right), \tag{11.5}$$

der damit zu tun hat, dass für $k^2 > 4m^2$ e^+e^--Paare erzeugt werden können.

11.3 Einführung in die Renormierung

Wir betrachten die Streuung eines Elektrons an einem äußeren Feld A_μ^{ext} bei sehr kleinen Impulsüberträgen. Das äußere Feld wird von einem Proton der Ladung e erzeugt. Wir interessieren uns für die Strahlungskorrektur erster Ordnung zum ausgetauschten Photon. Es tragen folgende Diagramme bei:

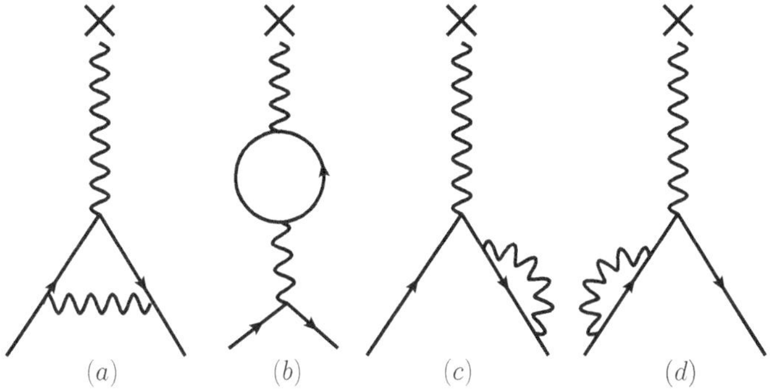

Für kleine Impulsüberträge k trägt praktisch nur Diagramm (b) bei. Dies liegt daran, dass sich die Vertex-Korrektur und die Fermion Selbstenergie-Graphen für $k^2 = 0$ wegen der Ward-Identität gegenseitig exakt wegheben.

Die S-Matrix ist gegeben durch

$$S = T \exp\left[ie \int d^4x A_\mu^{\text{ext}} \overline{\Psi} \gamma^\mu \Psi\right] .$$

Für ein statisches äußeres Feld bilden wir die Fourier-Transformation

$$A_\mu^{\text{ext}}(\vec{x}) = \int d^3k e^{i\vec{k}\cdot\vec{x}} A_\mu^{\text{ext}}(\vec{k}) .$$

In erster Ordnung Störungstheorie ist das S-Matrixelement gegeben durch

$$\begin{aligned} S &= ie \left\langle p' \middle| \int d^4x : A_\mu^{\text{ext}} \overline{\Psi} \gamma^\mu \Psi : \middle| p \right\rangle \\ &= ie \int d^4x \int d^3k e^{i\vec{k}\cdot\vec{x}} A_\mu^{\text{ext}}(\vec{k}) \bar{u}(p') \gamma^\mu u(p) e^{i(\vec{k}\cdot\vec{x} + p'x - px)} \\ &= 2\pi\delta(E - E') ie A_\mu^{\text{ext}}(\vec{p}' - \vec{p}) \bar{u}(p') \gamma^\mu u(p) . \end{aligned}$$

Nur die Energie ist erhalten. Der fehlende Impuls wird vom äußeren Feld (Proton) absorbiert.

Entsprechend ist die Amplitude für Diagramm (b) gegeben durch

$$T_{(b)}(p', p) = 2\pi\delta(E - E')(-ie) A_\mu^{\text{ext}}(p' - p) \bar{u}(p') \gamma_\nu u(p) \left\{ \frac{-ig^{\mu\alpha}}{k^2} i\Pi_{\alpha\beta}(k^2) g^{\nu\beta} \right\}$$

Zu $\Pi_{\alpha\beta}$ trägt nur der Term $\propto g_{\alpha\beta}$ bei, da die Elektronen on-shell sind.

Beweis. Der Term proportional zu $k^\alpha k^\beta$ trägt wie folgt bei:

$$\begin{aligned}\bar{u}(p')\gamma^\mu u(p) g_{\mu\alpha} k^\alpha k^\beta &= \bar{u}(p')\gamma^\mu u(p) k_\mu k^\beta \\ &= \bar{u}(p')(\not{p} - \not{p}')u(p)k^\beta = 0\end{aligned}$$ □

Das Coulomb-Feld für ein schweres Nukleon ist

$$A_\mu^{\text{ext}}(x) = \left(\frac{e}{4\pi|\vec{x}|}, \vec{0}\right) \quad \to \quad A_\mu^{\text{ext}}(q) = \left(\frac{e}{|\vec{q}|^2}, \vec{0}\right) .$$

Damit wird die Coulomb-Amplitude

$$\begin{aligned}T(p', p) = (-ie)[1 - \Pi(k^2)]\bar{u}(p')\gamma^\mu u(p) \\ \times \delta_{\mu 0} \frac{e}{|\vec{k}^2|} 2\pi\delta(E - E') .\end{aligned}$$

Bei $k^2 = 0$ ist der einzige Effekt der Vakuumpolarisation, dass

$$e \to e(1 - \Pi(0)) .$$

Wenn wir postulieren, dass man in der Copulomb-Streuung bei $k^2 = 0$ die elektrische Ladung e misst, und wenn wir wollen, dass die elektrische Ladung e in jeder Ordnung Störungstheorie unverändert bleibt, dann müssen wir verlangen, dass

$$\lim_{k^2 \to 0} \Pi(k^2) = 0 \quad \text{in jeder Ordnung Störungstheorie.}$$

Diese Bedingung eliminiert die Abhängigkeit von der Abschneidemasse Λ, wenn wir die *renormierte Vakuumpolarisation* definieren

$$\Pi_{\mathrm{R}}(k^2) = \lim_{\Lambda \to \infty} \{\Pi(k^2, m^2; \Lambda^2) - \Pi(0, m^2; \Lambda^2)\} \tag{11.6}$$

In zweiter Ordnung folgt dann aus Gl. (11.3), dass

$$\Pi_{\mathrm{R}}(k^2) = -\frac{\alpha}{\pi} \int_0^1 dx 2x(1 - x) \ln\left[1 - \frac{k^2}{m^2 - i\varepsilon} x(1 - x)\right] \tag{11.7}$$

Dies ist die Feynman-Darstellung der renormierten Vakuumpolarisation.

Man bestimmt leicht die Grenzwerte der Vakuumpolarisation. Für kleine k^2 wird $\ln[1 - \frac{k^2}{m^2} x(1 - x)] \simeq -\frac{k^2}{m^2} x(1 - x)$ und man erhält

$$\lim_{\frac{k^2}{m^2} \to 0} \Pi_{\mathrm{R}}(k^2) = \frac{\alpha}{\pi} \frac{1}{15} \frac{k^2}{m^2} + \mathcal{O}\left(\frac{k^4}{m^4}\right) . \tag{11.8}$$

Für große raumartige k^2 wird

$$\lim_{-\frac{k^2}{m^2} \to \infty} \Pi_{\mathrm{R}}(k^2) = \frac{\alpha}{\pi} \left\{-\frac{1}{3} \ln \frac{-k^2}{m^2} + \mathcal{O}\left(\frac{k^4}{m^4}\right)\right\} \tag{11.9}$$

11.4 Lamb-Verschiebung (Lamb shift)

Nach der Schrödinger-Gleichung hängen die Energie-Niveaus des Elektrons in einem Wasserstoff-Atom nur von der Hauptquantenzahl n an. Die Vakuumpolarisation der QED bewirkt eine Aufspaltung der $2S_{1/2}$ gegenüber den $2P_{1/2}$ Niveaus, was wir im Folgenden zeigen wollen.

Wir können die renormierte elektrische Ladung dadurch definieren, dass wir verlangen, dass die Kraft zwischen zwei Elektronen sich wie $\frac{e_R^2}{r}$ verhält, bei einem vorgegebenen r oder bei vorgegebene k. Wir hatten gesehen, dass die Modifikation des Coulomb-Potentials des Elektron-Proton-Systems gegeben war durch

$$-\frac{e^2}{|\vec{k}^2|} \to -\frac{e^2}{|\vec{k}^2|}(1 - \Pi_R(q^2))$$

Für das gebundene System eines Atoms ist $k^2 \ll m^2$ und die Näherung (11.8) ist anwendbar. Da $k^2 = -|\vec{k}^2|$, geht

$$-\frac{e^2}{|\vec{k}^2|} \to \left(-\frac{e^2}{|\vec{k}^2|} - \frac{e^2}{m^2}\frac{\alpha}{\pi}\frac{1}{15}\right)$$

oder im Ortsraum

$$-\frac{e^2}{4\pi|\vec{r}|} \to -\frac{e^2}{4\pi|\vec{r}|} - \frac{e^2}{m^2}\frac{\alpha}{\pi}\frac{1}{15}\delta(\vec{r}) , \tag{11.10}$$

wo wir verwendet haben, dass

$$\int d^3x \frac{1}{|\vec{r}|} e^{-i\vec{k}\cdot\vec{r}} = \frac{4\pi}{|\vec{k}|} , \qquad \int d^3x e^{-i\vec{k}\cdot\vec{r}} \delta^3(\vec{r}) = 1$$

Der Korrekturterm $-\frac{e^2}{m^2}\frac{\alpha}{\pi}\frac{1}{15}$ ergibt einen nicht-verschwindenden Beitrag zum Erwartungswert

$$\begin{aligned}\int d^3x \Psi_{nl}^*(x)\delta^3(\vec{r})\Psi_{nl}(x) &= |\Psi_{nl}(0)|^2 \\ &= \frac{1}{\pi}\left(\frac{1}{a_0 n}\right)^2 \delta_{l,0} ,\end{aligned}$$

wo $\Psi_{nl}(x)$ die Wasserstoff-Wellenfunktion ist und a_0 der Bohrsche Radius

$$a_0 = \frac{\hbar}{\alpha m c} .$$

Am Ursprung verschwinden nur die s-Wellen nicht. Dadurch fühlt das $2s$-Elektron in der Nähe des Kerns im Mittel weniger vom Potential und seine Bindungsenergie wird entsprechend schwächer. Als Konsequenz werden die S-Niveaus um

$$\begin{aligned}\Delta &= -\frac{\alpha}{15m^2} 4\pi \frac{\alpha}{\pi}\frac{1}{\pi}\delta_{l,0}\frac{1}{8}\alpha^3 m^3 \\ &\simeq -27\,\text{MHz}\end{aligned}$$

erniedrigt. Dies ist ein Beitrag zur Hyperfeinstruktur des Wasserstoffs.

12 Dimensionale Regularisierung

Bei der Anwendung der Störungstheorie in höherer Ordnung muss über die Impulse der Schleifen in Feynman-Integralen integriert werden. Für große Impulse treten im Ultravioletten (UV) divergente Integrale auf. In renormierbaren Theorien wie der QED heben sich diese Unendlichkeiten nach der Renormierung weg. In Zwischenschritten arbeitet man aber mit divergenten Ausdrücken. Diese müssen konsistent als Grenzwerte definiert werden, d. h. regularisiert werden. Die Regularisierung darf die Symmetrien der Theorie, speziell die Eichinvarianz, nicht verletzen. Im letzten Kapitel hatten wir die Pauli-Villars-Methode eingeführt und bei einem eifachen Beispiel angewendet. Es wurde dabei deutlich, dass die Methoden umständlich und ungeeignet für die Berechnung von Diagrammen höherer Ordnung ist. Weitaus eleganter und bequemer in der Anwendung ist die Methode der dimensionalen Regularisierung. Sie beruht auf der Beobachtung, dass divergente Feynman-Integrale konvergieren, wenn die Dimension der Raum-Zeit genügend klein ist. In der dimensionalen Regularisierung werden die Feynman-Integrale von 4 Dimensionen zu n Dimensionen analytisch fortgesetzt. Die Divergenzen erscheinen dann als Pole in $n-4$. Der Vorteil der Methode ist, dass die Feynman-Regeln und fast alle Symmetrien der Theorie nicht von der Zahl der Dimensionen abhängen. Diese dimensionale Regularisierung erfolgt nur für Feynman-Diagramme. Wir wollen die Methode anhand von Beispielen demonstrieren.

12.1 *n*-dimensionale Integrale

Wir betrachten ein typisches 1-Schleifen-Integral

$$I(r, m) = \int \frac{d^4k}{(2\pi)^4} \frac{(k^2)^r}{[k^2 - R^2 + i\varepsilon]^m}$$

Dieses divergiert für $4 + 2r \geq 2m$ Das Integral

$$I(0, 1) = \int \frac{d^4k}{(2\pi)^4} \frac{1}{[k^2 - R^2 + i\varepsilon]^m}$$

divergiert zum Beispiel für $2m \leq 4$.

Betrachten wir stattdessen die Integrale in n Dimensionen (eine Zeit- und $(n-1)$ Raumdimensionen)

$$I(r, m) = \int \frac{d^nk}{(2\pi)^n} \frac{(k^2)^r}{[k^2 - R^2 + i\varepsilon]^m} ,$$

so werden diese weniger divergent wenn $n < 4$ ist.

Die Singularitäten der Feynman-Integrale liegen so, dass wir eine Wick-Rotation ausführen können. Wie bei der Rechnung in 4 Dimensionen ersetzen wir

$$k_0 \to ik_0$$

$$k^2 = k_0^2 - \vec{k}^2 \to -(k_0^2 + \vec{k}^2) = -\left(k_0^2 + k_1^2 + k_2^2 + \ldots k_{n-1}^2\right)$$

https://doi.org/10.1515/9783110488593-012

Damit wird

$$I(r,m) = (-1)^{r-m} i \int \frac{d^n k}{(2\pi)^n} \frac{(k^2)^r}{(k^2 + R^2 + i\varepsilon)^m}$$

wo jetzt $k^2 \equiv (k_0^2 + \vec{k}^2)$ Euklidisch ist. Das Integral lässt sich in n-dimensionalen Polarkoordinaten berechnen. In n Dimensionen sind Polarkoordinaten wie folgt definiert

$$\begin{aligned}
k &= \sqrt{k_0^2 + \vec{k}^2} \\
k_0 &= k \cos\theta_1 \\
k_1 &= k \cos\theta_1 \sin\theta_2 \\
k_2 &= k \sin\theta_1 \sin\theta_2 \\
k_3 &= k \cos\theta_1 \sin\theta_2 \sin\theta_3 \\
k_4 &= k \sin\theta_1 \sin\theta_2 \sin\theta_3 \\
&\dots \\
k_{n-1} &= k \sin\theta_1 \dots \sin\theta_{n-1} \\
\int d^n k &= \int_0^\infty k^{n-1} dk \int d\Omega_n \\
&= \int_0^\infty k^{n-1} dk \int_0^{2\pi} d\theta_1 \int_0^\pi d\theta_2 \sin\theta_2 \int_0^\pi d\theta_3 \sin^2\theta_3 \\
&\quad \dots \times \int_0^\pi d\theta_{n-1} \sin^{n-2}\theta_{n-1}
\end{aligned}$$

Im Integral $\int d^n k f(k^2)$ kann man über den Raumwinkel integrieren unter Verwendung der Formeln

$$\int_0^\pi d\theta \sin^n\theta = \sqrt{\pi} \frac{\Gamma\left(\frac{n+1}{2}\right)}{\Gamma\left(\frac{n+2}{2}\right)},$$

wo $\Gamma(n)$ die Gammafunktion ist mit

$$\Gamma(n) = (n-1)! \quad n = 1, 2, 3, \dots \quad \text{ganzzahlig}.$$

Damit wird

$$\begin{aligned}
\int_0^\pi d\theta_2 \sin\theta_2 \dots \int_0^\pi d\theta_{n-1} \sin^{n-2}\theta_{n-1} &= (\sqrt{\pi})^{n-2} \frac{\Gamma(1)}{\Gamma\left(\frac{3}{2}\right)} \frac{\Gamma\left(\frac{3}{2}\right)}{\Gamma\left(\frac{5}{2}\right)} \dots \frac{\Gamma\left(\frac{n-2+1}{2}\right)}{\Gamma\left(\frac{n-2+2}{2}\right)} \\
&= (\sqrt{\pi})^{n-2} \frac{1}{\Gamma\left(\frac{n}{2}\right)}
\end{aligned}$$

oder

$$\int d\Omega_n = 2\pi(\sqrt{\pi})^{n-2} \frac{1}{\Gamma\left(\frac{n}{2}\right)} = \frac{2\pi^{\frac{n}{2}}}{\Gamma\left(\frac{n}{2}\right)}.$$

Mit diesen Ergebnissen erhalten wir für das Feynman-Integral

$$I(r,m) = (-1)^{m-r} i \frac{2\pi^{\frac{n}{2}}}{\Gamma\left(\frac{n}{2}\right)} \int dk k^{n-1} \frac{(k^2)^r}{[k^2 + R^2 + i\varepsilon]^m}$$

Der Rest der Integration wird ausgeführt mit Hilfe der Formel

$$\int_0^\infty dx \frac{x^\beta}{(x^2 + M^2)^\alpha} = \frac{1}{2} \frac{\Gamma\left(\frac{1+\beta}{2}\right)\Gamma\left(\alpha - \frac{1+\beta}{2}\right)}{\Gamma(\alpha)(M^2)^{\alpha - \frac{1+\beta}{2}}} \tag{12.1}$$

Mit $\alpha = m, \beta = n - 1 + 2r$ und

$$\frac{(\pi)^{\frac{n}{2}}}{(2\pi)^n} = \frac{1}{(16\pi)^{\frac{n}{4}}}$$

erhalten wir schließlich

$$\begin{aligned} I(r,m) &= \int \frac{d^n k}{(2\pi)^n} \frac{(k^2)^r}{[k^2 - R^2 + i\varepsilon]^m} \\ &= \frac{i}{(16\pi)^{\frac{n}{4}}} (-1)^{r-m} (R^2)^{r-m+\frac{n}{2}} \frac{\Gamma\left(r + \frac{n}{2}\right)\Gamma\left(m - r - \frac{n}{2}\right)}{\Gamma\left(\frac{n}{2}\right)\Gamma(m)} . \end{aligned} \tag{12.2}$$

Dieser Ausdruck kann als eine analytische Fortsetzung des Integrals $\int d^n k \ldots$ von $n = 1, 2, \ldots$ positiv und ganzzahlig zu beliebigen komplexen n aufgefasst werden. Für ganzzahlige $n = 0, 1, 2, \ldots$ war $\Gamma(n) = (n-1)!$. Für eine Fortsetzung zu komplexen Argumenten kann z. B. die Weierstraßsche Darstellung

$$\Gamma(z) = \sum_{n=0}^{\infty} \frac{(-1)^n}{n!(n+z)} + \int_1^\infty dt t^{z-1} e^{-t}$$

dienen. An diesem Ergebnis sieht man, dass $\Gamma(z)$ in der gesamten z-Ebene analytisch ist, bis auf einfache Pole bei $z = 0, -1, -2, \ldots$

Für spätere Anwendungen definieren wir

$$n \equiv 4 - 2\varepsilon$$

mit $\varepsilon \to 0$. Dann erhalten wir für das Integral

$$\begin{aligned} I(r,m) &= \int \frac{d^n k}{(2\pi)^n} \frac{(k^2)^r}{[k^2 - R^2]^m} \\ &= \frac{i}{16\pi^2} (-1)^{r-m} \left(\frac{4\pi}{R^2}\right)^\varepsilon (R^2)^{r-m+2} \frac{\Gamma(r + 2 - \varepsilon)\Gamma(m - r - 2 + \varepsilon)}{\Gamma(2 - \varepsilon)\Gamma(m)} . \end{aligned} \tag{12.3}$$

Wir benötigen im Folgenden die Formeln

$$\Gamma(1 + z) = z\Gamma(z) , \quad \Gamma(-1 + \varepsilon) = \frac{\Gamma(\varepsilon)}{(-1 + \varepsilon)}$$

$$\Gamma(1) = 1 , \qquad \Gamma\left(\frac{1}{2}\right) = \sqrt{\pi}$$

$$\lim_{\varepsilon \to 0} \Gamma(1 + \varepsilon) = 1 - \varepsilon\gamma + \frac{\varepsilon^2}{2}\left(\gamma^2 + \frac{\pi^2}{6}\right) - \frac{\varepsilon^3}{3}\left[\frac{\gamma^2}{2} + \frac{\gamma\pi^2}{4} + \varsigma(3)\right]$$

wo γ die *Eulersche Konstante*,

$$\gamma = \lim_{n\to\infty}\left[1+\frac{1}{2}+\frac{1}{3}+\cdots+\frac{1}{n}-\ln n\right] = 0.5772\ldots$$

und $\zeta(n)$ die *Riemannsche Zeta-Funktion* ist,

$$\zeta(s) = \sum_{k=1}^{\infty}\frac{1}{k^s}\,.$$

Einige Werte treten häufig auf,

$$\zeta(2) = \frac{\pi^2}{6}\,, \qquad \zeta(3) = 1.202\ldots\,.$$

Wir werden auch folgende nützliche Formeln verwenden,

$$\begin{aligned}
a^x &= e^{x\ln a} = 1 + x\ln a + \frac{x^2}{2}(\ln a)^2 + \cdots \\
(4\pi)^\varepsilon &= 1 + \varepsilon\ln 4\pi + \cdots \\
(R^2)^{-\varepsilon} &= 1 - \varepsilon\ln R^2 + \cdots \\
\Gamma(\varepsilon) &= \frac{1}{\varepsilon}\Gamma(1+\varepsilon) = \frac{1}{\varepsilon}(1-\varepsilon\gamma+\cdots)\,.
\end{aligned}$$

Beispiele. Wir wollen einige Integrale berechnen, die in späteren Kapiteln benötigt werden.

1. $m = 2, r = 0$

$$I(0,2) = \frac{i}{16\pi^2}\left(\frac{4\pi}{R^2}\right)^\varepsilon \frac{\Gamma(2-\varepsilon)\Gamma(\varepsilon)}{\Gamma(2-\varepsilon)\underbrace{\Gamma(2)}_{=1}}$$

Die logarithmische Divergenz des ursprünglichen Integrals erscheint jetzt als Pol in der Gamma-Funktion bei $n = 4$.
Damit erhalten wir

$$\begin{aligned}
I(0,2) &= \frac{i}{16\pi^2}(4\pi)^\varepsilon(R^2)^{-\varepsilon}\Gamma(\varepsilon) \\
&= \frac{i}{16\pi^2}(1+\varepsilon\ln 4\pi)(1-\varepsilon\ln R^2)\Gamma(\varepsilon)\frac{1}{\varepsilon}(1-\varepsilon\gamma) \\
&= \frac{i}{16\pi^2}\left[\frac{1}{\varepsilon}-\gamma+\ln 4\pi-\ln R^2+\mathcal{O}(\varepsilon)\right] \\
&= \frac{i}{16\pi^2}(\mu^2)^{-\varepsilon}\left[\frac{1}{\varepsilon}-\gamma+\ln 4\pi-\ln\frac{R^2}{\mu^2}+\mathcal{O}(\varepsilon)\right]
\end{aligned}$$

Die Skala μ wird eingeführt, da das Argument des Logarithmus dimensionslos sein sollte.

2. $r = 0, m = 1$

$$\begin{aligned}
I(0,1) &= \int \frac{d^n k}{(2\pi)^n} \frac{1}{[k^2 - R^2 + i\varepsilon]} = \frac{i}{16\pi^2}(-1)\left(\frac{4\pi}{R^2}\right)^{\varepsilon} R^2 \frac{\Gamma(2-\varepsilon)\Gamma(-1+\varepsilon)}{\Gamma(2-\varepsilon)\Gamma(1)} \\
&= \frac{i}{16\pi^2}\left(\frac{4\pi}{R^2}\right)^{\varepsilon} R^2 \frac{1}{(1-\varepsilon)}\Gamma(\varepsilon)\,, \quad \left(\Gamma(-1+\varepsilon) = \frac{-\Gamma(\varepsilon)}{(1-\varepsilon)}\right) \\
&= \frac{i}{16\pi^2} R^2 (\mu^2)^{-\varepsilon}\left[\frac{1}{\varepsilon} - \gamma + \ln 4\pi - \ln R^2 + 1 + \mathcal{O}(\varepsilon)\right] \\
&= \frac{i}{16\pi^2} R^2 \left[\frac{1}{\varepsilon} - \gamma + \ln 4\pi - \ln\frac{R^2}{\mu^2} + 1 + \mathcal{O}(\varepsilon)\right]
\end{aligned} \tag{12.4}$$

3. $r = 1, m = 2$

$$\begin{aligned}
I(1,2) &= \int \frac{d^n k}{(2\pi)^n} \frac{k^2}{[k^2 - R^2 + i\varepsilon]^2} = \frac{i}{16\pi^2}(-1)\left(\frac{4\pi}{R^2}\right)^{\varepsilon} (R^2) \frac{\Gamma(3-\varepsilon)\Gamma(-1+\varepsilon)}{\Gamma(2-\varepsilon)\Gamma(2)} \\
&= \frac{i}{16\pi^2}\left(\frac{4\pi}{R^2}\right)^{\varepsilon} (R^2)\frac{(2-\varepsilon)}{(1-\varepsilon)}\Gamma(\varepsilon) \\
&= \frac{i}{16\pi^2} 2R^2(\mu^2)^{-\varepsilon}\left[\frac{1}{\varepsilon} - \gamma + \ln 4\pi - \ln R^2 + \frac{1}{2} + \mathcal{O}(\varepsilon)\right]
\end{aligned} \tag{12.5}$$

4. $r = 0, m = 3$

$$\begin{aligned}
I(0,3) &= \int \frac{d^n k}{(2\pi)^n} \frac{1}{[k^2 - R^2 + i\varepsilon]^3} = \frac{i}{16\pi^2}(-1)\left(\frac{4\pi}{R^2}\right)^{\varepsilon} (R^2)^{r-1} \frac{\Gamma(2-\varepsilon)\Gamma(1+\varepsilon)}{\Gamma(2-\varepsilon)\Gamma(3)} \\
&= \frac{i}{16\pi^2}(-1)\left(\frac{4\pi}{R^2}\right)^{\varepsilon} (R^2)^{-1}\frac{\Gamma(1+\varepsilon)}{2}\,, \quad (\Gamma(1+\varepsilon) = \varepsilon\Gamma(\varepsilon))
\end{aligned} \tag{12.6}$$

Das Integral ist ulraviolett-konvergent. Wir wollen die Entwicklung in Potenzen von ε aber noch nicht durchführen, da bei einer anschließenden Integration, z. B. über Feynman-Parameter, auch Infrarot-Divergenzen auftreten können. Diese entstehen, wenn R^2 in Bereichen des Parameterraumes gegen Null geht. Ein Beispiel wird die später zu behandelnde Vertexfunktion sein

5. $r = 1, m = 3$

$$\begin{aligned}
I(1,3) &= \int \frac{d^n k}{(2\pi)^n} \frac{k^2}{[k^2 - R^2 + i\varepsilon]^3} = \frac{i}{16\pi^2}\left(\frac{4\pi}{R^2}\right)^{\varepsilon} \frac{\Gamma(3-\varepsilon)\Gamma(\varepsilon)}{\Gamma(2-\varepsilon)\Gamma(m)} \\
&= \frac{i}{16\pi^2}\left(\frac{4\pi}{R^2}\right)^{\varepsilon} (2-\varepsilon)\frac{\Gamma(\varepsilon)}{2} \\
&= \frac{i}{16\pi^2}\left[\frac{1}{\varepsilon} - \gamma + \ln 4\pi - \ln R^2 - \frac{1}{2} + \mathcal{O}(\varepsilon)\right]
\end{aligned} \tag{12.7}$$

Bemerkungen.

a) Die Singularität steckt immer im Faktor $\frac{1}{\varepsilon}$, egal ob das Integral logarithmisch, quadratisch oder höher divergent ist. In jedem divergenten Integral tritt die Konstante $\frac{1}{\varepsilon} - \gamma + \ln 4\pi$ auf. Durch Änderung des Integrationsmaßes kann man erreichen, dass die Konstante $-\gamma + \ln 4\pi$ wegfällt, d. h. $\frac{1}{\varepsilon} - \gamma + \ln 4\pi \to \frac{1}{\varepsilon}$.

$$\int \frac{d^n k}{(2\pi)^n} \dots \quad \to \quad C \int \frac{d^n k}{(2\pi)^n} \dots$$

$$\text{mit} \quad C = (16\pi^2)^{\varepsilon/2} \frac{1}{\Gamma(1-\varepsilon)} \quad \text{und} \quad C = 1 \quad \text{für} \quad \varepsilon = 0\,.$$

Der Faktor $(4\pi)^\varepsilon / \Gamma(1-\varepsilon)$ stammt vom n-dimensionalen Volumenelement

$$\int d\Omega_n = \frac{2\pi^{n/2}}{\Gamma\left(\frac{n}{2}\right)} = \frac{2\pi^{n/2}}{(1-\varepsilon)\Gamma(1-\varepsilon)}$$

Wenn wir den Faktor $(4\pi)^\varepsilon / \Gamma(1-\varepsilon)$ ins Integrationsmaß ziehen, sprechen wir vom *$\overline{MS}$-Regularisierungsschema.*

b) Aus obigen Formeln sieht man, dass

$$I(1,2) = -\frac{n}{2-n} R^2 I(0,2) \tag{12.8}$$

oder

$$\frac{i}{16\pi^2} \left(\frac{4\pi}{R^2}\right)^\varepsilon (R^2) \frac{(2-\varepsilon)}{(1-\varepsilon)} \Gamma(\varepsilon) = -\frac{n}{2-n} R^2 \frac{i}{16\pi^2} \left(\frac{4\pi}{R^2}\right)^\varepsilon \Gamma(\varepsilon)\,.$$

Um das zu sehen beachten wir, dass

$$-\frac{n}{(2-n)} \frac{1}{\varepsilon} = \frac{4-2\varepsilon}{2(1-\varepsilon)} \frac{1}{\varepsilon} = \frac{2-\varepsilon}{(1-\varepsilon)}$$

Folgende Eigenschaften der Integrale vereinfachen viele Rechnungen:

Symmetrische Integration:

$$\int \frac{d^n k}{(2\pi)^n} \frac{k^\mu}{[k^2 - R^2 + i\varepsilon]^m} = 0$$

$$\int \frac{d^n k}{(2\pi)^n} \frac{k^\mu k^\nu}{[k^2 - R^2 + i\varepsilon]^m} = \frac{g^{\mu\nu}}{n} \int \frac{d^n k}{(2\pi)^n} \frac{k^2}{[k^2 - R^2 + i\varepsilon]^m}$$

$$\left(= g^{\mu\nu} A(R^2)\,, \quad g^{\mu\nu} g_{\mu\nu} = n\right)$$

Tadpole-Integrale:

$$\int \frac{d^n k}{(2\pi)^n} (k^2)^\beta = 0 \quad \beta \in \mathbb{C} \quad \text{(t-Hooft-Veltman)}$$

Tadpole, auf Deutsch Kaulquappe, entspricht der Form eines, zu diesem Integral gehörenden Feynman-Diagrammes

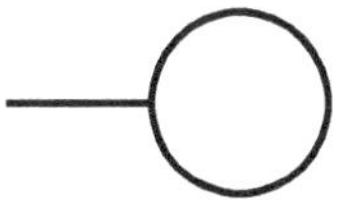

Formaler Beweis.

$$
\begin{aligned}
I(\beta, 0) &= \int \frac{d^n k}{(2\pi)^n} \frac{(k^2)^\beta}{[k^2 - R^2 + i\varepsilon]^0} \\
&= \frac{i}{(16\pi^2)^{\frac{n}{4}}} (-1)^\beta (R^2)^{\beta + \frac{n}{2}} \times \frac{\Gamma\left(\beta + \frac{n}{2}\right) \Gamma\left(-\beta - \frac{n}{2}\right)}{\Gamma\left(\frac{n}{2}\right) \Gamma(0)} \\
&= 0 \quad \text{für } R = 0 \text{ für } \beta + \frac{n}{2} > 0
\end{aligned}
$$

□

12.2 Dirac-Algebra in *n* Dimensionen

Die γ-Matrizen für Spinor-Felder lassen sich auf die n-dimensionale Raumzeit verallgemeinern. Offensichtlich muss es n linear unabhängige γ-Matrizen geben, die die Antivertauschungsrelationen erfüllen.

Die Dirac-Matrizen in n Dimensionen

$$\gamma_\mu , \quad \mu = 1 \ldots n , \quad n \text{ gerade}$$

erfüllen die Clifford-Algebra

$$\{\gamma_\mu, \gamma_\nu\} = 2 g_{\mu\nu} . \tag{12.9}$$

Der metrische Tensor in n-Dimensionen ist gegeben durch

$$
\begin{aligned}
g^{00} &= 1 , \quad g^{ii} = -1 \quad \text{für} \quad i = 1, \ldots n - 1 . \\
g^\mu{}_\mu &= \delta^\mu_\mu = n .
\end{aligned}
$$

Die Basis der Algebra besteht aus 2^n Monomen

$$1, \gamma_\mu, \gamma_\mu \gamma_\nu, \ldots, \gamma_{\mu_1} \gamma_{\mu_2} \ldots \gamma_{\mu_n} .$$

Man kann zeigen, dass alle Monome linear unabhängig sind, d. h. die γ_μ können durch $2^{\frac{n}{2}} \times 2^{\frac{n}{2}}$ Matrizen im Raum, der durch die Monome aufgespannt wird, dargestellt werden. Die Gamma-Matrizen erfüllen wegen Gl. (12.9)

$$
\begin{aligned}
\gamma^\mu \gamma_\mu &= d , \quad \gamma^\mu \gamma^\nu \gamma_\mu = (2 - n) \gamma^\nu \\
\mathrm{Sp}(\gamma_\mu \gamma_\nu) &= 2^{\frac{n}{2}} g_{\mu\nu} \to 4 g_{\mu\nu} .
\end{aligned}
$$

Der Faktor $2^{\frac{n}{2}}$ kann auch 4 gesetzt werden, da er einen Gesamtfaktor darstellt und wir am Ende sowieso $n = 4$ setzen. Vorsicht ist bei Graphen höherer Ordnung geboten. Ebenso kann man für Spuren mit mehr Gamma-Matrizen den Vorfaktor gleich 4 setzen,

$$\mathrm{Sp}\,\mathbf{1} = 4\,, \quad \mathrm{Sp}(\gamma_\mu \gamma_\nu) = 4 g_{\mu\nu}$$
$$\mathrm{Sp}(\gamma_\mu \gamma_\nu \gamma_\alpha \gamma_\beta) = 4(g_{\mu\nu} g_{\alpha\beta} + g_{\mu\beta} g_{\nu\alpha} - g_{\mu\alpha} g_{\nu\beta})$$

Weitere Ergebnisse:

$$\begin{aligned} g_{\mu\nu} g^{\mu\nu} &= n\,, \quad \gamma_\mu \gamma^\mu = n 1 \\ \gamma_\mu \gamma^\alpha \gamma^\mu &= (2-n)\gamma^\alpha \\ \gamma_\mu \gamma^\alpha \gamma^\beta \gamma^\mu &= 4 g^{\alpha\beta} 1 + (n-4)\gamma^\alpha \gamma^\beta \\ \gamma_\mu \gamma^\alpha \gamma^\beta \gamma^\lambda \gamma^\mu &= -2\gamma^\lambda \gamma^\beta \gamma^\alpha - (n-4)\gamma^\alpha \gamma^\beta \gamma^\lambda \end{aligned}$$

Für die Matrix γ_5 ergeben sich Probleme, wenn man die Definition auf $n \neq 4$ ausdehnen will.

Beispiele.

$$\begin{aligned} &\gamma_5 \equiv i\gamma^0 \gamma^1 \gamma^2 \gamma^3 && \text{existiert nicht für } n < 4\,, \\ &\gamma_5 \equiv i\gamma^0 \gamma^1 \gamma^2 \ldots \gamma^{n-1} && \text{führt zu Verletzung der Eichinvarianz} \end{aligned}$$

oder

$$\gamma_5 \equiv \frac{i}{4!} \varepsilon^n_{\mu\nu\rho\sigma} \gamma^\mu \gamma^\nu \gamma^\rho \gamma^\sigma$$
$$\text{wo} \quad \varepsilon^n_{\mu\nu\rho\sigma} = \varepsilon_{\mu\nu\rho\sigma} \quad \textit{nur} \text{ für } n = 4$$

Meist braucht man $\varepsilon^n_{\mu\nu\rho\sigma}$ für $n \neq 4$ nicht explizit. Wir verlangen nur dass

$$\{\gamma_5, \gamma_\mu\} = 0\,, \quad \gamma_5^2 = 1$$
$$\mathrm{Sp}\,\gamma_5 \gamma_{\mu_1} \ldots \gamma_{\mu_{2n}} = 0$$

Definition von t'Hooft und Veltman

$$\begin{aligned} \varepsilon^n_{\mu\nu\rho\sigma} &= \varepsilon_{\mu\nu\rho\sigma} && \text{für } \mu, \nu, \rho, \sigma = 0, 1, 2, 3 \\ &= 0 && \text{sonst} \end{aligned}$$

Dimensionen

Die eckige Klammer [...] soll hier die Dimension einer Variablen bedeuten. In einer n-dimensionalen Welt hat die Lagrange-Dichte die Dimension

$$[L] = M^n\,,$$

da $[d^n x] = M^{-n}$ und die Wirkung $\int d^n x L(x)$ dimensionslos sein muss. Aus der QED-Lagrange-Dichte

$$L = -\frac{1}{4} F_{\mu\nu} F^{\mu\nu} L + \overline{\Psi}(x)(i\not{D} - m)\Psi(x) - \frac{1}{2\xi}(\partial A)^2 \tag{12.10}$$

lesen wir dann ab

$$\begin{aligned}
[\Psi(x)] &= M^{\frac{n-1}{2}} = M^{\frac{3}{2}-\varepsilon} \\
[A^\mu(x)] &= M^{\frac{n}{2}-1} = M^{1-\varepsilon} \\
[e] &= M^{2-\frac{n}{2}} = M^{\varepsilon} \\
[m] &= M \\
[\xi] &= M^0
\end{aligned}$$

Beispiele. Die Dimension von $\Psi(x)$ folgt aus

$$\begin{aligned}
&[\overline{\Psi}(x) i\not{\partial} \Psi(x)] = [\Psi(x)]^2 + M = M^n \\
\rightarrow \quad &[\Psi(x)] = M^{\frac{n-1}{2}} .
\end{aligned}$$

Die Dimension der Ladung folgt aus

$$\begin{aligned}
&[e\overline{\Psi}(x)\gamma_\mu \Psi(x)] = [e] + M^{2\frac{n-1}{2}} + M^{\frac{n}{2}-1} = M^n \\
\rightarrow \quad &[e] = M^{n-(n-1)-\frac{n}{2}+1} = M^{2-\frac{n}{2}}
\end{aligned}$$

13 Renormierung der QED

13.1 Die unrenormierte Lagrange-Dichte

Die Anwendung der Feynman-Regeln führt in höhere Ordnung auf Divergenzen. Wir haben diese regularisiert, d. h. die Singularitäten in Einklang mit den Symmetrien der Theorie isoliert. Wir werden sehen, dass sich alle Singularitäten in die Parameter der Theorie absorbieren lassen. Wir betrachten dazu die Lagrange-Dichte der QED

$$L = -\frac{1}{4} F_{0\mu\nu} F_0^{\mu\nu} + i\overline{\Psi}_0 \not{\partial} \Psi_0 - m_0 \overline{\Psi}_0 \Psi_0 - e_0 \overline{\Psi}_0 \gamma_\mu \Psi_0 A_0^\mu - \frac{1}{2\xi_0} (\partial A_0)^2 \tag{13.1}$$

Wir haben die Parameter und Felder, die in L auftreten, mit einem Index „0" versehen, da wir sie erst mit physikalischen Größen in Beziehung setzen müssen. Diesen Prozess nennt man Renormierung. Beispielsweise bilden die Zustände für $e_0 = 0$ einen Fock-Raum zu Teilchen der physikalische Masse $m = m_0$. Schalten wir die Kopplung ein, so wird sich die physikalische Masse sicher ändern und wir müssen sie experimentell bestimmen.

Eine Theorie ist renormierbar, wenn sich alle Divergenzen durch Renormierung einer endlichen Zahl von Kopplungsparametern in der Lagrange-Funktion entfernen lassen.

13.2 Oberflächliche Divergenz

Durch Vergleich der Impuls-Potenzen in Zählern und Nennern eines Feynman-Integrals erhält man die oberflächliche Divergenz. Zusätzlich kann es Divergenzen in Subgraphen geben.

Ein Graph bestehe aus

N Vertizes
B_I innere Bosonen (Photonen)
B_E äußere Bosonen (Photonen)
F_I innere Fermionen
F_E äußere Fermionen

Dann gilt in der QED

$$2B_\mathrm{I} + B_\mathrm{E} = N \cdot 1 \tag{13.2}$$

$$2F_\mathrm{I} + F_\mathrm{E} = N \cdot 2\,. \tag{13.3}$$

Beweis.
Zahl der Bosonen an einem Vertex ist: 1
Zahl der Fermionen an einem Vertex ist: 2
Eine innere Linie verbindet zwei Vertizes, eine äußere einen. □

https://doi.org/10.1515/9783110488593-013

Der oberflächliche Divergenzgrad ist dann

$$D = 4(F_I + B_I) - 4(N-1) - (F_I + 2B_I)\ . \tag{13.4}$$

Begründung:

$4(F_I + B_I)\dots$ Integration über alle inneren Linien
$4(N-1)\dots$ δ-Funktionen an den Vertizes minus Gesamt-Viererimpulserhaltung
$(F_I + 2B_I)\dots$ Propagatoren

Wir unterscheiden:

$D = 0, 1, 2, \dots$ oberflächlich divergent
$D = -, 1, -2, \dots$ oberflächlich konvergent

Theorem. *Ein Feynman-Diagramm ist endlich, wenn es und alle seine Subdiagramme oberflächlich konvergent ist.*

Wir eliminieren B_I und F_I in Gl. (13.4) mittels Gl. (13.2) und erhalten

$$D = 4 - \frac{3}{2}F_E - B_E\ . \tag{13.5}$$

Man beachte, dass die Zahl N der Vertizes herausgefallen ist. Es folgt, dass nur die 2-Punkt- und 3-Punkt-Funktionen der QED oberflächlich divergent sind.

Beispiel 1. Schleifenkorrektur zur e^-e^--Streuung:

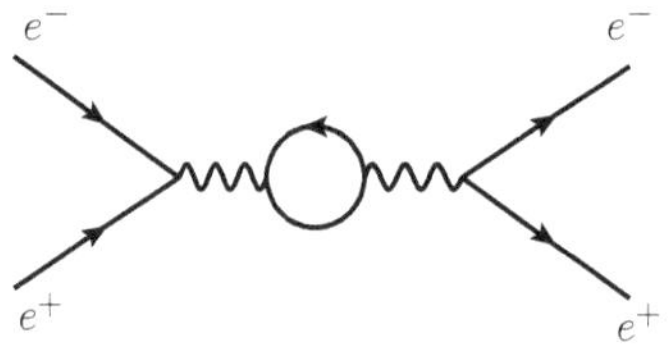

$$F_E = 4\ ,\quad B_E = 0 \quad \rightarrow \quad D = 4 - \frac{3}{2}4 = -2$$

Das Diagramm ist oberflächlich konvergent aber in Wirklichkeit divergent, wegen der Divergenz im Sub-Graph.

Beispiel 2. Elektron-Selbstenergie:

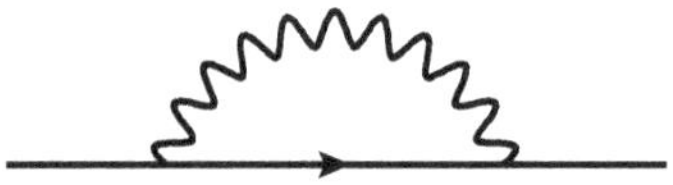

$$F_E = 2\ ,\quad B_E = 0 \quad \rightarrow \quad D = 4 - \frac{3}{2}2 = 1$$

Das Diagramm ist oberflächlich linear divergent aber tatsächlich logarithmisch divergent. Der effektive Divergenzgrad $D_{\text{eff}} = 0$, da das Diagrammes proportional zu $\not{p}$ oder m sein muss.

Beispiel 3. Vakuumpolarisation:

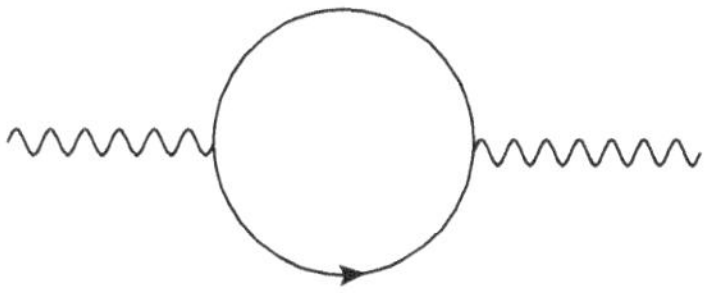

$$F_E = 0\,, \quad B_E = 2 \quad \rightarrow \quad D = 4 - 2 = 2$$

Das Diagramm ist oberflächlich quadratisch divergent aber tatsächlich logarithmisch divergent, da es wegen Eichinvarianz proportional zu $p_\mu p_\nu - p^2 g_{\mu\nu}$ sein muss.

Beispiel 4. Elektron-Photon-Vertex:

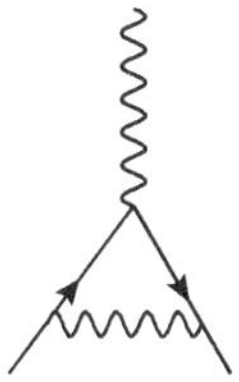

$$F_E = 2\,, \quad B_E = 1 \quad \rightarrow \quad D = 4 - \frac{3}{2}2 - 1 = 0$$

Das Diagramm ist oberflächlich und auch tatsächlich logarithmisch divergent.

13.3 Renormierungskonstante

Wir führen in der Lagrangefunktion Gl. (13.1) renormierte Parameter e und Felder A^μ, Ψ ein.

Wellenfunktionsrenormierung:

$$A_0^\mu = \sqrt{Z_3} A_R^\mu$$
$$\Psi_0 = \sqrt{Z_2}\Psi_0$$

Ladungsrenormierung:

$$e_0 = Z_e e_R \equiv Z_1 Z_3^{-\frac{1}{2}} Z_2^{-1} e_R \tag{13.6}$$

Diese ist zurückgeführt auf die *Vertex-Renormierung* Z_1, da

$$e_0 \overline{\Psi}_0 \not{A}_0 \Psi_0 = Z_e Z_3^{\frac{1}{2}} Z_2 e_R \overline{\Psi}_0 \not{A}_0 \Psi_0 \equiv Z_1 e_R \overline{\Psi}_R \not{A}_R \Psi_R \tag{13.7}$$

Massenrenormierung:

$$m_0 = Z_m m_R \equiv \widetilde{Z}_m Z_2^{-1} m_R \tag{13.8}$$

mit $\widetilde{Z}_\mathrm{m} = Z_2 Z_m$. Dann wird

$$m_0 \overline{\Psi}_0 \Psi_0 = \widetilde{Z}_\mathrm{m} m_\mathrm{R} \overline{\Psi}_0 \Psi_0$$

Eichparameterrenormierung:

$$\xi_0 = Z_\xi \xi_\mathrm{R} \equiv Z_5^{-1} Z_3 \xi_\mathrm{R} \tag{13.9}$$

Damit wird

$$\frac{1}{2\xi_0}(\partial A_0)^2 = Z_5 \frac{1}{2\xi_\mathrm{R}}(\partial A_\mathrm{R})^2$$

Im Prinzip gibt es 5 Renormierungskonstante aber wir werden gleich sehen, dass die Ward-Identitäten auf zwei Beziehungen führen

$$Z_1 = Z_2 \quad \text{und} \quad Z_5 = 1 \, .$$

Es gibt also in der QED nur drei unabhängige Renormierungskonstante.

Die Renormierungskonstanten sind Potenzreihen in α

$$Z = 1 + \alpha \delta Z^{(1)} + \alpha^2 \delta Z^{(2)} + \ldots$$

und werden durch eine feste Zahl von Experimenten festgelegt.

Ausgedrückt durch die renormierten Parameter und Felder lautet die Lagrange-Funktion

$$\begin{aligned} L &= -\frac{1}{4} Z_3 F_{\mathrm{R}\mu\nu} F_\mathrm{R}^{\mu\nu} + Z_2 \overline{\Psi}_\mathrm{R}(x)(i\partial\!\!\!/ - Z_e Z_3^{1/2} e_\mathrm{R} A\!\!\!/_\mathrm{R} - Z_m m_\mathrm{R}) \Psi_\mathrm{R}(x) - \frac{1}{2\xi_\mathrm{R}}(\partial A_\mathrm{R})^2 \\ &= -\frac{1}{4} Z_3 F_{\mathrm{R}\mu\nu} F_\mathrm{R}^{\mu\nu} + Z_2 (\overline{\Psi}_\mathrm{R} i\partial\!\!\!/ \Psi_\mathrm{R}) - Z_1 e_\mathrm{R} (\overline{\Psi}_\mathrm{R} A\!\!\!/_\mathrm{R} \Psi_\mathrm{R}) - \widetilde{Z}_\mathrm{m} m_\mathrm{R} (\overline{\Psi}_\mathrm{R} \Psi_\mathrm{R}) - \frac{1}{2\xi_\mathrm{R}}(\partial A_\mathrm{R})^2 \end{aligned}$$

mit $\widetilde{Z}_\mathrm{m} \equiv Z_m Z_2$ und $Z_e \equiv Z_1 Z_3^{-\frac{1}{2}} Z_2^{-1}$.

Alternativ definiert man sogenannte *Counterterme*:

$$Z_i = 1 + \Delta_i$$

Dann erhält man zusätzlich zur renormierten Lagrange-Dichte eine Lagrange-Dichte mit Countertermen

$$\begin{aligned} L = &-\frac{1}{4} F_{\mu\nu} F^{\mu\nu} + i \overline{\Psi} \partial\!\!\!/ \Psi - m \overline{\Psi} \Psi - e \overline{\Psi} \gamma_\mu \Psi A^\mu - \frac{1}{2a}(\partial A)^2 \\ &- \Delta_3 \frac{1}{4} F_{\mu\nu} F^{\mu\nu} + i \Delta_2 \overline{\Psi} \partial\!\!\!/ \Psi - m \Delta_4 \overline{\Psi} \Psi - e \Delta_1 \overline{\Psi} \gamma_\mu \Psi A^\mu \, , \end{aligned}$$

wobei jetzt alle Felder und Parameter renormiert sein sollen.

Die Z_i sind im Allgemeinen divergent. Sie werden so gewählt, dass die 2-Punkt- und die 3-Punktfunktionen endlich sind.

Die Counterterme hängen mit der Wellenfunktionsrenormierungskonstanten Z_3, Z_2, der multiplikativen Massenrenormierungskonstanten Z_m und der Ladungsrenormierungskonstanten Z_e zusammen über

$$\Delta Z_3 = Z_3 - 1, \quad \Delta Z_2 = Z_2 - 1, \quad \Delta \widetilde{Z}_\mathrm{m} = \widetilde{Z}_4 - 1 = Z_2 Z_m - 1, \quad \Delta Z_1 = Z_1 - 1 = Z_e Z_2 Z_3^{1/2} - 1$$

Theorem (Hepp). *Nach dieser Modifikation sind alle Greenfunktionen und S-Matrixelemente endlich. Die QED ist renormierbar.*

Bemerkung 1. Physikalisch notwendig (d. h. für die Berechnung von S-Matrixelementen) sind nur die Renormierung der Ladung und der Masse. Diese Parameter der Lagrange-Funktion müssen experimentell bestimmt werden. Das gilt auch für eine konvergente Theorie. Ersetzt man in einer gegebenen Ordnung der Störungstheorie die Parameter in L durch die experimentellen Größen so werden alle weiteren mit diesem L berechneten Matrixelemente endlich. Außerdem ist es, wie in der Quantenmechanik, sinnvoll die Wellenfunktion zu (re)normieren.

Bemerkung 2. Wegen der Ward-Identitäten (Eichinvarianz) sind nicht alle Z-Faktoren unabhängig. Es gilt

$$Z_2 = Z_1 , \quad Z_5 = 1$$

Die in Kapitel 10 abgeleiteten Ward-Identitäten beziehen sich auf unrenormierte Größen. Bei eichinvarianter Regularisierung und Renormierung werden sie auch für die renormierten Größen gelten (man denke an Counterterme).

Beispiele. Die Ward-Identität

$$q_\mu D_0^{\mu\nu}(q) = -\xi_0 q^\nu \frac{1}{q^2 + i\varepsilon}$$

gilt in jeder Ordnung der Störungstheorie. Daraus wird

$$Z_3 q_\mu D_{\mathrm{R}}^{\mu\nu}(q) = -Z_\xi q^\nu \frac{1}{q^2 + i\varepsilon} = -\frac{Z_3}{Z_5} \xi_{\mathrm{R}} q^\nu \frac{1}{q^2 + i\varepsilon}$$

Wenn wir verlangen, dass die renormierte Ward-Identität die gleiche Form wie die unrenormierte hat,

$$q_\mu D_{\mathrm{R}}^{\mu\nu}(q) = -\xi_{\mathrm{R}} q^\nu \frac{1}{q^2 + i\varepsilon} ,$$

dann muss gelten

$$Z_5 = 1 \quad \text{oder} \quad Z_\xi = Z_3 .$$

Die Ward-Identität für die amputierte Vertexfunktion lautet

$$q_\mu \Gamma_0^\mu(p, q) = S_0^{-1}(p) - S_0^{-1}(p + q) .$$

Die rechte Seite wird endlich, wenn wir sie mit Z_2 multiplizieren. Das bedeutet, dass auch die linke Seite endlich sein muss. Damit folgt die wichtige Beziehung

$$Z_1 = Z_2 ,$$

die wesentlich zur Vereinfachung der Renormierung der QED beiträgt.

13.4 Renormierung von Greenfunktionen:

Sei $G_0^{(n)}$ die n-Punkt-Green-Funktion, die in der dimensionalen Regularisierung in $4 - 2\varepsilon$ Dimensionen nach den unrenormierten Regeln berechnet wurde,

$$G_0^{(n)}(q_1,\ldots q_n; e_0, m_0, \varepsilon) = FT\, \langle 0|T\Phi_0(x_1)\ldots\Phi_0(x_n)|0\rangle \ ,$$

wo

$$\Phi_0 \in \{\Psi_0, \overline{\Psi}_0, A_0^\mu\}\,.$$

Die renormierte Greenfunktion ist definiert durch

$$G_R^{(n)}(q_1,\ldots q_n; e_R, m_R) = FT\, \langle 0|T\Phi_R(x_1)\ldots\Phi_R(x_n)|0\rangle$$

$$\Phi_R \in \{\Psi_R, \overline{\Psi}_R, A_R^\mu\}\,.$$

Numerisch ist die Normierung der äußeren Linien der einzige Unterschied zwischen $G_0^{(n)}$ und $G_R^{(n)}$. Im inneren, d. h. bei Propagatoren und Vertizes bleibt alles gleich, da L das selbe ist. Es folgt

$$G_R^{(n)}(q_1,\ldots q_n; e_R, m_R) = Z_3^{-\frac{n_1}{2}} Z_2^{-\frac{n_2}{2}} G_0^{(n)}(q_1,\ldots q_n; e_0, m_0, \varepsilon)$$

wo

$$n_1 = \text{Zahl der Photonen}$$

$$n_2 = \text{Zahl der Fermionen}, \quad n_1 + n_2 = n$$

Die so definierten Green-Funktionen sind endlich. Der Beweis geht über den Rahmen dieses Buches hinaus.

13.5 On-Shell-Renormierung (Skalare Felder)

Wir wiederholen hier die wichtigsten Ergebnisse aus Kapitel 9. Zur Erläuterung der Prinzipien beschränken wir uns auf skalare Felder und auf die unrenormierte Lagrange-Dichte

$$L = \frac{1}{2}\left(\partial^\mu\Phi_0\partial_\mu\Phi_0 - m_0^2\Phi_0^2 + \frac{1}{2}\lambda_0\Phi_0^4\right)\,.$$

Die S-Matrix im Heisenberg-Bild ist

$$S = \langle q_1\ldots q_m : \text{out}|k_1\ldots k_n : \text{in}\rangle$$

Die asymptotischen Zustände beschreiben räumlich getrennte freie Teilchen, die allerdings noch mit sich selber wechselwirken. Deren Masse ist wegen der Selbstwechselwirkung die physikalische Masse m. Sie sind Eigenzustände von H und anderer Erhaltungsgrößen, z. B. des Gesamtimpulses. Die asymptotischen Felder erfüllen die freie Klein-Gordon-Gleichung,

$$(\Box + m^2)\Phi_{as} = 0\,, \quad \text{wo } \Phi_{as} = \Phi_{\text{in,out}}$$

mit der Normierung

$$\langle 0|\Phi_{\text{in}}(x)|k:\text{in}\rangle = e^{-ikx}$$

Der Feynman-Propagator für das asymptotische Feld lautet

$$\Delta_{\text{as}}(p^2) = -i\int d^4x e^{-ipx}\,\langle 0|T\Phi_{\text{as}}(x)\Phi_{\text{as}}(0)|0\rangle = \frac{1}{p^2 - m^2 + i\varepsilon}$$

LSZ-Asymptoten-Bedingung: Das asymptotische Feld $\Phi_{\text{as}}(x)$ hängt mit dem Heisenberg-Feld $\Phi_0(x)$ der Lagrange-Funktion wie folgt zusammen:

$$\Phi_0(x) \to \widetilde{Z}^{\frac{1}{2}}\Phi_{\text{in}}(x) \qquad \text{für } t \to -\infty$$

$$\Phi_0(x) \to \widetilde{Z}^{\frac{1}{2}}\Phi_{\text{out}}(x) \qquad \text{für } t \to +\infty$$

Man kann nur die schwache Asymptotenbedingung fordern

$$\lim_{t\to\pm\infty}\langle a|\Phi_0(x)|b\rangle = \widetilde{Z}^{\frac{1}{2}}\left\langle a\left|\Phi_{\substack{\text{out}\\ \text{in}}}(x)\right|b\right\rangle$$

$\widetilde{Z}^{\frac{1}{2}}$ ist die Amplitude dafür, dass $\Phi_0(x)$ einen asymptotischen Ein-Teilchen-Zustand aus dem Vakuum erzeugt,

$$\langle 0|\Phi_0(x)|k:\text{in}\rangle = \widetilde{Z}^{\frac{1}{2}}\,\langle 0|\Phi_{\text{as}}(x)|k:\text{in}\rangle = \widetilde{Z}^{\frac{1}{2}}e^{-ikx}\,.$$

Mit Hilfe der Asymptoten-Bedingung leitet man auch den Zusammenhang zwischen S-Matrix und Greenfunktionen ab (siehe Kapitel 9), d. h. die *LSZ-Reduktionsformel*

$$\langle q_1\ldots q_m:\text{out}|k_1\ldots k_n:\text{in}\rangle = \left(\widetilde{Z}^{\frac{1}{2}}\right)^{-(m+n)}\widetilde{G}_0^{(m+n)}(q_{1,\ldots}q_m, k_{1\ldots}k_n; e_0, m_0, \varepsilon)\,.$$

Dabei bezeichnet $\widetilde{G}$ die amputierte Green-Funktion, d. h. ohne die äußeren Beine. Um endliche Greenfunktionen und S-Matrixelemente zu erhalten muss man unter anderem die Wellenfunktion renormieren. Man führt dazu renormierte Felder ein

$$\Phi_0(x) = Z^{\frac{1}{2}}\Phi_{\text{R}}(x)\,.$$

Dies ist eine Operatorgleichung, und Z hat im Prinzip nichts mit obigem $\widetilde{Z}$ zu tun. Man kann aber

$$Z = \widetilde{Z} \quad \text{(numerisch)}$$

setzen. Das ist dann die *On-Shell-Renormierung*.

Die renormierte Green-Funktion wird

$$G_{\text{R}}^{(n)}(p_{1,\ldots}p_n; e, m) = \left(Z^{\frac{1}{2}}\right)^{-n} G_0^{(n)}(p_{1,\ldots}p_n; e_0, m_0, \varepsilon)$$

G_{R} ist endlich, d. h. unabhängig von ε.

Beispiel. Der renormierte skalare Propagator

$$\begin{aligned}\Delta_R(p^2) &= -i\int d^4x e^{-ipx}\,\langle 0|T\Phi_R(x)\Phi_R(0)|0\rangle\\ &= -i\frac{1}{Z}\int d^4x e^{-ipx}\,\langle 0|T\Phi_0(x)\Phi_0(0)|0\rangle\\ &= \frac{1}{Z}\Delta_0(p^2)\end{aligned}$$

Dann folgt aus der Källen–Lehmann-Darstellung (s. Kapitel 9)

$$\begin{aligned}\lim_{p^2\to m^2}\Delta_0(p^2) &= \frac{\widetilde{Z}}{p^2-m^2+i\varepsilon}\\ \lim_{p^2\to m^2}\Delta_R(p^2) &= \frac{\widetilde{Z}}{Z}\frac{1}{p^2-m^2}\end{aligned}\tag{13.10}$$

Im On-Shell-Schema gilt dann

$$\lim_{p^2\to m^2}\Delta_R(p^2) = \frac{1}{p^2-m^2}\tag{13.11}$$

Oft betrachtet man *Ein-Teilchen-irreduzible Graphen* oder 1PI (one-particle-irreducible) Graphen. Das sind amputierte Graphen, die nicht durch schneiden einer inneren Linie in zwei getrennte Graphen getrennt werden können. Wir bezeichnen die 1PI-Graphen mit Γ. Für diese lautet die Beziehung zwischen renormierten und unrenormierten Größen

$$\Gamma_R^{(n)}(p_1,\ldots p_n;e_R,m_R) = Z^{n/2}\Gamma_0^{(n)}(p_1,\ldots p_n;e_0,m_0,\varepsilon)$$

Man beachte, dass wegen des Fehlen der äußeren Beine, die Renormierungsfaktor jetzt $Z^{+n/2}$ ist, statt $Z^{-n/2}$ bei den gewöhnlichen Green-Funktionen.

Die Bedeutung der 1PI-Amplituden liegt z. B. darin, dass der volle Propagator als unendliche Summe von Produkten von 1PI Diagrammen geschrieben werdend kann.

13.6 Massen- und Wellenfunktionsrenormierung für das Elektron

Die Renormierung der QED erfolgt ganz analog. Wir beginnen mit dem Elektron-Propagator in der QED-Störungstheorie. Wie in der Figur dargestellt, lässt sich der volle unrenormierte Elektron-Propagator $S_0(\not{p})$ (d. h. die Summe aller Graphen) aus 1PI-Anteilen, den sogenannten Selbstenergien $-i\Sigma_0(\not{p})$, aufbauen,

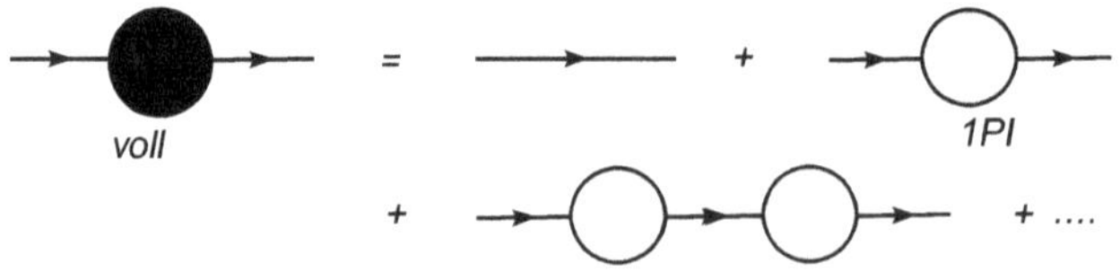

Diese Zerlegung nach 1PI-Anteilen stellt eine geometrische Reihe dar, die sich aufsummieren lässt,

$$\begin{aligned}
S(\not{p}) &= \frac{i}{\not{p}-m_0} + \frac{i}{\not{p}-m_0}[-i\Sigma_0(\not{p})]\frac{i}{\not{p}-m_0} \\
&+ \frac{i}{\not{p}-m_0}[-i\Sigma_0(\not{p})]\frac{i}{\not{p}-m_0}[-i\Sigma_0(\not{p})]\frac{i}{\not{p}-m_0} + \cdots \\
&= \frac{i}{\not{p}-m_0-\Sigma_0(\not{p})}
\end{aligned}$$

Um den vollen Elektron-Propagator zu erhalten, genügt es $\Sigma_0(\not{p}, m_0, e_0)$ in allen Ordnungen der Störungstheorie zu berechnen. $\Sigma_0(\not{p})$ heißt *Selbstenergie*, da sie einen zusätzlichen impulsabhängigen Beitrag zu Masse des Elektrons darstellt.

Da $\not{p}^2 = p^2$, ist die allgemeine Form der Selbstenergie

$$\Sigma_0(\not{p}) = \Sigma_0^1(p^2) + (\not{p} - m_0)\Sigma_0^2(p^2)\,.$$

Die *On-Shell Renormierungsbedingung* lautet dann

$$S_R(\not{p}) = Z_2^{-1}\frac{1}{\not{p}-m_0-\Sigma_0(\not{p})} = Z_2^{-1}S_0(\not{p}) \underset{\not{p}=m}{\longrightarrow} \frac{1}{\not{p}-m}\,. \tag{13.12}$$

Der renormierte Propagator hat also einen Pol bei $\not{p} = m$ mit Residuum 1.

Die Massenrenormierung war gegeben durch

$$m_0 = Z_m m \quad \text{oder} \quad \delta m \equiv m - m_0 = m(1 - Z_m)$$

Aus Gl. (13.12) folgt die Bedingung für die *Massenrenormierung*

$$m_0 + \Sigma_0(\not{p} = m, m_0, e_0) = m$$

oder

$$\delta m = \Sigma_0(\not{p} = m, m_0, e_0, \varepsilon)\,. \tag{13.13}$$

Diese Bedingung gilt für *beliebige Ordnung der Störungstheorie.*

Die *Wellenfunktionsrenormierung* lässt sich aus der Bedingung, dass das Residuum des Propagators am Pol gleich 1 sein soll, bestimmen. Wir entwickeln um $\not{p} = m$:

$$\begin{aligned}
S_0(\not{p}) &= \frac{1}{\not{p}-m_0-\Sigma_0(\not{p}=m)-(\not{p}-m)\Sigma_0'(\not{p}=m)+\mathcal{O}(\not{p}-m)^2} \\
&= \frac{1}{\not{p}-m-(\not{p}-m)\Sigma_0'(\not{p}=m)+\mathcal{O}(\not{p}-m)^2} \\
&\underset{\not{p}\to m}{=} \frac{1}{(\not{p}-m)\left[1-\frac{\partial}{\partial\not{p}}\Sigma_0(\not{p})\right]_{\not{p}=m}} + \mathcal{O}(\not{p}-m)^2\,,
\end{aligned}$$

wo wir die Massenrenormierung $\not p - m_0 - \Sigma_0(\not p = m) = \not p - m$ verwendet haben. Mit der Renormierungsbedingung

$$S_\mathrm{R}(\not p)|_{\not p = m} = \frac{1}{\not p - m} = Z_2 S_0(\not p)|_{\not p = m}$$

erhalten wir

$$Z_2^{-1} = \left[1 - \frac{\partial}{\partial \not p}\Sigma_0(\not p, m_0, e_0, \varepsilon)\right]_{\not p = m} . \tag{13.14}$$

Diese Formel zur Berechnung von Z_2 gilt in beliebiger Ordnung der Störungstheorie.

Man kann die Renormierungsbedingungen auch direkt an die 1PI Selbstenergien stellen. Dann gilt

$$\Sigma_\mathrm{R}(\not p)|_{\not p = m} = Z_2^{-1}\Sigma_0(\not p, m_0, e_0, \varepsilon)|_{\not p = m} = 0 \tag{13.15}$$

oder

$$\frac{\partial}{\partial \not p}\Sigma_\mathrm{R}(\not p, m_0, e_0, \varepsilon)\Big|_{\not p = m} = 1 . \tag{13.16}$$

13.7 Wellenfunktionsrenormierung für das Photon

Der volle unrenormierte Photon-Propagator sei $iD_0^{\mu\nu}$ und der freie Photon-Propagator sei $id_0^{\mu\nu}$, wo

$$iD_0^{\mu\nu}(p) = \int d^4x e^{ipx} \left\langle 0|A_0^\mu(x)A_0^\nu(0)|0\right\rangle .$$

$$id_0^{\mu\nu} = \frac{-i}{p^2}\left[\left(g^{\mu\nu} - \frac{p^\mu p^\nu}{p^2}\right) + \xi_0 \frac{p^\mu p^\nu}{p^2}\right]$$

Wir können $iD_0^{\mu\nu}$ wieder in 1PI Anteile $i\Pi^{\mu\nu}(p)$ entwickeln,

$$iD_0^{\mu\nu}(q) = id_0^{\mu\nu} + id_0^{\mu\sigma} i\Pi_0^{\sigma\tau} id_0^{\tau\nu} + id_0^{\mu\alpha} i\Pi^{\alpha\beta} id_0^{\alpha\rho} i\Pi^{\rho\lambda} id_0^{\lambda\nu} + \cdots \tag{13.17}$$

Die Photon-Selbstenergie oder Vakuumpolarisation ist gegeben durch

$$\Pi_0^{\mu\nu}(q) = i\int d^4x e^{iqx} \left\langle 0|Tj_0^\mu(x)j_0^\nu(0)|0\right\rangle$$

wo

$$j_0^\mu(x) = \overline{\Psi}_0 \gamma^\mu \Psi_0$$

der unrenormierte Strom ist. Der Ausdruck für die Vakuumpolarisation folgt aus $L_\mathrm{I} = -e_0 A_0^\mu \overline{\Psi}_0 \gamma_\mu \Psi_0$ und

$$S = T\exp\left\{-ie_0 \int d^4x : \overline{\Psi}_0(x)\gamma_\nu \Psi_0(x) : A_0^\nu(x)\right\} .$$

Graphisch sehen die ersten beiden Terme der Entwicklung wie folgt aus:

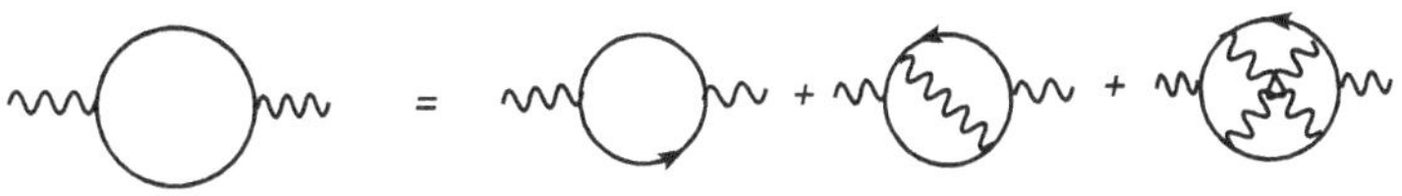

Aus der QED Ward-Identität folgt, dass der longitudinale Teil des Propagators keine Strahlungskorrekturen erhält. Das bedeutet, dass $\Pi^{\mu\nu}(p)$ rein transversal ist und die allgemeine Form haben muss

$$\Pi_0^{\mu\nu}(p) = -(g^{\mu\nu}p^2 - p^\mu p^\nu)\Pi_0(p^2) = -P^{\mu\nu}p^2\Pi_0(p^2)\,,$$

mit dem Projektionsoperator

$$P^{\mu\nu} = \left(g^{\mu\nu} - \frac{p^\mu p^\nu}{p^2}\right) \quad \text{mit} \quad P^{\mu\nu}P_\nu{}^\sigma = P^{\mu\sigma}$$

als multiplikativen Faktor.

Die Reihe (13.17) kann aufsummiert werden, mit dem Ergebnis

$$iD_0^{\mu\nu}(p) = \frac{-i(g^{\mu\nu}p^2 - p^\mu p^\nu)}{[1 - \Pi_0(p^2)]} - i\xi_0\frac{p^\mu p^\nu}{p^2} \tag{13.18}$$

Beweis. Betrachte einen einzelnen 1PI-Term,

$$\begin{aligned} i\Pi_0^{\mu\rho}\frac{-1}{p^2}\left(g^{\rho\nu} - \frac{p^\rho p^\nu}{p^2} + \xi_0\frac{p^\rho p^\nu}{p^2}\right) &= -i(g^{\mu\nu}p^2 - p^\mu p^\nu)\Pi_0\frac{-1}{p^2}\left(g^{\rho\nu} - \frac{\rho^\mu p^\nu}{p^2} + \xi_0\frac{p^\rho p^\nu}{p^2}\right) \\ &= i\Pi_0\left(g^{\mu\nu} - \frac{p^\mu p^\nu}{p^2}\right). \end{aligned}$$

Der Eichterm hat nicht beigetragen. Es gilt

$$\left[\Pi_0(p^2)\left(g^{\mu\nu} - \frac{p^\mu p^\nu}{p^2}\right)\right]^n = [\Pi_0(p^2)]^n\left(g^{\mu\nu} - \frac{p^\mu p^\nu}{p^2}\right)$$

Damit wird Gl. (13.17)

$$\begin{aligned} iD_0^{\mu\nu}(q) &= \frac{-1}{p^2}\left(g^{\rho\nu} - \frac{\rho^\mu p^\nu}{p^2} + \xi_0\frac{p^\rho p^\nu}{p^2}\right)\left[1 - [\Pi_0(p^2)]^n\left(g^{\mu\nu} - \frac{p^\mu p^\nu}{p^2}\right)\right] \\ &= \frac{-i}{p^2\,[1 - \Pi_0(p^2)]}\left(g^{\rho\nu} - \frac{\rho^\mu p^\nu}{p^2}\right) - \frac{i}{p^2}\xi_0\frac{p^\mu p^\nu}{p^2}\,. \end{aligned} \tag{13.19}$$

□

Wegen der Ward-Identität gilt in jeder Ordnung der Störungstheorie, dass der longitudinale Teil von $D_0^{\mu\nu}(p)$ gleich dem freien longitudinalen Teil ist. Die $p^\mu p^\nu$-Terme tragen außerdem nicht zu praktischen Rechnungen bei, da sie nur an erhaltene Ströme koppeln. Anhand der Gl. (13.19) erkennt man, dass die *Photonmasse in allen Ordnungen gleich Null* bleibt, da $\Pi_0(p^2)$ von der Form $1PI$ ist und damit keinen Pol bei $p^2 = 0$ hat.

Der unrenormierte Propagator $D_0^{\mu\nu}(p)$ hängt mit dem renormierten Propagator $D_R^{\mu\nu}(p)$ zusammen über

$$D_0^{\mu\nu}(p) = Z_3 D_R^{\mu\nu}(p) = Z_3\left[-P^{\mu\nu}D_R^{\perp}(p) + \xi_R\frac{p^\mu p^\nu}{p^2}\right] \tag{13.20}$$

mit

$$D_R^{\perp}(p) = Z_3^{-1}(\alpha)\frac{1}{p^2\left[1-\Pi_0(p^2)\right]} \quad \text{und} \quad \xi_R = Z_3^{-1}\xi_0\,.$$

Aufgrund der Ward-Identität existieren keine Strahlungskorrekturen für den longitudinalen Teil. Wegen des Gesamtfaktors Z_3 in Gl. (13.20) muss daher der Eichparameter mit Z_3^{-1} renormiert werden. Die Wellenfunktionsrenormierungskonstante Z_3 ist so gewählt, dass $D_{(0)}^{\perp}(p)$ für $\varepsilon \to 0$ endlich wird. Die On-Shell-Renormierungsbedingung lautet

$$D_R^{\perp}(p)|_{p^2\to 0} = \left[Z_3^{-1}D_0^{\perp}(p)|_{p^2\to 0}\right]_{p^2\to 0} = \left[Z_3^{-1}\frac{1}{p^2\left[1-\Pi_0(p^2)\right]}\right]_{p^2\to 0} = \frac{1}{p^2}$$

oder

$$Z_3^{-1} = 1 - \Pi_0(p^2 \to 0, m_0, e_0, \varepsilon)\,.$$

wo $m_0 = m_0(e, m, \varepsilon)$ und $e_0 = e_0(e, m, \varepsilon)$ iterativ zu bestimmen sind. Dieses Ergebnis gilt wieder in allen Ordnungen der Störungstheorie.

13.8 Vertex- und Ladungsrenormierung

Die amputierte Greenfunktion $\Gamma^\mu(p, p')$ ist definiert durch

$$\begin{aligned}&\int d^n x d^n y e^{ip'x}e^{-ipy}\langle 0|\, T\overline{\Psi}(x)\Psi(y)A^\mu(0)\,|0\rangle \\ &= iS(\not p')ie\Gamma^{\mu'}(p, p', q)iS(\not p)D_{\mu'\mu}(q) \quad \text{mit} \quad p + q = p'\end{aligned}$$

Ein Beispiel bildet die Vertexfunktion in zweiter Ordnung. Ein Photon mit Impuls q streut an einem Elektron mit Impuls p. Der Impuls des auslaufenden Elektrons sei p'.

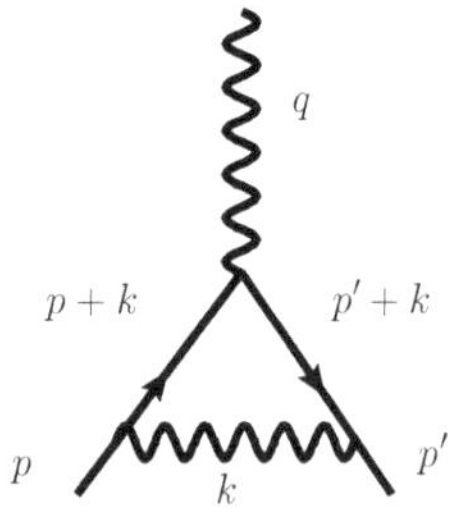

Vertex $\mathcal{O}(\alpha)$

Nach den Feynman-Regeln ist die Vertexfunktion $\Gamma^{\mu}(p,q)$ definiert durch

$$\begin{aligned}-ie_0\bar{u}(p')\Gamma_0^{\mu}(p,q)u(p) &= -ie\bar{u}(p')\gamma^{\mu}(p,q)u(p)\\ &\quad -(ie_0)^2\bar{u}(p')\int\frac{d^4k}{(2\pi)^4}\gamma^{\alpha}\frac{i(\not{k}+\not{p}'+m_0)}{(p'+k)^2-m_0^2+i\varepsilon}(-ie_0\gamma^{\mu})\\ &\quad\times\frac{i(\not{k}+\not{p}+m_0)}{(p+k)^2-m_0^2+i\varepsilon}\gamma^{\beta}\frac{-ig_{\alpha\beta}}{k^2+i\varepsilon}u(p)\end{aligned}$$

mit $q=p-p'$. Diese Vertexfunktion bildet eine Teil unterschiedlicher Streuprozesse. Man beachte, dass $q^2\neq 0$ (off-shell) sein kann.

Für große k verhält sich der Integrand wie

$$\underset{k\to\infty}{\text{Integrand}}\sim\frac{i\gamma^{\alpha}\not{k}\gamma^{\mu}\not{k}\gamma_{\alpha}}{k^2k^2k^2}=-2(2-n)\gamma^{\mu}\frac{1}{k^4}\,.$$

Das k-Integral divergiert das Integral im UV-Bereich logarithmisch. Die Divergenz ist offensichtlich proportional zum nackten Vertex.

Bemerkung. Das Integral divergiert auch für kleine k logarithmisch,

$$\underset{k\text{ klein}}{\text{Integrand}}\sim\frac{i\gamma^{\alpha}(\not{p}+m)\gamma^{\mu}(\not{p}+m)\gamma_{\alpha}}{(2pk)(2p'k)k^2}\,.$$

Man spricht von einer Infrarot-Divergenz (IR). Diese kann dimensional regularisiert werden oder indem man dem Photon eine Masse gibt. Im Moment stellen wir die IR-Divergenzen hintan und betrachten nur die UV-Divergenzen.

Die On-Shell Vertex-Renormierung lautet

$$\begin{aligned}\Gamma_{\mathrm{R}}^{\mu}(p,p') &= -ie\gamma^{m} = -ie_0\left[\gamma^{\mu}+\Gamma_0(p,p',e_0,\varepsilon)\right]_{p=p',p^2=m^2}\\ &= -ie_0\frac{Z_2Z_3^{\frac{1}{2}}}{Z_1}\gamma^{\mu}\end{aligned}$$

Die Ward-Identität besagt $Z_1=Z_2$. Damit erhalten wir die renormierte Ladung aus

$$e=Z_3^{\frac{1}{2}}e_0 \tag{13.21}$$

In der QED genügt es Z_2, Z_3 und Z_m zu berechnen. Es muss aber betont werden, dass das Renormierungsverfahren rekursiv durchgeführt wird. So lautet z. B. die Massenrenormierung detailliert ausgeschrieben

$$\delta m=\Sigma_0(\not{p}=m,m_0(m,e),e_0(m,e),\varepsilon)$$

In erster Ordnung kann man $m_0=0,\ e_0=e$ setzen. Wie man bei höheren Ordnungen verfährt wird später ausgeführt.

Zusammenfassung

Die multiplikativen Renormierung geht aus von der Lagrangefunktion

$$L = -\frac{1}{4} F_{0\mu\nu} F_0^{\mu\nu} + \overline{\Psi}_0(x)(i\partial\!\!\!/^{\mu} - e_0 A\!\!\!/_0^{\mu} - m_0)\Psi_0(x) - \frac{1}{2\xi_0}(\partial A_0)^2$$

mit der zugehörigen unrenormierten Ladung und Masse. Die Renormierung erfolgt über folgende Schritte:

a) Berechne die 1PI amputierten Amplituden der Fermion- und Photon-Selbstenergie mit Hilfe der unrenormierten Feynman-Regeln.

b) Bestimme daraus die renormierte Masse und renormierte Ladung

$$m = m(e_0, m_0, \varepsilon), \quad e = e(e_0, m_0, \varepsilon) \tag{13.22}$$

sowie die Wellenfunktionsrenormierung

$$Z_2 = Z_2(e_0, m_0, \varepsilon)\,, \quad Z_3 = Z_3(e_0, m_0, \varepsilon)$$

c) Berechne ein anderes beliebiges S-Matrixelement mit Hilfe der LSZ-Formel in den unrenormierten Feynmanregeln.

d) Substituiere

$$m_0 = m_0(e, m, \varepsilon)\,, \quad e_0 = e_0(e, m, \varepsilon)$$

Dies sind die iterativ gewonnenen Lösungen der Gleichungen (13.22).

e) Die Ergebnisse sind endliche Funktionen der Impulse und der physikalischen Ladung und Masse.

In den nächsten Kapiteln werden wir die Renormierungskonstanten der QED in $\mathcal{O}(\alpha)$ explizit berechnen.

13.9 Das *MS* Subtraktionsschema

Man muss nicht unbedingt auf der Massenschale renormieren. Ein allgemeines Renormierungsschema legt die Renormierungskonstante Z_i für Greenfunktionen so fest, dass sie alle UV-Pole und eine gewisse Zahl von endlichen Beiträgen wegheben.

Wir betrachten die Lagrangefunktion der QED

$$L = -\frac{1}{4} F_{0\mu\nu} F_0^{\mu\nu} + \overline{\Psi}_0(x)(i\partial\!\!\!/ - ie_0 A\!\!\!/_0 - m_0)\Psi_0(x) - \frac{1}{2\xi_0}(\partial A_0)^2$$

in der dimensionalen Renormierung. Die Wirkung ist ein Integral über die n-dimensionale Raum-Zeit und sollte dimensionslos sein. Damit muss ist die Dimension von L in Masseneinheiten gleich n sein. Die einzelnen Terme in der Lagrangefunktion tragen damit folgende Dimensionen

m_0	$d^n x$	L	Ψ_0	A_0	F_0	e_0	ξ_0
1	$-(4-2\varepsilon)$	$4-2\varepsilon$	$\frac{3}{2}-\varepsilon$	$1-\varepsilon$	$2-\varepsilon$	ε	0

wo $n = 4 - 2\varepsilon$. Wenn wir eine dimensionslose Ladung verlangen, dann müssen wir eine eine beliebige Massenskala μ einführen. Entsprechend setzen wir für die unrenormierten Parameter eine Laurent-Entwicklung an

$$\alpha_0 \equiv \frac{e_0^2}{4\pi} = \mu^{2\varepsilon}\alpha\left[1 + \sum_{\nu=1}^{\infty}\frac{c_\nu}{\varepsilon^\nu}\right] \quad \text{mit} \quad c_\nu = \sum_{k=\nu}^{\infty} c_{\nu k}(\alpha)^k \tag{13.23}$$

$$m_0 = m\left[1 + \sum_{\nu=1}^{\infty}\frac{b_\nu}{\varepsilon^\nu}\right] \quad \text{mit} \quad b_\nu = \sum_{k=\nu}^{\infty} b_{\nu k}(\alpha)^k . \tag{13.24}$$

Die Skala μ wurde so gewählt, dass α dimensionslos ist ($\alpha = e^2/4\pi$). Man beachte, dass die renormierten Parameter α und m von μ abhängen, d. h.

$$\alpha = \alpha(\mu)\,, \qquad m = m(\mu)$$

Da die Koeffizienten b_ν und c_ν die UV-Divergenzen darstellen, ist es plausibel, dass diese Parameter nicht von der renormierten Masse abhängen. Diese Aussage wurde von t'Hooft und Veltman sowie Breitenlohner und Maisson bewiesen. Die Parameter $\alpha(\mu)$ und $m(\mu)$ hängen jedoch nicht direkt mit der physikalischen Masse und der physikalischen Ladung zusammen. Sie sind nicht mehr Konstante, sondern hängen von der Renormierungsskala μ ab. Man spricht daher von der *laufenden Ladung* und der *laufenden Masse*.

Wir führen jetzt wieder Renormierungskonstante für alle Größen in der Lagrangefunktion L ein

$$\alpha_0 = \mu^{2\varepsilon} Z_\alpha \alpha\,, \qquad m_0 = Z_m m\,, \qquad \xi_0 = Z_\xi \xi \tag{13.25}$$
$$\Psi_0 = \mu^{-\frac{\varepsilon}{2}}(Z_2)^{\frac{1}{2}}\Psi\,, \quad A_0 = \mu^{-\frac{\varepsilon}{2}}(Z_3)^{\frac{1}{2}}A$$

$$(e_0\Psi_0 A_0 \Psi_0) = \mu^{-\frac{\varepsilon}{2}} Z_1 (e\Psi A\Psi)$$

Die einfachste Wahl ist, dass Z nur die Pole der dimensionalen Regularisierung weghebt. In diesem *minimalen Subtraktionsschema (MS-Schema)* sind die Renormierungskonstanten *massenunabhängig* und von der Form

$$Z(\alpha) = 1 + \frac{z_1}{\varepsilon}\frac{\alpha}{4\pi} + \left(\frac{z_{22}}{\varepsilon^2} + \frac{z_{21}}{\varepsilon}\right)\left(\frac{\alpha}{4\pi}\right)^2 + \dots$$

Wegen Eichinvarianz gibt es keinen Counterterm für $\frac{1}{\xi_0}(\partial A_0)^2$, d. h.

$$Z_\xi = Z_3\,.$$

Alle Renormierungskonstante haben Pole für $\varepsilon = 0$, wenn sie durch $\alpha(\mu)$ ausgedrückt werden. Ein Zusammenhang zwischen den MS-Parametern und den On-Shell-Parametern lässt sich, wie wir sehen werden, in der Störungstheorie herstellen. Rechnungen höherer Ordnung in der Störungstheorie werden fast ausschließlich im MS-Schema ausgeführt, da sie technisch einfacher als im On-Shell-Schema sind.

Andererseits befinden sich die Teilchen der QED in physikalischen Streuprozessen auf der Massenschale. Ein Vergleich zwischen QED-Theorie und Experimenten muss also im On-Shell-Schema erfolgen. Daher muss man in den im MS-Schema berechneten Ergebnissen die MS-Parameter (Ladung und Masse) durch die On-Parameter ausdrücken. Diesen Zusammenhang werden wir später ableiten.

Ein weiteres massenunabhängiges Renormierungsschema ist das sogenannte μ-Schema. Hier erfolgt die Renormierung, statt bei $p^2 = m^2$ bei einem raumartigen $p^2 = -\mu^2$. Wegen Problemen mit der Eichinvarianz wir dieses Schema heute kaum noch verwendet.

Der Vorteil der massenunabhängigen Renormierungsschemen ist, dass die Fermionmasse gleich Null gesetzt werden kann. Das bedeutet, dass diese Schemen für Amplituden bei sehr hohen Impulsen geeignet sind, wo beim On-Shell-Schema Divergenzen durch großen der Logarithmen auftreten.

14 Die Vakuumpolarisation in dimensionaler Regularisierung

14.1 Dimensionale Regularisierung der Vakuumpolarisation

Wenn wir in der QED Reaktionen in höherer Ordnung berechnen möchten, so benötigen wir die drei Renormierungskonstanten, Z_2, Z_3und δm. Diese lassen sich am einfachsten aus den Selbsternergien berechnen. Wir beginnen mit der Konstanten Z_3, die sich aus der Selbstenergie des Photons berechnen lässt. Wir hatten die Vakuumpolarisation in Kapitel 11 schon mit der Pauli-Villars-Regularisierung berechnet. Zum Vergleich ist es interessant die gleiche Rechnung mit dimensionaler Regularisierung durchzuführen. Dabei werden deren Vorteile deutlich sichtbar. In Ordnung α trägt folgendes Feynman-Diagramm zur Vakuumpolarisation $\Pi_{\mu\nu}(q)$ bei:

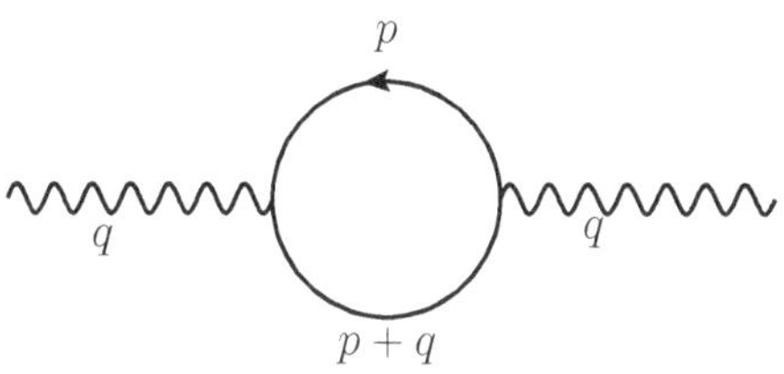

Da $\Pi_{\mu\nu}(q)$ selbst von Ordnung α ist, kann man den Massenparameter und den Ladungsparameter in der Lagrange-Dichte mit der physikalischen Werten identifizieren, $m_0 = m$ und $e_0 = \mu^\varepsilon e$. Die Skala μ wir benötigt damit e dimensionslos wird.

Die Feynman-Regeln ergeben dann

$$\Pi_{\mu\nu}(q) = -i \int \frac{d^n p}{(2\pi)^n} \operatorname{Sp}\left[(-ie_0\gamma_\mu)\frac{i}{\not p - m + i\varepsilon}(-ie_0\gamma_\nu)\frac{i}{\not p + \not q - m + i\varepsilon}\right]$$

wo m die Elektronenmasse ist. Der Faktor -1 tritt bei einer Fermion-Schleife auf. Wir werten das Integral wieder mit Hilfe der *Feynman-Parametrisierung* aus

$$\frac{1}{ab} = \int_0^1 dx \frac{1}{[(a-b)x + b]^2}$$

Für

$$a = p^2 - m^2 \; ; \quad b = (p+q)^2 - m^2$$

wird

$$\begin{aligned} ax + b(1-x) &= ((p+q)^2 - m^2)x + (p^2 - m^2) \\ &= (p + qx)^2 + x(1-x)q^2 - m^2 \; . \end{aligned}$$

https://doi.org/10.1515/9783110488593-014

Da das Integral in n Dimensionen konvergiert, können wir zur Vereinfachung des Nenners eine Translation durchführen

$$p + q(1-x) \to p\,.$$

Dann wird

$$\Pi_{\mu\nu}(q) = -ie_0^2 \int \frac{d^n p}{(2\pi)^n} \frac{1}{[p^2 - R^2 + i\varepsilon]^2} T_{\mu\nu}$$

mit

$$R^2 \equiv -x(1-x)q^2 + m^2$$

und

$$T_{\mu\nu} = \mathrm{Sp}\{\gamma_\mu(\not p + \not q(1-x) + m)\gamma_\nu(\not p + \not q x + m)\}\,.$$

In der dimensionalen Regularisierung gelten die Formeln der symmetrischen Integration, ungerade Potenzen von p verschwinden nach Integration und $p_\mu p_\nu \to \frac{1}{n}p^2 g_{\mu\nu}$.

Die Auswertung der Spur ergibt:

$$\begin{aligned}
T_{\mu\nu} &= \mathrm{Sp}\{\gamma_\mu(\not p + \not q(1-x) + m)\gamma_\nu(\not p - \not q x + m)\} \\
&= \mathrm{Sp}\{\gamma_\mu \not p \gamma_\nu \not p\} + m^2\,\mathrm{Sp}\{\gamma_\mu\gamma_\nu\} - x(1-x)\,\mathrm{Sp}\{\gamma_\mu \not q \gamma_\nu \not q\} + \mathcal{O}(p) \\
&= \mathrm{Sp}\left\{\frac{1}{n}p^2 \gamma_\mu\gamma_\alpha\gamma_\nu\gamma^\alpha\right\} - x(1-x)\,\mathrm{Sp}\{\gamma_\mu \not q \gamma_\nu \not q\} + 4m^2 g_{\mu\nu} \\
&= 4\left[\frac{2-n}{n}p^2 g_{\mu\nu} - x(1-x)(2q_\mu q_\nu - g_{\mu\nu}q^2) + m^2 g_{\mu\nu}\right]
\end{aligned} \tag{14.1}$$

Im letzten Schritt haben wir verwendet, dass in n Dimensionen

$$\begin{aligned}
\gamma_\sigma\gamma^\mu\gamma^\sigma &= -2\gamma^\mu + 2\varepsilon\gamma^\mu \quad (n = 4 - 2\varepsilon\,, \quad \gamma_\mu\gamma^\mu = n) \\
\gamma_\sigma\gamma^\mu\gamma^\alpha\gamma^\sigma &= 4g^{\mu\alpha} - 2\varepsilon\gamma^\mu\gamma^\alpha\,.
\end{aligned}$$

Mit Gl. (14.1) wird

$$\begin{aligned}
\Pi_{\mu\nu}(q) = -ie_0^2 4 \int_0^1 dx \Big\{ g_{\mu\nu} \Big[&\frac{2-n}{n} I(1,2) \\
&+ (x(1-x)q^2 + m^2) I(0,2) \Big] + 2x(1-x) q_\mu q_\nu I(0,2) \Big\}\,.
\end{aligned}$$

Wenn wir die Formel (12.8)

$$I(1,2) = -\frac{n}{2-n} R^2 I(0,2)$$

mit $R^2 = -x(1-x)q^2 + m^2$ verwenden, dann sehen wir, dass sich der longitudinale Teil weghebt und und $\Pi_{\mu\nu}(q)$ rein transversal ist,

$$\Pi_{\mu\nu}(q) = -ie_0^2 4 \int_0^1 dx 2x(1-x)(q^2 g_{\mu\nu} - q_\mu q_\nu) I(0,2)\,. \tag{14.2}$$

Aus der Lorentzkovarianz folgt, dass der Polarisationstensor von der Form sein muss

$$\Pi_{\mu\nu}(q) = (-g_{\mu\nu}q^2 + q_\mu q_\nu)\Pi(q^2)\,.$$

Ein Vergleich mit Gl. (14.2) ergibt

$$\Pi(q^2) = -ie_0^2 4 \int_0^1 dx 2x(1-x) I(0,2)\}\,.$$

In Kapitel 12 hatten wir das hier benötigte Impulsintegral berechnet. Es war

$$\begin{aligned} I(0,2) &= \int \frac{d^n k}{(2\pi)^n} \frac{1}{[k^2 - R^2 + i\varepsilon]^2} \\ &= \frac{i}{16\pi^2}\left[\frac{1}{\varepsilon} - \gamma + \ln 4\pi - \ln R^2 + \mathcal{O}(\varepsilon)\right] \\ &= \frac{1}{\mu^{2\varepsilon}} \frac{i}{16\pi^2}\left[\frac{1}{\varepsilon} - \gamma + \ln 4\pi - \ln \frac{R^2}{\mu^2} + \mathcal{O}(\varepsilon)\right] \end{aligned}$$

Man beachte, wie in der dimensionalen Regularisierung die Skala μ auftritt. Sie wird benötigt, um das Argument des Logarithmus dimensionslos zu machen.

In führender Ordnung in ε gilt

$$1 - \varepsilon\gamma + \varepsilon \ln 4\pi = \frac{(4\pi)^\varepsilon}{\Gamma(1-\varepsilon)} + \mathcal{O}(\varepsilon^2)$$

Mit $\int_0^1 2x(1-x)dx = \frac{1}{3}$ ergibt sich für die Vakuumpolarisation

$$\Pi_0(q) = \frac{\tilde{\alpha}_0}{\pi}\frac{1}{3}\left[\frac{1}{\varepsilon} - 6\int_0^1 dx x(1-x)\ln \frac{m^2 - x(1-x)q^2}{\mu^2}\right] + \mathcal{O}(\varepsilon)\,, \tag{14.3}$$

wo wir

$$\tilde{\alpha}_0 \equiv \left[\mu^{-2\varepsilon}\frac{(4\pi)^\varepsilon}{\Gamma(1-\varepsilon)}\right]\frac{e_0^2}{4\pi} \tag{14.4}$$

gesetzt haben, damit $\tilde{\alpha}_0$ dimensionslos und $\alpha = Z_3\tilde{\alpha}_0$ ist. Der Faktor in der rechteckigen Klammer ist gleich 1 für $\varepsilon = 0$. Er dient dazu die unhandlichen Terme $\mu^{-2\varepsilon}$ und $-\gamma + \ln 4\pi$ aus den Integralen zu eliminieren.

Beweis.

$$\begin{aligned} &\frac{1}{\pi}\left[\mu^{-2\varepsilon}\frac{(4\pi)^\varepsilon}{\Gamma(1-\varepsilon)}\right]\frac{e_0^2}{4\pi}\frac{1}{3}\left[\frac{1}{\varepsilon} - 6\int_0^1 dx x(1-x)\ln\frac{m^2 - x(1-x)q^2}{\mu^2}\right] \\ &= \left[\mu^{-2\varepsilon}(1 - \varepsilon\gamma + \varepsilon\ln 4\pi)\right]\frac{e_0^2}{4\pi^2}\frac{1}{3}\left[\frac{1}{\varepsilon} - 6\int_0^1 dx x(1-x)\ln\frac{m^2 - x(1-x)q^2}{\mu^2}\right] \\ &= \frac{e_0^2}{4\pi^2}\mu^{-2\varepsilon}\frac{1}{3}\left[\frac{1}{\varepsilon} - \ln\frac{\mu^2}{4\pi} - \gamma + \ln 4\pi - 6\int_0^1 dx x(1-x)\ln\frac{m^2 - x(1-x)q^2}{\mu^2}\right]\,. \quad \square \end{aligned}$$

Interessant ist ein Vergleich mit dem Ergebnis in der Pauli-Villars-Regularisierung,

$$\Pi_0(k^2) = \lim_{\Lambda\to\infty}\left[-\frac{\alpha_0}{\pi}2\int_0^1 dx x(1-x)\ln\frac{(-k^2x(1-x)+m^2)}{m^2} + \frac{\alpha_0}{\pi}\frac{1}{3}\ln\frac{\Lambda^2}{m^2}\right].$$

Dann entspricht

$$\frac{1}{3}\ln\frac{\Lambda^2}{m^2} \to \frac{1}{\varepsilon} - \ln\frac{m^2}{\mu^2}.$$

Der Zusammenhang zwischen $\Pi_0(q^2)$ und dem unrenormierten Propagator war gegeben durch

$$\begin{aligned}
D_0^{\mu\nu}(q) &= \frac{-g^{\mu\nu} + \frac{q^\mu q^\nu}{q^2}}{q^2}\frac{1}{[1+\Pi_0(q^2)]} - a_0\frac{q^\mu q^\nu}{q^4} \\
&= \frac{-g^{\mu\nu} + \frac{q^\mu q^\nu}{q^2}}{q^2}D_0^\perp(p) - a_0\frac{q^\mu q^\nu}{q^4}
\end{aligned} \tag{14.5}$$

14.2 Die Vakuumpolarisation im On-Shell-Schema

Ziel der Rechnung ist es den renormierten Propagator und die Wellenfunktionsrenormierungskonstante des Photons in Ein-Schleifen-Näherung zu bestimmen. Der Zusammenhang zwischen der renormierten und der unrenormierten Vakuumpolarisation war

$$D_R^\perp(p) = \left[\frac{1}{p^2[1-\Pi_R(p^2)]}\right] = \left[Z_3^{-1}\frac{1}{p^2[1-\Pi_0(p^2)]}\right] \tag{14.6}$$

Im vorigen Kapitel hatten wir die On-Shell-Renormierungsbedingung für den Photon-Propagator abgeleitet

$$D_R^\perp(p)|_{p^2\to 0} = \left[Z_3^{-1}\frac{1}{p^2[1-\Pi_0(p^2)]}\right]_{p^2\to 0} = \frac{1}{p^2}$$

oder

$$Z_3^{-1} = 1 - \Pi_0(p^2 \to 0, m_0, e_0, \varepsilon),$$

wo $m_0 = m_0(e, m, \varepsilon)$ und $e_0 = e_0(e, m, \varepsilon)$ iterativ zu bestimmen sind. In erster Ordnung folgt aus Gl. (14.3), dass

$$Z_3 = 1 - \frac{\tilde{\alpha}_0}{\pi}\frac{1}{3}\left(\frac{1}{\varepsilon} - \ln\frac{m^2}{\mu^2}\right). \tag{14.7}$$

Wegen Gl. (14.6) ergibt sich damit für die renormierte Vakuumpolarisation

$$[1 + \Pi_R(q^2)] = Z_3[1 + \Pi_0(q^2)].$$

Wenn wir für Z_3 und Π_0 einsetzen, erhalten wir

$$1 + \Pi_R(q^2) = \left[1 - \frac{\tilde{\alpha}_0}{\pi}\frac{1}{3}\left(\frac{1}{\varepsilon} - \ln\frac{m^2}{\mu^2}\right)\right]$$
$$\times\left[1 + \frac{\tilde{\alpha}_0}{\pi}\left(\frac{1}{3}\frac{1}{\varepsilon} - 6\int_0^1 dx x(1-x)\ln\frac{m^2 - x(1-x)q^2}{\mu^2}\right)\right]$$

Die $1/\varepsilon$ und $\ln\mu^2$-Terme heben sich weg. Wir können in dieser Ordnung $\tilde{\alpha}_0$ durch $\alpha = 1/137{,}036\ldots$ ersetzen. Damit wird

$$\Pi_R(q^2) = -\frac{\alpha}{\pi}2\int_0^1 dx x(1-x)\ln\frac{m^2 - x(1-x)q^2}{m^2}\,.$$

Das Ergebnis ist endlich und hängt nicht mehr von der Skala μ ab. Für kleine q^2 kann man entwickeln

$$\Pi_R(q^2) = -\frac{\alpha}{\pi}2\int_0^1 dx x(1-x)x(1-x)\left(\frac{-q^2}{m^2}\right) = \frac{\alpha}{\pi}\frac{1}{15}\frac{q^2}{m^2}\,.$$

Es gilt offensichtlich

$$\Pi_R(0) = 0$$

Das Photon bleibt daher, auch nach Renormierung, masselos.

Für große $(-q^2)$ erhält man

$$\Pi_R(q^2) = -\frac{\alpha}{\pi}2\int_0^1 dx x(1-x)\ln\frac{-x(1-x)q^2}{m^2} = \frac{\alpha}{\pi}\left(-\frac{1}{3}\ln\frac{-q^2}{m^2} + \frac{5}{9}\right)$$

Wenn nicht entwickelt wird ergibt Integral über x nach einiger Mühe

$$\Pi_R(q^2) = \frac{\alpha}{\pi}\frac{1}{3}\left[\frac{8}{3} - \frac{(1+\theta)^2}{(1-\theta)^2} + \frac{1}{2}\left(3 - \frac{(1+\theta)^2}{(1-\theta)^2}\right)\frac{1+\theta}{1-\theta}\ln\theta\right]$$

mit

$$\theta = -\frac{1 - \sqrt{\left(1 - 4\frac{m^2}{q^2}\right)}}{1 + \sqrt{\left(1 - 4\frac{m^2}{q^2}\right)}}\,.$$

In der hier betrachteten niedrigsten Ordnung kann man $\Pi_R(q^2)$ auch einfacher haben. Es gilt

$$\Pi_R(q^2) - \underbrace{\Pi_R(0)}_{=0} = \underbrace{Z_3}_{1+\mathcal{O}(\alpha)}\left[\Pi_0(q^2) - \Pi_0(0)\right]$$

oder

$$\Pi_R(q^2) = \Pi_0(q^2) - \Pi_0(0) + \mathcal{O}(\alpha^2)\,. \tag{14.8}$$

Im Grenzfall sehr großer oder sehr kleiner Impulse erhalten wir

$$\Pi_\mathrm{R}(q^2) = \frac{\alpha}{3\pi} \begin{cases} -\ln\frac{-q^2}{m^2} + \frac{5}{3} & \text{für } q^2 \gg m^2 \\ \frac{q^2}{5m^2} & \text{für } q^2 \ll m^2 \end{cases} \tag{14.9}$$

Man sieht hier beispielhaft, dass in der QED die schweren Fermionen μ und τ entkoppeln, solange $q^2 \ll m^2_{\mu,\tau}$. Dies ist die Aussage des *Appelquist-Carazzone-Theorems.*

Der Imaginärteil von $\Pi_\mathrm{R}(q^2)$ ist gegeben durch

$$\mathrm{Im}\,\Pi_\mathrm{R}(q^2) = \frac{\alpha}{3}\left(1 + 2\frac{m^2}{q^2}\right)\sqrt{1 - 4\frac{m^2}{q^2}}\,\theta\left(1 - 4\frac{m^2}{q^2}\right)$$

Für $q^2 > 4m^2$ kann $\mathrm{Im}\,\Pi_\mathrm{R}(q^2)$ im totalen Streuquerschnitt des Prozesses $e^+e^- \to \mu^+\mu^-$ gemessen werden. In dem virtuellen Prozess der Vakuumpolarisation ist ein reeller Prozess der Paarerzeugung enthalten. Man beachte auch, dass der Imaginärteil von Π nicht renormiert werden muss $\mathrm{Im}\,\Pi_\mathrm{R} = \mathrm{Im}\,\Pi_0$. In höherer Ordnung sind natürlich die Parameter zu renormieren,

$$\mathrm{Im}\,\Pi_\mathrm{R}(q^2, e, m) = \mathrm{Im}\,\Pi_0\left(q^2, e_0(e,m), m_0(e,m)\right) .$$

14.3 Die Vakuumpolarisation im $\overline{MS}$-Schema

Wir haben durch die Definition von $\tilde{\alpha}_0$ in Gl. (14.4) die unhandlichen Terme Terme $\mu^{-2\varepsilon}$ und $-\gamma + \ln 4\pi$ aus den Ergebnissen eliminiert. Wenn wir jetzt noch die $1/\varepsilon$-Terme in die Renormierung stecken, dann sprechen wir vom *$\overline{MS}$-Renormierungsschema.* In diesem Schema wird

$$Z_3 = 1 - \frac{\alpha(\mu)}{\pi}\frac{1}{3}\frac{1}{\varepsilon} .$$

Damit ergibt sich für den renormierten Propagator

$$\Pi_\mathrm{R}^{\overline{MS}}(q^2) = -\frac{\alpha(\mu)}{\pi}\left[2\int_0^1 dx x(1-x)\ln\frac{m^2 - x(1-x)q^2}{\mu^2}\right] \tag{14.10}$$

$$= -\frac{\alpha(\mu)}{\pi}\left[\frac{1}{3}\ln\frac{m^2}{\mu^2} + 2\int_0^1 dx x(1-x)\ln\frac{m^2 - x(1-x)q^2}{m^2}\right] \tag{14.11}$$

An Gl. (14.10) sehen wir, dass wir im $\overline{MS}$-Schema die Fermionmasse m gleich Null setzen bzw. den Grenzwert $q^2 \to \infty$ bilden können. Das On–Shell-Schema weist in diesem Limes eine logarithmische Divergenz auf. Das $\overline{MS}$-Schema eignet sich daher für Streuprozesse bei hohen raumartigen Impulsen. Wichtig ist das $\overline{MS}$-Schema besonders für QCD-Rechnungen, da Quarks und und Gluonen nicht auf der Massenschale existieren können.

Den großen Nachteil des $\overline{MS}$-Schemas erkennt man, wenn man den Propagator betrachtet,

$$D_{\mathrm{R}}^{\mu\nu}(q) = \frac{-g^{\mu\nu}}{q^2}\frac{1}{\left[1+\Pi_{\mathrm{R}}^{\overline{MS}}(q^2)\right]}\,. \tag{14.12}$$

Weder $\Pi_{\mathrm{R}}^{(\overline{MS})}$ noch deren Ableitung verschwinden für $q^2 = 0$.

14.4 Die effektive Ladung

Wir betrachten den unrenormierten und den renormierten Photon-Propagator zwischen äußeren elektromagnetischen Strömen,

$$D_0^{\mu\nu}(q) = \frac{-g^{\mu\nu}}{q^2}\frac{1}{[1+\Pi_0(q^2)]}\,, \quad D_{\mathrm{R}}^{\mu\nu}(q) = \frac{-g^{\mu\nu}}{q^2}\frac{1}{[1+\Pi_{\mathrm{R}}(q^2)]} \tag{14.13}$$

mit

$$D_{\mathrm{R}}^{\mu\nu}(q) = Z_3^{-1}D_0^{\mu\nu}(q)\,.$$

Die $q^\mu q^\nu$-Terme verschwinden wegen der Erhaltung des Stromes. Für die Renormierungskonstante Z_e der Ladung, die definiert ist als $e_0 = Z_e e$, folgte aus der Ward-Identität, dass $Z_e = Z_3^{-1/2}$. Damit gilt

$$e_{\mathrm{R}}^2 D_{\mathrm{R}}^{\mu\nu} = e_0^2 D_0^{\mu\nu}\,.$$

Der Ausdruck ist in jedem Renormierungsschema gleich, da die rechte Seite der Gleichung nur unrenormierte Größen involviert. Lässt man den Faktor $1/q^2$ in Gl. (14.13) weg, kann man eine effektive Ladung definieren

$$\alpha_{\mathrm{eff}}(q^2) = \frac{\alpha}{1+\Pi(q^2)}$$

Die so definierte effektive Ladung ist eichinvariant und unabhängig vom Renormierungsschema in allen Ordnungen der Störungstheorie. Sie erfüllt

$$\alpha_{\mathrm{eff}}(0) = \alpha = \frac{1}{137{,}036\ldots}$$

Man kann die Vakuumpolarisation als eine Korrektur der Ladung interpretieren. Für $Q^2 \equiv -q^2 \gg m^2$ ist die *effektive Ladung*

$$\alpha_{\mathrm{eff}}(Q^2) = \frac{\alpha}{1-\frac{\alpha}{3\pi}\ln\frac{Q^2}{\zeta m^2}} \quad \text{mit} \quad \zeta = e^{\frac{5}{3}}\,. \tag{14.14}$$

In Streuexperimenten, bei denen ein Photon ausgetauscht wird, z. B. der Streuung eines Elektrons an einem schweren Kern, ist der ausgetauschte Impuls meist raumartig ($Q^2 > 0$), so dass der Logarithmus in Gl. (14.14) reell ist. Nicht-relativistisch entspricht die Q^2-Abhängigkeit einem effektiven Potential. Wenn die Elektronen sehr weit vom Kern entfernt sind ($Q^2 \approx 0$), dann messen wir $\alpha_{\text{eff}}(0) = 1/137$. Für $Q^2 = 0$ wird die Ladung durch eine Wolke von virtuellen e^+e^--Paaren abgeschirmt. Für wachsende Q^2 (kleinere Abstände) dringt das Elektron tiefer in die abschirmende Wolke der virtuellen Elektronen ein und sieht mehr von der „wahren Ladung“ des Elektrons, die größer ist. Dies ist ähnlich einem klassischen polarisierbaren Medium, daher der Name Vakuumpolarisation. Für sehr große $|q^2|$ (oder im Limes $m^2 \to 0$) divergiert das Ergebnis. In niedrigster Ordnung entwickelt die effektive Ladung einen Pol, den *Landau-Pol*. Dies ist aber kein praktisches Problem, weil einerseits die Störungstheorie lange vorher zusammenbricht und andererseits der Pol sich bei unvorstellbar hohen Energien $\sim (10^{277}\ \text{GeV})^2$ befindet.

15 Renormierung der Elektron-Selbstenergie

15.1 Elektron-Selbstenergie in allgemeiner Eichung

Für das Renormierungsprogramm benötigen wir noch die Renormierungskonstanten, Z_2, und δm. Diese lassen sich am einfachsten aus der Selbstenergie des Elektrons berechnen. Diese ist erster Ordnung Störungstheorie durch folgendes Feynman-Diagramm gegeben:

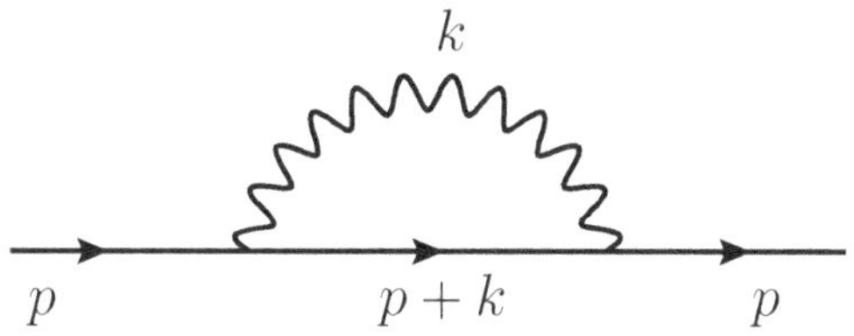

Mit den Feynman-Regeln erhalten wir in $n = 4-2\varepsilon$ Dimensionen für die unrenormierte Selbstenergie

$$
\begin{aligned}
-i\Sigma_0(p) &= (-ie_0)^2 \int \frac{d^n k}{(2\pi)^n} \gamma_\mu \frac{i}{\not p + \not k - m_0} \gamma_\nu \left(\frac{-i}{k^2}\right) \left[g^{\mu\nu} - (1-\xi_0)\frac{k^\mu k^\nu}{k^2}\right] \\
&= -e_0^2 \int \frac{d^4 k}{(2\pi)^4} \frac{1}{k^2[(p+k)^2 - m_0^2]} \\
&\quad \times \left[\gamma_\mu(\not p + \not k + m_0)\gamma^\mu - \frac{(1-\xi_0)}{k^2}\not k(\not p + \not k + m_0)\not k\right]
\end{aligned}
$$

Wir formen den zweiten Teil des Zählers etwas um,

$$
\begin{aligned}
\not k(\not p + \not k + m_0)\not k &= -k^2 \not p + 2(pk)\not k + k^2 \not k + m_0 k^2 \\
&= -k^2 \not p + \{[(k+p)^2 - m_0^2] - k^2 \\
&\quad - (p^2 - m_0^2)\}\not k + k^2 \not k + m_0 k^2 \ .
\end{aligned}
$$

Der Term $k^2 \not k$ hebt sich weg, und der Term $[(k+p)^2 - m_0^2]\not k$ verschwindet nach symmetrischer Integration in n Dimensionen. Damit wird

$$
\begin{aligned}
-i\Sigma_0 = -e_0^2 \int \frac{d^4 k}{(2\pi)^4} \frac{1}{k^2[(p+k)^2 - m_0^2]} \\
\times \Big\{\gamma_\mu(\not p + \not k + m_0)\gamma^\mu + (1-\xi_0)(\not p - m_0) \\
+ (1-\xi_0)(p^2 - m_0^2)\frac{\not k}{k^2}\Big\}
\end{aligned}
$$

Aufgrund von Lorentzinvarianz muss die unrenormierte Selbstenergie die allgemeine Struktur besitzen,

$$
\Sigma_0 = m_0 A_0(p^2)1 + B_0(p^2)\not p \ . \tag{15.1}
$$

https://doi.org/10.1515/9783110488593-015

Die skalaren Funktionen A_0 und B_0 können wir berechnen indem wir die Spur bilden,

$$A_0 = \frac{1}{m_0}\frac{1}{4}\,\mathrm{Sp}\,\Sigma_0 \tag{15.2}$$

$$B_0 = \frac{1}{4}\frac{1}{p^2}\,\mathrm{Sp}\,\not{p}\Sigma_0 \,. \tag{15.3}$$

Man kann $\mathrm{Sp}\,\mathbf{1} = 4$ auch in n Dimensionen setzen.

Der Zähler N in der Selbstenergie lautet

$$\begin{aligned} N &= \gamma_\mu(\not{p} + \not{k} + m_0)\gamma^\mu + (1-\xi_0)(\not{p} - m_0) \\ &\quad + (1-\xi_0)(p^2 - m_0^2)\frac{\not{k}}{k^2} \\ &= -(n-2)(\not{p} + \not{k}) + n m_0 + (1-\xi_0)(\not{p} - m_0) \\ &\quad + (1-\xi_0)(p^2 - m_0^2)\frac{\not{k}}{k^2} \,. \end{aligned}$$

Damit wird

$$\frac{1}{4}\,\mathrm{Sp}\,N = n m_0 - (1-\xi_0) m_0 \tag{15.4}$$

$$\begin{aligned} \frac{1}{4}\,\mathrm{Sp}\,\not{p}N &= -(n-2)[p^2 + pk] + (1-\xi_0)p^2 \\ &\quad + (1-\xi_0)(p^2 - m_0^2)\frac{pk}{k^2} \,. \end{aligned} \tag{15.5}$$

Mit Gl. (15.4) erhalten wir

$$A_0(p^2) = -ie_0^2 \int \frac{d^n k}{(2\pi)^n} \frac{(n-1+\xi_0)}{k^2[(p+k)^2 - m_0^2]} \,.$$

Wir verwenden wieder die Feynmansche Formel

$$\frac{1}{ab} = \int_0^1 dx \frac{1}{[(a-b)x + b]^2}$$

mit

$$b = k^2 \,, \quad a = (p+k)^2 - m^2$$

$$(a-b)x + b = (k + px)^2 + p^2 x(1-x) - m^2 x \,.$$

Da das Integral in n Dimensionen konvergiert, können wir zur Vereinfachung des Nenners eine Translation durchführen

$$k + px \to k \,,$$

und erhalten

$$\begin{aligned} A_0(p^2) &= -ie_0^2 \int \frac{d^n k}{(2\pi)^n} \frac{(n-1+\xi_0)}{k^2[(p+k)^2 - m_0^2]} \\ &= -ie_0^2 \int_0^1 dx \int \frac{d^n k}{(2\pi)^n} \frac{(n-1+\xi_0)}{[k^2 - Q^2]^2} \end{aligned}$$

mit

$$Q^2 \equiv -x(1-x)p^2 + xm_0^2 \,.$$

Das Impulsintegral hatten wir in Kapitel 12 berechnet. Damit erhalten wir

$$\begin{aligned} J_1 &\equiv \int \frac{d^n k}{(2\pi)^n} \frac{1}{k^2[(p+k)^2 - m_0^2]} = \int_0^1 dx \int \frac{d^n k}{(2\pi)^n} \frac{1}{[k^2 - Q^2]^2} \\ &= \int_0^1 dx \frac{i}{16\pi^2} \mu^{-2\varepsilon} \left[\frac{1}{\varepsilon} - \gamma + \ln 4\pi - \ln \frac{m_0^2}{\mu^2} - \ln \frac{Q^2}{m_0^2} + \mathcal{O}(\varepsilon) \right] . \end{aligned}$$

Die x-Integration kann elementar ausgeführt werden mit dem Ergebnis

$$J_1 = \frac{i}{16\pi^2} \mu^{-2\varepsilon} \left[\frac{1}{\varepsilon} - \gamma + \ln 4\pi - \ln \frac{m_0^2}{\mu^2} - \left(1 - \frac{m_0^2}{p^2}\right) \ln \frac{m_0^2 - p^2}{m_0^2} + 2 \right] + \mathcal{O}(\varepsilon) \,.$$

Damit wird

$$\begin{aligned} A_0(p^2) &= \frac{e_0^2 \mu^{-2\varepsilon}}{4\pi} (3 - 2\varepsilon + \xi_0) \\ &\times \left[\frac{1}{\varepsilon} - \gamma + \ln 4\pi - \ln \frac{m_0^2}{\mu^2} - \left(1 - \frac{m_0^2}{p^2}\right) \ln \frac{m_0^2 - p^2}{m_0^2} + 2 \right] + \mathcal{O}(\varepsilon) \,. \end{aligned}$$

Wir setzen wieder

$$\widetilde{\alpha}_0 \equiv \left[\frac{(4\pi)^\varepsilon}{\Gamma(1-\varepsilon)} \right] \frac{e_0^2}{4\pi} = [1 - \varepsilon\gamma + \varepsilon \ln 4\pi] \frac{e_0^2}{4\pi} + \mathcal{O}(\varepsilon^2) \tag{15.6}$$

damit $\widetilde{\alpha}_0$ dimensionslos wird und die Terme $-\gamma + \ln 4\pi$ verschwinden. Wir entwickeln für kleine ε und erhalten

$$A_0(p^2) = \frac{\widetilde{\alpha}_0}{4\pi} \left[(3 + \xi_0) \left(\frac{1}{\varepsilon} - \ln \frac{m_0^2}{\mu^2} - \left(1 - \frac{m_0^2}{p^2}\right) \ln \frac{m_0^2 - p^2}{m_0^2} + 2 \right) - 2 \right] + \mathcal{O}(\varepsilon) \,. \tag{15.7}$$

Wenn wir den $1/\varepsilon$-Term weglassen, erhalten wir das Ergebnis im $\overline{MS}$-Schema.

Man beachte, dass die Ableitung von $A_0(p^2)$ für $p^2 \to m_0^2$ divergiert,

$$\begin{aligned} \frac{\partial A_0(p^2)}{\partial p^2} &= \frac{\widetilde{\alpha}_0}{4\pi} \left[(3 + \xi_0) \left(\frac{m_0^2}{p^2} \ln \frac{m_0^2 - p^2}{m_0^2} + 2 \right) + 1 \right] \\ &\to \infty \quad \text{für } p^2 \to m_0^2 \,. \end{aligned}$$

Als nächstes berechnen wir $B_0(p^2)$. Mit Gl. (15.5) wird

$$\begin{aligned} p^2 B_0(p^2) &= -ie_0^2 \frac{1}{4} \operatorname{Sp} \not{p} \int \frac{d^4 k}{(2\pi)^4} \frac{1}{k^2[(p+k)^2 - m_0^2]} \\ &\times \left\{ \gamma_\mu(\not{p} + \not{k} + m_0)\gamma^\mu + (1 - \xi_0)(\not{p} - m_0) + (1 - \xi_0)(p^2 - m_0^2)\frac{\not{k}}{k^2} \right\} \\ &= -ie_0^2 \frac{1}{4} \int \frac{d^4 k}{(2\pi)^4} \frac{1}{k^2[(p+k)^2 - m_0^2]} \\ &\times \left[-(n-2)(p^2 + pk) + (1 - \xi_0)p^2 + (1 - \xi_0)(p^2 - m_0^2)\frac{pk}{k^2} \right] . \end{aligned} \tag{15.8}$$

Mit Hilfe der quadratischen Ergänzung

$$2pk = (k+p)^2 - k^2 - p^2$$

formen wir den Ausdruck etwas um, um die Vorteile der symmetrischen Integration voll auszunützen,

$$\begin{aligned} B_0(p^2) = -ie_0^2 \int \frac{d^n k}{(2\pi)^n} \frac{1}{k^2[(p+k)^2 - m_0^2]} \\ \times \Bigg\{ -(n-2)\frac{1}{2}\left[(k+p)^2 - m_0^2 + m_0^2 + p^2 - k^2\right] \\ + (1-\xi_0)p^2 \\ + (1-\xi_0)(p^2 - m_0^2)\frac{(k+p)^2 - m_0^2 + m_0^2 - k^2 - p^2}{2k^2} \Bigg\} \end{aligned}$$

oder

$$\begin{aligned} B_0(p^2) = -ie_0^2 \frac{1}{2} \int \frac{d^n k}{(2\pi)^n} \Bigg\{ -\frac{n-2}{k^2} + (1-\xi_0)\frac{(p^2 - m_0^2)}{k^4} \\ - \frac{1}{k^2[(p+k)^2 - m_0^2]}(n-3+\xi_0)(p^2 + m_0^2) \\ + \frac{1}{[(p+k)^2 - m_0^2]}(n-2) \\ - \frac{1}{k^4[(p+k)^2 - m_0^2]}(1-\xi_0)(p^2 - m_0^2)^2 \Bigg\} . \end{aligned}$$

Die ersten beiden Terme sind Tadpole-Integrale, die verschwinden.

Wir benötigen die Integrale

$$\int \frac{d^n k}{(2\pi)^n} \frac{1}{k^2[(p+k)^2 - m_0^2]} = \frac{i}{16\pi^2}\mu^{-2\varepsilon}\left[\frac{1}{\varepsilon} + C - \left(1 - \frac{m_0^2}{p^2}\right)\ln\frac{m_0^2 - p^2}{m_0^2} + 2\right] \tag{15.9}$$

$$\begin{aligned} \int \frac{d^n k}{(2\pi)^n} \frac{1}{[(p+k)^2 - m_0^2]} &= \int \frac{d^n k}{(2\pi)^n} \frac{1}{[k^2 - m_0^2]} \\ &= \frac{i}{16\pi^2}\mu^{-2\varepsilon} m_0^2 \left[\frac{1}{\varepsilon} + C + 1\right] , \end{aligned} \tag{15.10}$$

und

$$\begin{aligned} &\int \frac{d^n k}{(2\pi)^n} \frac{1}{k^4[(p+k)^2 - m_0^2]} \\ &= \frac{i}{16\pi^2}\mu^{-2\varepsilon} \frac{1}{p^2 - m_0^2}\left[\frac{-1}{\varepsilon_{\mathrm{IR}}} - C - \left(1 + \frac{m_0^2}{p^2}\right)\ln\frac{m_0^2 - p^2}{m_0^2}\right] , \end{aligned} \tag{15.11}$$

wo

$$C \equiv -\gamma + \ln 4\pi - \ln\frac{m_0^2}{\mu^2} .$$

Das letzte Integral ist UV-konvergent, aber IR-divergent. Die IR-divergenten Integrale existieren für $n = 4 - 2\varepsilon_{\text{IR}} > 4$, während die UV-divergenten Integrale für $n = 4 - 2\varepsilon < 4$ ($\varepsilon = \varepsilon_{\text{UV}}$) existieren. Ansonsten existieren die Integrale in der ganzen komplexen n-Ebene.

Mit diesen Integralen wird

$$\begin{aligned} p^2 B_0(p^2) = \frac{e_0^2\mu^{-2\varepsilon}}{(4\pi)^2}\frac{1}{2}\Bigg\{&-(1-2\varepsilon+\xi_0)(p^2+m_0^2)\left[\frac{1}{\varepsilon}+C-\left(1-\frac{m_0^2}{p^2}\right)\ln\frac{m_0^2-p^2}{m_0^2}+2\right] \\ &+(n-2)m_0^2\left[\frac{1}{\varepsilon}+C+1\right] \\ &-(1-\xi_0)(p^2-m_0^2)\left[\frac{-1}{\varepsilon_{\text{IR}}}-C+\left(1+\frac{m_0^2}{p^2}\right)\ln\frac{m_0^2-p^2}{m_0^2}\right]\Bigg\}\,. \end{aligned}$$

Die hier auftretende IR-Divergenz ist keine echte IR-Divergenz (siehe Gl. (15.8)). Sie rührt von den Tadpole-Integralen her, bei denen sich IR-Divergenzen gegen UV-Divergenzen aufheben. Es ist hier sinnvoll n komplex anzunehmen, dann kann man $\varepsilon_{\text{IR}} = \varepsilon$ setzen. Wir setzen wieder $\tilde{\alpha}_0 \equiv [\mu^{-2\varepsilon}\frac{(4\pi)^\varepsilon}{\Gamma(1-\varepsilon)}]\frac{e_0^2}{4\pi}$ (Gl. (15.6)). Dann wird $C \to -\ln\frac{m_0^2}{\mu^2}$ und wir erhalten

$$B_0(p^2) = \frac{\tilde{\alpha}_0}{4\pi}\xi_0\left\{-\left(\frac{1}{\varepsilon}\right)-\ln\frac{m_0^2}{\mu^2}+\left(1-\frac{m_0^4}{p^4}\right)\ln\frac{m_0^2-p^2}{m_0^2}-\left(1+\frac{m_0^2}{p^2}\right)\right\}\,. \tag{15.12}$$

15.2 Massenrenormierung im On-Shell-Schema

In erster Ordnung in α können wir in der unrenormierten Störungstheorie setzen

$$\Sigma_0(\not{p}, m_0; \tilde{\alpha}_0, \xi_0, \varepsilon) \approx \Sigma_0(\not{p}, m; \alpha, \xi, \varepsilon)\,.$$

Dann ist

$$\begin{aligned} \delta m &= \Sigma_0(\not{p} = m, m; \alpha, \xi, \varepsilon) \\ &= mA_0(m^2, m, \alpha, a, \varepsilon) + mB_0(m^2, m, \alpha, \xi, \varepsilon)\,. \end{aligned}$$

Aus Gl. (15.7) und Gl. (15.12) erhalten wir

$$A_0(m^2) = \frac{\alpha}{4\pi}\left[(3+\xi)\left(\frac{1}{\varepsilon}-\ln\frac{m^2}{\mu^2}+2\right)-2\right] \tag{15.13}$$

und

$$\begin{aligned} B_0(m^2,\xi) &= \frac{\alpha}{4\pi}\frac{1}{2}\frac{1}{m^2}\left\{\left(\frac{1}{\varepsilon}+\ln\frac{m^2}{\mu^2}\right)[2m^2-(1+\xi)(2m^2)]+2m^2[2-(1+\xi)2]\right\} \\ &= \frac{\alpha}{4\pi}\left(-\frac{1}{\varepsilon}+\ln\frac{m^2}{\mu^2}-2\right)\xi\,. \end{aligned}$$

Damit wird die Massenrenormierung erster Ordnung im On-Shell-Schema

$$\delta m = m\frac{\alpha}{4\pi}3\left[\frac{1}{\varepsilon} - \ln\frac{m^2}{\mu^2} + \frac{4}{3}\right] . \tag{15.14}$$

Man beachte, dass hier und in allen Ordnungen der Störungstheorie gilt:

a) δm ist *eichinvariant* und *IR-endlich.*

b) $\delta m = 0$ für $m = 0$ als Folge der Symmetrie der masselosen QED Lagrangefunktion unter chiralen Transformationen $\Psi \to e^{-i\alpha\gamma_5}\Psi$.

c) Die Definition $\tilde{\alpha}_0 \equiv [\mu^{-2\varepsilon}\frac{(4\pi)^\varepsilon}{\Gamma(1-\varepsilon)}]\frac{e_0^2}{4\pi}$ ist Konvention. Sie entspricht der des $\overline{MS}$-Schemas.

Aus $\delta m \equiv m - m_0 = m(1 - Z_m)$ folgt

$$Z_m = 1 - \frac{\delta m}{m}$$

D. h.

$$Z_m = 1 - \frac{\alpha}{4\pi}3\left[\frac{1}{\varepsilon} - \ln\frac{m^2}{\mu^2} + \frac{4}{3}\right] \tag{15.15}$$

15.3 Wellenfunktionsrenormierung im On-Shell-Schema

Für die Wellenfunktionsrenormierung benötigen wir noch die Ableitung von $\Sigma(\not p)$.

Berechnung von $\frac{\partial A_0}{\partial p^2}$

Es war

$$A_0(p^2) = -ie_0^2\int_0^1 dx \int \frac{d^nk}{(2\pi)^n}\frac{(n-1+\xi_0)}{[k^2-Q^2]^2}$$

mit

$$n = 4 - 2\varepsilon\,, \quad Q^2 \equiv -x(1-x)p^2 + x$$

Wir rechnen der Einfachheit halber in der Feynman-Eichung $\xi = 1$. Nach der k-Integration erhalten wir

$$A_0(p^2) = e_0^2 n(4\pi)^{-\varepsilon}\Gamma(\varepsilon)\frac{1}{16\pi^2}\int_0^1 dx\left[\frac{x^2p^2 - (p^2 - m_0^2)x}{\mu^2}\right]^{-\varepsilon} ,$$

und damit wird

$$\frac{\partial A_0}{\partial p^2} = \frac{e_0^2}{16\pi^2}(4\pi)^{-\varepsilon} n\Gamma(\varepsilon)(-\varepsilon) \times \int_0^1 dx \frac{-x(1-x)}{\mu^2}\left[\frac{x^2p^2 - (p^2 - m_0^2)x}{\mu^2}\right]^{-(1+\varepsilon)} .$$

Wir entwickeln für kleine ε,

$$\varepsilon\Gamma(\varepsilon) = \Gamma(1+\varepsilon) = (1 - \gamma\varepsilon + \cdots)$$

und setzen $p^2 = m^2$. Dann wird

$$\left.\frac{\partial A_0}{\partial p^2}\right|_{p^2=m^2} = \frac{e_0^2}{(4\pi)^2}\frac{1}{m_0^2} n(1-\gamma\varepsilon)\left(\frac{m_0^2}{4\pi\mu^2}\right)^{-\varepsilon}\int_0^1 dx(1-x)x^{-(1+2\varepsilon)} .$$

Für die Auswertung des Integrals verwenden wir die Formel

$$\int_0^1 dx x^{\alpha-1}(1-x)^{\beta-1} = B(\alpha,\beta) \equiv \frac{\Gamma(\alpha)\Gamma(\beta)}{\Gamma(\alpha+\beta)} .$$

Hier ist $\alpha = -2\varepsilon$ und $\beta = 2$, und wir erhalten

$$\int_0^1 dx(1-x)x^{-(1+2\varepsilon)} = \frac{\Gamma(-2\varepsilon)\Gamma(2)}{\Gamma(2-2\varepsilon)} = \frac{\Gamma(-2\varepsilon)\Gamma(2)}{(1-2\varepsilon)\Gamma(1-2\varepsilon)}$$
$$= \frac{\Gamma(-2\varepsilon)\Gamma(2)}{(1-2\varepsilon)(1+\gamma 2\varepsilon)} ,$$

wo wir verwendet haben, dass $\Gamma(1+\varepsilon) = 1 - \gamma\varepsilon + \dots$. Die Integration über die Feynman-Parameter führte zu einer neuen Singularität $\Gamma(-2\varepsilon) = -\frac{1}{2\varepsilon} - \gamma + \dots$. Diese IR-Singularität wird regularisiert, indem man von $n = 4$ weggeht, aber diesmal mit $\varepsilon < 0$ ($n = 4 - 2\varepsilon > 4$). Alternativ kann man in die komplexe n-Ebene gehen, da das Integral analytisch in n ist.

Wir entwickeln weiter in ε:

$$\begin{aligned}\left.\frac{\partial A_0}{\partial p^2}\right|_{p^2=m^2} &= \frac{e_0^2}{(4\pi)^2}\frac{1}{m_0^2}(4-2\varepsilon)(1-\gamma\varepsilon)\left(1-\varepsilon\ln\frac{m_0^2}{4\pi\mu^2}\right)\\ &\quad\times(1+2\varepsilon)(1-2\gamma\varepsilon)\left(-\frac{1}{2\varepsilon}-\gamma\right)\\ &= \frac{e_0^2}{(4\pi)^2}\frac{1}{m_0^2}4\left[-\frac{1}{2\varepsilon_{\mathrm{IR}}}+\frac{1}{2}\gamma-\frac{3}{4}+\frac{1}{2}\ln\frac{m_0^2}{4\pi\mu^2}\right]\\ &= \frac{\tilde{\alpha}_0}{4\pi}\frac{1}{m_0^2}2\left[-\frac{1}{\varepsilon_{\mathrm{IR}}}+\ln\frac{m_0^2}{\mu^2}-\frac{3}{2}\right] .\end{aligned} \tag{15.16}$$

Wir schreiben $\varepsilon_{\mathrm{IR}}$, um den Ursprung der Divergenz sichtbar zu machen,

$$n = 4 - 2\varepsilon_{\mathrm{IR}}$$

Die Infrarot-Divergenz rührt daher, dass das Photon die Masse 0 hat. Die Singularität auch dadurch regularisieren, indem man dem Photon eine Masse gibt. In der Feynman-Eichung wird dann

$$-i\Sigma_0 = -e_0^2\mu^{2\varepsilon}\int \frac{d^4k}{(2\pi)^4}\frac{1}{[k^2-\lambda^2]\,[(p+k)^2-m_0^2]}$$
$$\times\,\gamma_\mu(\not p+\not k+m_0)\gamma^\mu\,.$$

Ähnlich wie oben erhält man für $\lambda \to 0$

$$A_0(p^2) = \frac{\widetilde{\alpha}_0}{\pi}\left\{\frac{1}{\varepsilon}-\frac{1}{2}-\int_0^1 dx\ln\frac{x^2p^2-(p^2-m_0^2+\lambda^2)x+\lambda^2}{\mu^2}\right\}.$$

Die Ableitung kann jetzt elementar gebildet werden

$$\left.\frac{\partial A_0}{\partial p^2}\right|_{p^2=m^2} = -\frac{\alpha}{\pi}\int_0^1 dx\frac{x(1-x)}{x^2m^2-x\lambda^2+\lambda^2}$$
$$= \frac{\alpha}{\pi}\frac{1}{2m^2}\ln\frac{m^2}{\lambda^2}+\text{konst.}$$

In dieser Ordnung kann man wieder $\widetilde{\alpha}_0 = \alpha$ setzen. Der Vergleich mit dimensionaler Regularisierung ergibt

$$-\frac{1}{\varepsilon_{\mathrm{IR}}} \to \ln\frac{m^2}{\lambda^2}+\text{konst.}$$

Berechnung von $\frac{\partial B}{\partial p^2}$

Wir beschränken uns zunächst auf die *Feynman-Eichung*, $\xi_0 = 1$. Für die Berechnung von $\frac{\partial B_0}{\partial p^2}$ betrachten wir noch einmal $B_0(p^2)$ in niedrigster Ordnung,

$$B_0(p^2) = -ie_0^2\int\frac{d^nk}{(2\pi)^n}\frac{1}{k^2[(p+k)^2-m_0^2]}\left[-(n-2)(p^2+2pk)\right]$$

Es ist

$$p^2+pk = \frac{1}{2}\left[(p+k)^2-m_0^2+p^2+m_0^2-k^2\right].$$

Der Term $(p+k)^2-m_0^2$ liefert ein Tadpole-Integral und verschwindet. Damit erhalten wir

$$B_0(p^2) = -ie_0^2\frac{2-n}{2}\left[\int\frac{d^nk}{(2\pi)^n}\frac{p^2+m_0^2}{k^2[(p+k)^2-m_0^2]}-\int\frac{d^nk}{(2\pi)^n}\frac{1}{k^2-m_0^2}\right]$$

Das zweite Integral ist unabhängig von p. Wir haben damit $B_0(p^2)$ auf $A_0(p^2)$ zurückgeführt.

$$B_0(p^2) = \frac{2-n}{2}\frac{1}{n}(p^2 + m_0^2)A_0(p^2) + ie_0^2\frac{2-n}{2}\int \frac{d^nk}{(2\pi)^n}\frac{1}{k^2 - m_0^2} .$$

Damit ist

$$\frac{\partial B_0}{\partial p^2} = \frac{2-n}{2}\frac{1}{n}\left[(p^2 + m_0^2)\frac{\partial A_0}{\partial p^2} + A_0(p^2)\right] .$$

Mit Gl. (15.16) und Gl. (15.13) erhalten wir schließlich für die Ableitung bei $p^2 = m^2$

$$\begin{aligned}\left.\frac{\partial B_0}{\partial p^2}\right|_{p^2=m^2} &= \frac{2-n}{2n}\left[\frac{\alpha}{4\pi}2\left(-\frac{1}{\varepsilon_{\mathrm{IR}}} + \ln\frac{m_0^2}{\mu^2} - \frac{3}{2}\right)\right. \\ &\quad \left. + \frac{\alpha}{4\pi}\left(4\left(\frac{1}{\varepsilon} - \ln\frac{m_0^2}{\mu^2} + 2\right) - 2\right)\right] \\ &= \frac{2-n}{2n}\frac{\alpha}{4\pi}\left[-\frac{2}{\varepsilon_{\mathrm{IR}}} - 2\ln\frac{m_0^2}{\mu^2} + 3\right] .\end{aligned}$$

Jetzt können wir Z_2 in $\mathcal{O}(\alpha)$ angeben,

$$\begin{aligned}Z_2^{-1} &= \left[1 - \frac{\partial}{\partial \not{p}}\Sigma_0(\not{p}, m_0, e_0)\right]_{\not{p}=m} \\ &= \left[1 - \frac{\partial}{\partial \not{p}}\Sigma_0(\not{p}, m, e)\right]_{\not{p}=m} + \mathcal{O}(\alpha^2) \\ &= 1 - \left[2m\frac{\partial A_0}{\partial p^2} + B_0 + 2m^2\frac{\partial B_0}{\partial p^2}\right]_{p^2=m^2} ,\end{aligned}$$

wo wir verwendet haben, dass

$$\left.\frac{\partial}{\partial \not{p}}F(p^2)\right|_{\not{p}=m} = 2\not{p}\left.\frac{\partial}{\partial p^2}F(p^2)\right|_{\not{p}=m} = 2m\left.\frac{\partial}{\partial p^2}F(p^2)\right|_{p^2=m^2} .$$

Wenn wir für $\frac{\partial A_0}{\partial p^2}$ und $\frac{\partial B_0}{\partial p^2}$ die obigen Ergebnisse einsetzen erhalten wir

$$Z_2 = 1 - \frac{\alpha}{4\pi}\left[\frac{1}{\varepsilon_{\mathrm{UV}}} + \frac{2}{\varepsilon_{\mathrm{IR}}} - 3\ln\frac{m^2}{\mu^2} + 4\right] ,$$

wo wir mit $4 - 2\varepsilon_{IR,UV} = n$. Rechnet man in beliebiger Eichung, so findet man

$$Z_2 = 1 - \frac{\alpha}{4\pi}\left[\xi\frac{1}{\varepsilon_{\mathrm{UV}}} + (3-\xi)\frac{1}{\varepsilon_{\mathrm{IR}}} - 3\ln\frac{m^2}{\mu^2} + 4\right] . \qquad (15.17)$$

Bemerkungen.

a) $\exists$ eine Eichung, in der Z_2 UV-endlich ist, $\xi = 0$, die Landau-Eichung.
b) $\exists$ eine Eichung, in der Z_2 IR-endlich ist, $\xi = 3$, die Yennie-Eichung, (gilt nur in $\mathcal{O}(\alpha)$).
c) Z_2 ist eichinvariant für $\varepsilon_{\mathrm{IR}} = \varepsilon_{\mathrm{UV}} = \varepsilon$.

Aus der Definition

$$\langle 0 \left| T\overline{\Psi}_0(x)\Psi_0(y) \right| 0\rangle = Z_2 \langle 0 \left| T\overline{\Psi}_R(x)\Psi_R(y) \right| 0\rangle$$

kann man für $\varepsilon_{IR} = \varepsilon_{UV}$ folgern, dass $Z_2 < 1$ die Wahrscheinlichkeit angibt, dass ein renormiertes Elektron in einem unrenormierten Elektron propagiert.

Mit der Kenntnis von Z_2 und Z_3 können die Renormierung beliebig komplizierter Prozesse der QED mit m äußeren Elektronen und n äußeren Photonen in Ordnung α einfach durch Multiplikation mit $(Z_2)^{m/2}$ und $(Z_3)^{n/2}$ durchführen. Um die Infrarot-Divergenz loszuwerden, muss die Abstrahlung weicher Photonen von den externen Elektronen mitgenommen werden.

Die Eichabhängigkeit und die Infrarot-Divergenz machen es schwierig physikalisch sinnvolle Informationen mit der Fermion-Selbstenergie selbst zu verbinden.

15.4 Der renormierte Propagator

Der renormierte Propagator berechnet sich aus

$$S_R(\not{p}) = Z_2^{-1} S_0(\not{p})$$

Oder

$$\not{p} - m - \Sigma_R(\not{p}) = Z_2[\not{p} - m_0 - \Sigma_0(\not{p})]$$

Mit

$$\Sigma = mA(p^2)1 + B(p^2)\not{p}$$

gilt

$$\begin{aligned} 1 + A_R &= Z_2 \frac{m_0}{m}(1 + A_0) \\ &= Z_2 Z_m (1 + A_0) \end{aligned} \tag{15.18}$$

$$1 - B_R = Z_2(1 - B_0) \tag{15.19}$$

der Klarheit halber fassen wir noch einmal die oben abgeleiteten Ergebnisse zusammen In erster Ordnung war

$$\begin{aligned} A_0(p^2) &= \frac{\alpha}{4\pi}\left[(3+\xi)\left(\frac{1}{\varepsilon_{UV}} - \ln\frac{m^2}{\mu^2} - \left(1 - \frac{m^2}{p^2}\right)\ln\frac{m^2 - p^2}{m^2} + 2\right) - 2\right] \\ B_0(p^2) &= \frac{\alpha}{4\pi}\left[-\xi\left(\frac{1}{\varepsilon_{UV}} - \ln\frac{m^2}{\mu^2}\right) + \left(1 - \frac{m^4}{p^4}\right)\xi\ln\frac{m^2 - p^2}{m^2} - \xi\left(1 + \frac{m^2}{p^2}\right)\right]. \\ Z_2 &= 1 - \frac{\alpha}{4\pi}\left[\xi\left(\frac{1}{\varepsilon_{UV}} - \ln\frac{m^2}{\mu^2}\right) + 3\left(\frac{1}{\varepsilon_{IR}} - \ln\frac{m^2}{\mu^2}\right) + 4\right] \\ Z_m &= 1 - \frac{\alpha}{4\pi} 3\left[\frac{1}{\varepsilon_{UV}} - \ln\frac{m^2}{\mu^2} + \frac{4}{3}\right] \end{aligned}$$

Wir definieren in $\mathcal{O}(\alpha)$

$$Z_1 = 1 + z_1 \,, \qquad Z_2 = 1 + z_2 \,, \qquad Z_m = 1 + z_m$$

Damit wird

$$1 + A_\mathrm{R} = (1 + z_2 + z_m)(1 + A_0) + \mathcal{O}(\alpha^2)$$

oder

$$\begin{aligned} A_\mathrm{R} &= z_2 + z_m + A_0 \\ &= \frac{\alpha}{4\pi}\left[(\xi+3)\left(-\frac{2}{\xi+3} - L\left(1-\frac{m^2}{p^2}\right)+2\right) - \left(\frac{1}{\varepsilon_\mathrm{IR}} - \ln\frac{m_0^2}{\mu^2}\right)(3-\xi) - 8\right] \end{aligned}$$

mit

$$L \equiv \ln\frac{m^2 - p^2}{m^2} \,.$$

Die renormierte Funktion $B_\mathrm{R}(p^2)$ wird entsprechend

$$\begin{aligned} 1 - B_\mathrm{R} &= (1 + z_2)(1 - B_0) \\ &= 1 + z_2 - B_0 \end{aligned}$$

oder

$$\begin{aligned} B_\mathrm{R} &= B_0 - z_2 \\ &= \frac{\alpha}{4\pi}\left[-\xi\left(\frac{m^2}{p^2}+1\right) + \left(\frac{1}{\varepsilon_\mathrm{IR}} - \ln\frac{m_0^2}{\mu^2}\right)(3-\xi) + L\xi^2\left(\frac{m^2}{p^2}+1\right)\left(1-\frac{m^2}{p^2}\right)+4\right] \end{aligned}$$

Schließlich erhalten wir die renormierte endliche Selbstenergie

$$\begin{aligned} \Sigma_\mathrm{R} = {}& m\frac{\alpha}{4\pi}\left[(\xi+3)\left(-\frac{2}{\xi+3} - L\left(1-\frac{m^2}{p^2}\right)+2\right) - \left(\frac{1}{\varepsilon_\mathrm{IR}} - \ln\frac{m^2}{\mu^2}\right)(3-\xi) - 8\right] \\ & + \not{p}\frac{\alpha}{4\pi}\left[-\xi\left(\frac{m^2}{p^2}+1\right) + \left(\frac{1}{\varepsilon_\mathrm{IR}} - \ln\frac{m^2}{\mu^2}\right)(3-\xi) + L^2\left(1-\frac{m^4}{p^4}\right)+4\right] \end{aligned}$$

Wie erwartet ist die renormierte Selbstenergie UV-endlich. Sie ist aber eichabhängig und IR-divergent. Die IR-Divergenz stammt von der Masselosigkeit des Photons. Im Gegensatz zur Vakuumpolarisation kann die Fermion-Selbstenergie keine direkte physikalische Bedeutung haben.

15.5 Massenrenormierung in $\mathcal{O}(\alpha^2)$

Die Renormierungsprozedur erster Ordnung im On-Shell-Schema ist fast trival. Um zu zeigen, wie die Renormierung in $\mathcal{O}(\alpha^2)$ durchgeführt wird, betrachten wir die Vorgehensweise allgemein. Um die Notation einfach zu halten, rechnen wir in vier Dimensionen und nehmen an, dass die Theorie kovariant regularisiert ist, z. B. durch das Pauli-Villars-Verfahren oder die dimensionale Regularisierung. Die unrenormierte Selbstenergie des Elektrons ist von der Form

$$\Sigma_0(p) = m_0 A_0\left(\frac{m_0^2}{p^2}, e_0\right) + (\not{p} - m_0) B_0\left(\frac{m_0^2}{p^2}, e_0\right) \tag{15.20}$$

Man beachte, dass die so definierten A_0, B_0 dimensionslos sind und sich von den in Gl. (15.1) definierten Funktionen unterscheiden.

Wenn wir bis zur zweiten Ordnung rechnen, dann können wir für A_0 und B_0 schreiben

$$A_0 = A_1 + A_2\,, \quad B_0 = B_1 + B_2\,,$$

wo $A_1 = \mathcal{O}(\alpha)$, $A_2 = \mathcal{O}(\alpha^2)$ etc.

Die Massenrenormierung berechnet sich aus

$$Z_m = \frac{m_0}{m} = \left[1 - \frac{1}{m}\Sigma_0(\not{p}, m_0, e_0)\right]_{\not{p}=m}$$

In der Nähe von $\not{p} = m$ ist $\not{p} - m_0 = \mathcal{O}(\alpha)$. In $\mathcal{O}(\alpha^2)$ gilt daher

$$\Sigma_0(m) = m_0\left[A_1\left(\frac{m_0^2}{m^2}\right) + A_2\left(\frac{m_0^2}{m^2}\right)\right] + (m - m_0) B_1\left(\frac{m_0^2}{p^2}\right)\,,$$

wo wir die Abhängigkeit von e_0 unterdrückt haben.

Wir entwickeln nach m_0^2/m^2

$$\begin{aligned}\Sigma_0(p)|_{\not{p}\simeq m\simeq m_0} = {} & m_0\left[A_1(1) + \left(\frac{m_0^2}{m^2} - 1\right) A_1'(1) + A_2(1)\right] \\ & + (\not{p} - m_0) B_1(1) + \mathcal{O}\left[\left(\frac{m_0^2}{p^2} - 1\right)^2\right] + \mathcal{O}(\alpha^3)\,,\end{aligned}$$

mit

$$A_1' = \frac{\partial}{\partial(m_0^2/m^2)} A_1\left(\frac{m_0^2}{m^2}, e_0\right)\,.$$

Damit erhalten für Z_m

$$Z_m = 1 - \frac{m_0}{m}\left[A_1 + \left(\frac{m_0^2}{m^2} - 1\right) A_1' + A_2\right] - \left(1 - \frac{m_0}{m}\right) B_1\,,$$

wo wir die Notation verwenden

$$A_1 \equiv A_1(1)\,, \text{ etc.}$$

Es ist

$$\frac{m_0}{m} = 1 - A_1 + \mathcal{O}(\alpha^2)$$
$$\left(\frac{m_0}{m}\right)^2 = 1 - 2A_1 + \mathcal{O}(\alpha^2)\,.$$

Damit wird

$$Z_m = 1 - A_1 + A_1^2 + 2A_1A_1' - A_2 - A_1B_1\,.$$

Die Masse selbst ändert sich entsprechend

$$\delta m \equiv m - m_0 = m(1 - Z_m)\,.$$

Oft führt man noch die Ladungsrenormierung $e_0 = Z_e e$ aus, um Z_m als Funktion von m und e zu erhalten

$$Z_m = Z_m(e_0(m, e))\,.$$

Alternativ arbeiten man mit den unrenormierten Größen bis zum Schluss (S-Matrixelement, Greenfunktion) und macht dann erst die Ersetzung.

15.6 Renormierung der Wellenfunktion in $\mathcal{O}(\alpha^2)$

Die Renormierungskonstante der Wellenfunktion berechnet sich aus

$$Z_2^{-1} = \left[1 - \frac{\partial}{\partial \not{p}}\Sigma_0(\not{p}, m_0, e_0)\right]_{\not{p}=m}\,.$$

Wir verwenden

$$\frac{\partial}{\partial \not{p}} = \frac{\partial \not{p}\not{p}}{\partial \not{p}}\frac{\partial}{\partial p^2} = 2\not{p}\frac{\partial}{\partial p^2}\,.$$

Mit der Zerlegung Gl. (15.20) erhalten wir dann

$$\begin{aligned} Z_2^{-1} &= \left\{1 - m_0 2\not{p}\frac{\partial}{\partial p^2}A - (\not{p} - m_0)2\not{p}\frac{\partial}{\partial p^2}B_0 - B_0\right\}_{\not{p}=m} \\ &= 1 - 2mm_0\frac{\partial}{\partial p^2}A - (m - m_0)2m\frac{\partial}{\partial p^2}B_0 - B_0 \end{aligned}$$

Rechnerisches Detail

$$\frac{\partial}{\partial p^2}A = \frac{\partial(m_0^2/p^2)}{\partial p^2}\frac{\partial}{\partial(m_0^2/p^2)}A(m_0^2/p^2) = \frac{-m_0^2}{p^4}A'(m_0^2/p^2)$$

und analog für $B_0(m_0^2/p^2)$.

Damit wird

$$\begin{aligned} Z_2^{-1} &= 1 - 2\frac{m}{m_0}m_0^2\frac{\partial}{\partial p^2}A - \left(1 - \frac{m_0}{m}\right)2m^2\frac{\partial}{\partial p^2}B_0 - B_0 \\ &= 1 + 2\frac{m_0^3}{m^3}A'(m_0^2/m^2) + \left(1 - \frac{m_0}{m}\right)\frac{m_0^2}{m^2}B_0'(m_0^2/m^2) - B_0\,. \end{aligned}$$

Wir entwickeln

$$A'(m_0^2/m^2) = A_1'(1) + \left(\frac{m_0^2}{m^2} - 1\right) A''(1) + A_2'(1) + \mathcal{O}(\alpha^2)$$
$$= A_1'(1) + (-2A_1)A_1''(1) + A_2'(1) + \mathcal{O}(\alpha^2)$$
$$B_0'(m_0^2/m^2) = B_{01}'(1) + \mathcal{O}(\alpha)$$
$$B_0\left(\frac{m_0^2}{m^2}\right) = B_0(1) + \left(\frac{m_0^2}{m^2} - 1\right) B_0'(1) + \mathcal{O}(\alpha^3)$$
$$= B_{01}(1) + B_{02}(1) + (-2A_1)[B_{01}'(1) + B_{02}'(1)] + \mathcal{O}(\alpha^3)$$
$$\left(\frac{m_0}{m}\right)^m = 1 - mA_1 + \mathcal{O}(\alpha^2)$$

Damit wird

$$Z_2^{-1} = 1 + 2(1 - 3A_1)(A_1' - 2A_1A_1'' + A_2')$$
$$+ A_1B_{01}' + A_1(1 - 2A_1)B_1 + B_2 + (-2A_1)(B_1' + B_2')$$
$$= 1 + B_2 + 2A_1' + 2A_2' - 4A_1''A_1 + A_1B_1 - 6A_1A_1' - A_1B_1' + \mathcal{O}(\alpha^3)\,,$$

wo $A_1 \equiv A_1(1)$ etc.

Wir verwenden die Taylor-Entwicklung (geometrische Reihe)

$$\frac{1}{1+x} = 1 - x - x^2 + \cdots\,,$$

um Z_2 zu erhalten

$$Z_2 = 1 - (B_2 + 2A_1' + 2A_2' - 4A_1''A_1 + A_1B_1 - 6A_1A_1' - A_1B_1')$$
$$- 4A_1'^2 + \mathcal{O}(\alpha^3)$$

In $Z_2 = Z_2(e_0(e,m))$ ist wieder $e_0 = e_0(e,m)$ zu ersetzen mit $e_0 = Z_e e$.

15.7 Die Elektron-Selbstenergie im $\overline{MS}$- Schema

Bis hierher hatten wir die Renormierung der Selbstenergie im On-Shell-Schema durchgeführt. Für die Renormierung im $\overline{MS}$- Schema gehen wir wieder von der unrenormierten Selbstenergie aus. Sie war von der Form

$$\Sigma_0 = m_0 A_0(p^2)1 + B_0(p^2)\not{p}\,,$$

mit

$$A_0(p^2) = \frac{\tilde{\alpha}_0}{4\pi}(3 - 2\varepsilon + \xi_0)\left[\frac{1}{\varepsilon} - \ln\frac{m_0^2}{\mu^2} - \left(1 - \frac{m_0^2}{p^2}\right)\ln\frac{m_0^2 - p^2}{m_0^2} + 2\right]\,,$$

wo

$$B_0(p^2) = \frac{\tilde{\alpha}_0}{4\pi}\xi_0\left[-\left(\frac{1}{\varepsilon} - \ln\frac{m_0^2}{\mu^2}\right) + \left(1 - \frac{m_0^4}{p^4}\right)\ln\frac{m_0^2 - p^2}{m_0^2} - \left(1 + \frac{m_0^2}{p^2}\right)\right]$$

mit $\tilde{\alpha}_0 \equiv [\mu^{-2\varepsilon}\frac{(4\pi)^\varepsilon}{\Gamma(1-\varepsilon)}]\frac{e_0^2}{4\pi}$. Der renormierte Propagator ist definiert als

$$iS_R(p) = Z_2^{-1} iS_0(p) = \frac{1}{Z_2\left[\not{p} - m_0 - \Sigma_0\right]}$$
$$= \frac{1}{Z_2\left[\not{p}(1 - B_0) - m_0(1 + A_0)\right]} = \frac{1}{Z_2\left[\not{p}(1 - B_0) - Z_m m(1 + A_0)\right]} \qquad (15.21)$$

Im modifizierten minimalen Subtraktionsschema ($\overline{MS}$-Schema) wählen wir die Renormierungskonstanten so, dass sie nur die $\frac{1}{\varepsilon}$-Pole enthalten, d. h. $\tilde{\alpha}_0 \to \alpha$. Wir finden

$$Z_2^{\overline{MS}} = 1 - \frac{\alpha}{4\pi}\frac{\xi_0}{\varepsilon},$$

hebt den $1/\varepsilon$-Term in B_0 weg. Für die Massenrenormierung fordern wir

$$\begin{aligned} Z_2^{\overline{MS}} Z_m^{\overline{MS}}(1 + A_0)_{\text{Polterm}} &= \left(1 - \frac{\tilde{\alpha}_0}{4\pi}\frac{\xi_0}{\varepsilon}\right) Z_m^{\overline{MS}} \left(1 + \frac{\tilde{\alpha}_0}{4\pi}\frac{3+\xi_0}{\varepsilon}\right) \\ &= Z_m^{\overline{MS}}\left(1 + \frac{\tilde{\alpha}_0}{4\pi}(-\xi_0 + 3 + \xi_0)\frac{1}{\varepsilon}\right) \end{aligned}$$

und somit

$$Z_m^{\overline{MS}} = \left(1 - \frac{\alpha}{4\pi}\frac{3}{\varepsilon}\right).$$

In Rechnungen erster Ordnung können wir in den Korrekturtermen die nackten Parameter durch die renormierten ersetzen.

Damit wird die renormierte Selbstenergie im $\overline{MS}$-Schema

$$\Sigma_{\overline{MS}}(p,m) = -\frac{\alpha}{4\pi}\left\{\not{p} - 2m + \int_0^1 dx\,[2(1-x)\not{p} - 4m]\ln\frac{m^2x - p^2x(1-x)}{\mu^2}\right\}$$

In diesem Schema gibt es keine IR-Divergenz, solange man $p^2 \neq m^2$ bleibt. Dafür verschwindet $\Sigma_{\overline{MS}}$ nicht mehr für $p^2 = m^2$, so dass $m^2(\mu)$ sich jetzt von der physikalischen On-Shell-Masse unterscheidet.

Man definiert eine *effektive Masse* durch

$$S_R = \frac{1}{Z_2(1-B_0)(\not{p} - m_{\text{eff}}(p^2))}.$$

Aus Gl. (15.21) folgt, dass

$$Z_2(1-B_0)m_{\text{eff}}(p^2) = Z_2 m_0(1+A_0)$$

oder

$$m_{\text{eff}}(p^2) = m_0\frac{(1+A_0)}{(1-B_0)}.$$

Die effektive Masse besteht nur aus unrenormierten Größen und ist damit schemenunabhängig

$$m_{\text{eff}}(p^2) = m_0\frac{(1+A_0^{\text{OS}})}{(1-B_0^{\text{OS}})} = m_0\frac{(1+A_0^{(MS)})}{(1-B_0^{(MS)})} = m_0\frac{(1+A_0^{\overline{MS}})}{(1-B_0^{\overline{MS}})}$$

Man kann zeigen, dass die effektive Masse außerdem endlich und eichinvariant ist. Die physikalische Polmasse m ist damit

$$m = m_{\text{eff}}(p^2).$$

15.8 Zusammenhänge zwischen On-Shell- und $\overline{MS}$-Schema

Mit Hilfe der unrenormierten Größen lässt sich ein Zusammenhang zwischen den Parametern in den einzelnen Schematas herstellen. Für die Kopplung erhält man

$$\tilde{\alpha}_0 = Z_\alpha^{\mathrm{OS}} \alpha_{\mathrm{OS}} = Z_3^{-1(MS)} \alpha_{\overline{MS}}\,,$$

$$\alpha_{\overline{MS}}(\mu) = \frac{Z_3^{\overline{MS}}}{Z_3^{\mathrm{OS}}} \alpha_{\mathrm{OS}} = \frac{Z_3 = 1 - \frac{\tilde{\alpha}_0}{\pi}\frac{1}{3}\left(\frac{1}{\varepsilon} - \ln\frac{m^2}{\mu^2}\right)}{1 - \frac{\alpha}{3\pi}\frac{1}{\varepsilon}} = 1 + \frac{\tilde{\alpha}_0}{\pi}\frac{1}{3}\ln\frac{m^2}{\mu^2} + \mathcal{O}(\alpha^2) \tag{15.22}$$

und für die Masse

$$m_0 = Z_m^{\mathrm{OS}} m_{\mathrm{OS}} = Z_m^{\overline{MS}} m_{\overline{MS}}\,,$$

$$\begin{aligned} m_{\overline{MS}}(\mu) &= \frac{Z_m^{\mathrm{OS}}}{Z_m^{\overline{MS}}} m_{\mathrm{OS}} = \frac{1 - \frac{\alpha}{4\pi}3\left(\frac{1}{\varepsilon} - \ln\frac{m^2}{\mu^2} + \frac{4}{3}\right)}{1 - \frac{\alpha}{4\pi}\frac{3}{\varepsilon}} \\ &= -\frac{\alpha}{4\pi}3\left(\frac{1}{\varepsilon} - \ln\frac{m^2}{\mu^2} + \frac{4}{3}\right) \end{aligned} \tag{15.23}$$

Hat man eine Observable $R(\alpha_{\overline{MS}}, m_{\overline{MS}})$ im $\overline{MS}$-Schema berechnet, so erhält man die selbe Größe im OS-Schema, d. h. ausgedrückt durch die physikalische Feinstrukturkonstante α und die physikalische Masse m, indem man einfach die Ersetzungen nach Gl. (15.22) und Gl. (15.23) ausführt.

Um Infrarotprobleme zu vermeiden, renormiert man manchmal bei raumartigen $p^2 = -\mu^2$. In diesem sogenannten *MOM-Schema* lautet die Renormierungsbedingung

$$\begin{aligned} S_{\mathrm{R}}(p^2 = -\mu^2) &= \frac{1}{\not{p} - m_{\mathrm{MOM}}} \\ &= \frac{1}{Z_2\left[\not{p}(1 - B_0(p^2)) - Z_m m_0(1 + A_0(p^2))\right]_{p^2=-\mu^2}}\,. \end{aligned}$$

Die Renormierungskonstanten erhält erhält man wie oben, d. h. aus Z_2 aus $Z_2(1 - B_0(-\mu^2)) = 1$ und Z_m aus $Z_m Z_2(1 - A_0(-\mu^2)) = 1$. In erster Ordnung gilt

$$Z_m^{\mathrm{MOM}} = 1 + A_0(-\mu^2) - B_0(-\mu^2) + \mathcal{O}(\alpha^2)\,.$$

Einsetzen für A_0 und B_0 ergibt

$$\begin{aligned} Z_m^{\mathrm{MOM}} = 1 &+ \frac{\alpha}{4\pi}\left[(3 + a_{\mathrm{MOM}})\left(\frac{1}{\varepsilon} - \ln\frac{m^2_{\mathrm{MOM}}}{\mu^2} - \left(1 - \frac{m^2_{\mathrm{MOM}}}{p^2}\right)\ln\frac{m^2_{\mathrm{MOM}} + \mu^2}{m^2_{\mathrm{MOM}}} + 2\right) - 2\right] \\ &- \frac{\alpha}{4\pi}\left[-\xi\left(\frac{1}{\varepsilon} - \ln\frac{m^2}{\mu^2}\right) + \left(1 - \frac{m^4}{p^4}\right) a \ln\frac{m^2 - p^2}{m^2} - a\left(1 + \frac{m^2}{p^2}\right)\right]. \end{aligned}$$

Der Eichterm proportional zu ξ hebt sich nicht weg, anders als im On-Shell- oder MS-Schema. Da die renormierte Masse im MOM-Schema nicht mehr eichinvariant ist, wir dieses Schema nur selten verwendet.

16 Vertex-Renormierung

16.1 Die Renormierung der Vertexfunktion

Die Elektron-Photon-Wechselwirkung lautet in unrenormierter und renormierter Form

$$-e_0 A_0^\mu \overline{\Psi}_0 \gamma_\mu \Psi_0 = -e_0 \sqrt{Z_3} Z_2 A^\mu \overline{\Psi}_R \gamma_\mu \Psi_R = Z_1 e \overline{\Psi}_R \gamma_\mu \Psi_R \, .$$

Z_1 wird benötigt um die Vertexfunktion endlich zu machen. Für die Ladung gilt dann

$$e_0 = \frac{Z_1}{\sqrt{Z_3} Z_2} e_R \equiv Z_e e_R \, .$$

Die unrenormierte amputierte Vertexfunktion Γ_0^μ und die unrenormierte zugehörige Greenfunktion $G_0(p, q)$ hängen zusammen über

$$\begin{aligned} G_0^\mu(p, q) &= \int dx dy e^{-ipx} e^{-iqy} \left\langle 0 | T \Psi_0(x) \overline{\Psi}_0(0) A_0^\mu(y) \right\rangle \\ &= i S_0(p + q) i e_0 \Gamma_0^{\mu'}(q, p) i S_0(p) i D_{0\mu'}{}^\mu(q) \, . \end{aligned}$$

Die entsprechenden renormierten Größen sind definiert durch

$$\begin{aligned} G_R^\mu(p, q) &= \int dx dy e^{-ipx} e^{-iqy} \left\langle 0 | T \Psi_R(x) \overline{\Psi}_R(0) A_R^\mu(y) \right\rangle \\ &= i S_R(p + q) i e_R \Gamma_R^{\mu'}(q, p) i S_R(p) i D_{0\mu'}{}^\mu(q) \, , \end{aligned}$$

wo

$$A_0^\mu = Z_3^{\frac{1}{2}} A_R^\mu \, , \quad \Psi_0 = Z_2^{\frac{1}{2}} \Psi_R \, , \quad S_0 = Z_2 S_R \, , \quad D_0 = Z_3 D_R \, .$$

Damit wird

$$\begin{aligned} G_0^\mu &= Z_3^{\frac{1}{2}} Z_2 G_R^\mu = Z_3^{\frac{1}{2}} Z_2 S_R e_R \Gamma_R^\mu S_R D_R \\ &= Z_3^{\frac{1}{2}} Z_2 (Z_2^{-1} S_0) \left(Z_1^{-1} Z_3^{\frac{1}{2}} e_0 \right) \Gamma_R^\mu (Z_2^{-1} S_0)(Z_3^{-1} D_0) \\ &= S_0 Z_1^{-1} e_0 \Gamma_R^\mu S_0 D_0 \, , \end{aligned}$$

oder

$$\Gamma_0^\mu = Z_1^{-1} \Gamma_R^\mu \, .$$

D. h. Z_1 renormiert den eigentlichen Vertex Γ^μ. Explizit lautet die Bedingung:

$$\Gamma_R^\mu(p, q, m, e) = \lim_{\varepsilon \to 0} Z_1 \Gamma_0^\mu(p, q, m_0, e_0; \varepsilon) \qquad (16.1)$$

https://doi.org/10.1515/9783110488593-016

In der QED gilt die Ward-Identität

$$\Gamma_0^\mu(p,p) = \frac{\partial}{\partial p_\mu} S_0^{-1}(p)$$

oder

$$\frac{1}{Z_1}\Gamma_R^\mu(p,p) = \frac{\partial}{\partial q_\mu}\frac{1}{Z_2} S_R^{-1}(p) \,. \tag{16.2}$$

Daraus folgt, dass Z_1/Z_2 endlich ist, die unendlichen Terme von Z_1 und Z_2 müssen gleich sein. In einem Regularisierungsverfahren, das die Symmetrien (Ward-Identitäten) nicht verletzt, gelten die Ward-Identitäten auch für die renormierten Greenfunktionen, speziell

$$\Gamma_R^\mu(p,p) = \frac{\partial}{\partial q_\mu} S_R^{-1}(p) \,.$$

Ein Vergleich mit Gl. (16.2) ergibt dann

$$Z_1 = Z_2 \,.$$

Eine Folgerung der Wardidentität ist die *Universalität* der Ladung, d. h. $e_R = Z_3^{-\frac{1}{2}} e_0$ für alle Fermionen (vorrausgesetzt e_0 ist gleich).

Aus der On-Shell-Ward-Identität

$$\Gamma_0^\mu(\not p = m) = \frac{\partial}{\partial p_\mu} S_0^{-1}(\not p = m)$$

folgt, dass

$$\begin{aligned}\Gamma_R^\mu(\not p = m) &= \frac{\partial}{\partial p_\mu} S_R^{-1}(\not p = m)\\ &= \frac{\partial}{\partial p_\mu} S_R^{-1}(\not p = m) = \frac{\partial}{\partial p_\mu}(\not p - m)\\ &= \gamma^\mu\end{aligned}$$

D. h. wir erhalten folgende *Renormierungsbedingung* im On-Shell-Schema für den Vertex

$$\Gamma_R^\mu(\not p = m, q = 0, m, e) = \gamma^\mu \tag{16.3}$$

oder

$$\Gamma_0^\mu(\not p = m, q = 0, m_0, e_0) = Z_1^{-1}\gamma^\mu \,. \tag{16.4}$$

16.2 Die Vertexfunktion in $\mathcal{O}(\alpha)$

Wir schreiben

$$\Gamma^\mu(p, p') = \gamma^\mu + \Lambda^\mu(p, p')\,,$$

wo Λ^μ die störungstheoretische Korrektur darstellt. In Ordnung α wird die Vertexfunktion Λ durch folgendes Feynman-Diagramm beschrieben

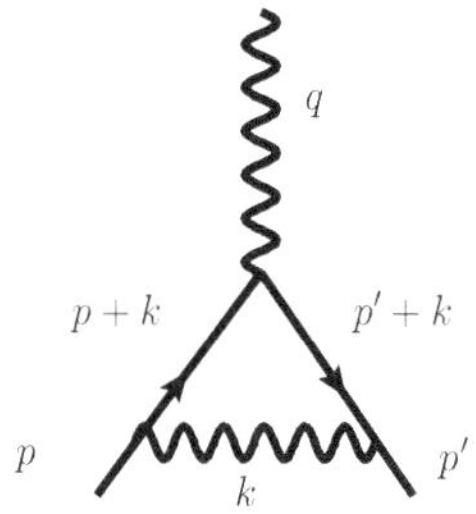

Die Auswertung des Feynman-Diagramms in dimensionaler Regularisierung ergibt

$$\Lambda^\mu = -ie_0^2 \int \frac{d^n k}{(2\pi)^n} \gamma^{\sigma'} \frac{1}{\not p' + \not k - m} \gamma^\mu \frac{1}{\not p + \not k - m} \gamma^\sigma \\ \times \frac{1}{k^2}\left[g_{\sigma\sigma'} - (1-\xi)\frac{k_\sigma k_{\sigma'}}{k^2}\right]\,.$$

Da Λ^μ selbst Ordnung e^2 ist, können und $m_0 = m$ setzen. Die unrenormierte Ladung behalten wir noch wegen der unterschiedlichen Dimension von e_0 und e.

Wir beschränken uns zunächst nur den *Eichterm*,

$$\begin{aligned}\Lambda^\mu_{\mathrm{ET}} &= -ie_0^2(1-\xi)\int \frac{d^n k}{(2\pi)^n} \not k \frac{1}{\not p' + \not k - m}\gamma^\mu \frac{1}{\not p + \not k - m}\not k \frac{1}{k^4} \\ &= -ie_0^2(1-\xi)\int \frac{d^n k}{(2\pi)^n} \frac{\not p' + \not k - m - (\not p' - m)}{\not p' + \not k - m}\gamma^\mu \frac{\not p + \not k - m - (\not p - m)}{\not p + \not k - m}\frac{1}{k^4} \\ &= ie_0^2(1-\xi)\int \frac{d^n k}{(2\pi)^n} \frac{\not p' + \not k - m - (\not p' - m)}{\not p' + \not k - m}\gamma^\mu \frac{\not p + \not k - m - (\not p - m)}{\not p + \not k - m}\frac{1}{k^4}\,.\end{aligned}$$

Wenn wir nur Elektronen auf der Massenschale betrachten, dann steht Λ^μ zwischen Spinoren, d. h. die Terme proportional zu $(\not p' - m)\gamma^\mu$ und $\gamma^\mu(\not p - m)$ verschwinden. Damit wird in dimensionaler Regularisierung

$$\bar u(p')\Lambda^\mu_{\mathrm{ET}} u(p) = -ie_0^2(1-\xi)\int \frac{d^n k}{(2\pi)^n}\frac{1}{k^4} = 0$$

bei Amplituden, die IR-divergent sind, ist hier Vorsicht geboten, da sich in diesen Integral die UV- und IR-Divergenzen gegeneinander wegheben,

$$\int \frac{d^n k}{(2\pi)^n}\frac{1}{k^4} = i\frac{2\pi^{\frac{n}{2}}}{\Gamma(\frac{n}{2})}\left(\frac{1}{\varepsilon_{\mathrm{UV}}} - \frac{1}{\varepsilon_{\mathrm{IR}}}\right)\,.$$

Beweis.

$$\int \frac{d^n k}{(2\pi)^n}\frac{1}{k^4} = i\frac{2\pi^{\frac{n}{2}}}{\Gamma(\frac{n}{2})}\int_0^\infty dk k^{n-1}\frac{1}{k^4} = \frac{2\pi^{\frac{n}{2}}}{\Gamma(\frac{n}{2})}\int_0^\infty dk k^{-1-2\varepsilon}$$

Wir spalten das Integral auf in zwei Teile

$$\int_0^\infty dk k^{-1-2\varepsilon} = \int_0^\Lambda dk k^{-1-2\varepsilon} + \int_\Lambda^\infty dk k^{-1-2\varepsilon}$$

Im ersten Integral UV-divergenten Integral setzen wir $\varepsilon \to \varepsilon_{\mathrm{UV}}$ und im zweiten IR-divergenten Integral $\varepsilon \to \varepsilon_{\mathrm{IR}}$. Die Integrale ergeben

$$\int_0^\Lambda dk k^{-1-2\varepsilon} = \frac{-1}{2\varepsilon_{\mathrm{IR}}}\Lambda^{-2\varepsilon_{\mathrm{IR}}} = \frac{-1}{2\varepsilon_{\mathrm{IR}}} - \ln\Lambda\,, \qquad \int_\Lambda^\infty dk k^{-1-2\varepsilon} = \frac{1}{2\varepsilon_{\mathrm{IR}}} + \ln\Lambda \qquad \square$$

Durch die Renormierung wird nur der $1/\varepsilon_{\mathrm{UV}}$-Term entfernt und ein eichabhängiger IR-divergenter Term bleibt übrig, der sich aber in physikalischen Prozessen weghebt. Im Folgenden verwenden wir der Einfachheit halber die Feynman-Eichung $\xi = 1$.

Wir kehren zurück zur Vertexfunktion auf der Massenschale in der Feynman-Eichung $\xi = 1$,

$$\Lambda^\mu = -ie_0^2\int \frac{d^n k}{(2\pi)^n}\frac{N^\mu}{[(p'+k)^2 - m^2][(p+k)^2 - m^2]k^2} \tag{16.5}$$

$$= -ie_0^2\int \frac{d^n k}{(2\pi)^n}\frac{N^\mu}{[k^2 - 2p'k][k^2 - 2pk]k^2} \tag{16.6}$$

mit

$$N^\mu = \gamma^\nu(\not p' + \not k + m)\gamma^\mu(\not p + \not k + m)\gamma_\nu\,.$$

Als ersten Schritt vereinfachen den Ausdruck indem wir die schon erwähnten Formeln

$$\begin{aligned}\gamma_\sigma\gamma^\mu\gamma^\sigma &= -(n-2)\gamma^\mu = -2\gamma^\mu + 2\varepsilon\gamma^\mu \quad (n = 4-2\varepsilon\,, \quad \gamma_\mu\gamma^\mu = n)\\ \gamma_\sigma\gamma^\mu\gamma^\alpha\gamma^\sigma &= 4g^{\mu\alpha} - 2\varepsilon\gamma^\mu\gamma^\alpha\\ \gamma_\sigma\gamma^\mu\gamma^\alpha\gamma^\beta\gamma^\sigma &= -2\gamma^\beta\gamma^\alpha\gamma^\mu + 2\varepsilon\gamma^\mu\gamma^\alpha\gamma^\beta\,,\end{aligned}$$

verwenden um über doppelt vorkommende Indizes zu summieren. Das Ergebnis lautet

$$\begin{aligned}N^\mu = &-2m^2\gamma^\mu - 2(\not p + \not k)\gamma^\mu(\not p' + \not k) + (4-n)(\not p' + \not k - m)\gamma^\mu(\not p + \not k - m)\\ &+ 4m(p' + p + 2k)^\mu\end{aligned} \tag{16.7}$$

Als nächstes verwenden wir, dass die äußeren Fermionen auf der Massenschale sind. Der Vertex Γ^μ steht zwischen Spinoren $\bar u(p')$ und $u(p)$, mit $\bar u(p')\not p' = m\bar u(p')$ und $\not p u(p) = mu(p)$. Wir können die Vertauschunsrelationen $\{\gamma_\mu, \gamma_\nu\} = 2g_{\mu\nu}$ der γ-Matrizen verwenden, um die $\not p'$ in N^μ erst ganz nach links, die $\not p$ ganz nach rechts zu bringen, und dann durch m zu ersetzen. Das Ergebnis lautet

$$\begin{aligned}N^\mu = &(2-n)\not k\gamma^\mu\not k + \gamma^\mu\left[4pp' + 4k(p+p')\right]\\ &- 4(p+p')^\mu\not k + k^\mu 4m)\end{aligned} \tag{16.8}$$

Die Nenner in Gl. (16.5) lassen sich mit Hilfe der zweiten Feynmanschen Formel

$$\frac{1}{abc} = 2\int_0^1 xdx \int_0^1 dy \frac{1}{[axy + bx(1-y) + c(1-x)]^3}$$

zusammenfassen. Mit

$$a = k^2 + 2pk\,, \quad b = k^2 + 2p'k^2\,, \quad c = k^2$$

wird der Nenner

$$\begin{aligned}[\ldots] &= (k^2 + 2pk)xy + (k^2 + 2p'k)x(1-y) + k^2(1-x) \\ &= k^2 + 2xkp_y = (k + xp_y)^2 - x^2p_y^2\end{aligned}$$

wo

$$p_y = \big(py + p'(1-y)\big)\ .$$

Die benötigten Integrale sind damit

$$I^{[1,k^\sigma,k^\sigma k^\tau]} = 2\int_0^1 xdxdy \int \frac{d^nk}{(2\pi)^n} \frac{[1, k^\sigma, k^\sigma k^\tau]}{[k^2 + 2xkp_y]^3}$$

Da die Integrale in $n \neq 4$ Dimensionen endlich sind, können wir eine Translation $k \to k - xp_y$ durchführen und erhalten

$$\begin{aligned}I^{[1,k^\sigma,k^\sigma k^\tau]} &= 2\int_0^1 xdxdy \int \frac{d^nk}{(2\pi)^n} \frac{[1, k^\sigma - xp_y, (k - xp_y)^\sigma(k - xp_y)^\tau]}{[k^2 - x^2p_y^2]^3} \\ &= 2\int_0^1 xdxdy \int \frac{d^nk}{(2\pi)^n} \frac{[1, xp_y, (k^\sigma k^\tau + x^2p_y^\sigma p_y^\tau)]}{[k^2 - x^2p_y^2]^3} + \text{Terme linear in } k\,.\end{aligned} \tag{16.9}$$

Nach symmetrischer Integration verschwinden Terme linear in k und $k^\sigma k^\tau \to \frac{1}{n}g^{\sigma\tau}k^2$. Wir wenden uns wieder dem Zähler N^μ zu und ersetzen $k \to k - xp_y$. Dann erhalten wir

$$\not{k}\gamma^\mu\not{k} = \gamma^\alpha\gamma^\mu\gamma^\beta \times k_\alpha k_\beta \to \gamma^\alpha\gamma^\mu\gamma^\beta\frac{1}{n}g_{\alpha\beta} = -\frac{(n-2)}{n}k^2\gamma^\mu$$

Dann wird

$$\begin{aligned}N^\mu = &\frac{(n-2)^2}{n}k^2\gamma^\mu + (2-n)x^2\not{p}_y\gamma^\mu\not{p}_y \\ &- 4(p+p')^\mu x\not{p}_y - xp_y^\mu 4m + \gamma^\mu 4pp'\end{aligned}$$

Der erste Term ist UV-divergent. Es wird sich herausstellen, dass der letzte Term nach Integration über x IR-divergent ist. Wir müssen die Terme $\not{p}_y$ und $\not{p}_y\gamma^\mu\not{p}_y$ noch zwischen Spinoren auswerten,

$$\begin{aligned}&\not{p}_y \to my + m(1-y) = m \\ &\not{p}_y\gamma^\mu\not{p}_y = -\not{p}_y\not{p}_y\gamma^\mu + 2\not{p}_y p_y^\mu \to -p_y^2\gamma^\mu + mp_y^\mu\end{aligned}$$

Im folgenden benötigen wir die kinematische Relation

$$p_y^2 = m^2 - q^2 y(1-y)\,. \tag{16.10}$$

Beweis.

$$\begin{aligned} p_y^2 &= [yp + (1-y)p']^2 \\ &= y^2m^2 + (1 - 2y + y^2)m^2 + 2y(1-y)(pp') \\ &= m^2 - 2y(1-y)m^2 + y(1-y)(2m^2 - q^2) \\ &= m^2 - q^2 y(1-y) \end{aligned}$$ □

Wir wollen die in Gl. (16.9) auftretenden Integrale explizit berechnen. Für die Impulsintegration verwenden wir die Formeln aus Kapitel 12. Wir hatten folgende Ergebnisse abgeleitet

$$\begin{aligned} I(0,3) &= \int \frac{d^nk}{(2\pi)^n}\frac{1}{[k^2 - x^2p_y^2]^3} = \\ &= \frac{-i}{(16\pi)^{\frac{n}{4}}}[x^2p_y^2]^{-1-\varepsilon}\frac{1}{2}\Gamma(1+\varepsilon) \quad (\Gamma(1+\varepsilon) = \varepsilon\Gamma(\varepsilon))\,. \end{aligned}$$

Wir entwickeln an diese Stelle noch nicht um $\varepsilon = 0$, da bei der Integration über x eine Divergenz auftreten kann. Außerdem benötigen wir das Integral

$$\begin{aligned} I(1,3) &= \int \frac{d^nk}{(2\pi)^n}\frac{k^2}{[k^2 - x^2p_y^2]^3} = \frac{i}{16\pi^2}\left(\frac{4\pi}{x^2p_y^2}\right)^{\varepsilon}(2-\varepsilon)\frac{\Gamma(\varepsilon)}{2} \\ &= \frac{i}{16\pi^2}\left[\frac{1}{\varepsilon} - \gamma + \ln 4\pi - \ln(x^2p_y^2) - \frac{1}{2} + \mathcal{O}(\varepsilon)\right] \end{aligned}$$

Das Integral $I(1,3)$ ist logarithmisch UV-divergent.

Diese Integrale müssen für die Vertexfunktion noch über x und anschließend über y integriert werden. Wir beginnen mit dem Integral

$$\int_0^1 2x dx dy I(0,3)\,.$$

Dieses Integral ist interessant, weil in der x-Integration bei $x = 1$ eine IR-Divergenz auftritt. Wir setzen zur Unterscheidung $\varepsilon \to \varepsilon_{\mathrm{IR}}$. Mit Hilfe der Formel

$$\int_0^1 dx x^{\alpha-1}(1-x)^{\beta-1} = \frac{\Gamma(\alpha)\Gamma(\beta)}{\Gamma(\alpha+\beta)}$$

mit $\alpha = -\varepsilon_{\mathrm{IR}}$ und $\beta = 1$ erhalten wir

$$\int_0^1 dx x^{-1-\varepsilon_{\mathrm{IR}}} = \int_0^1 \underbrace{2xdx}_{=dx^2}[x^2]^{-1-\varepsilon_{\mathrm{IR}}} = \frac{\Gamma(-\varepsilon_{\mathrm{IR}})}{\Gamma(1-\varepsilon_{\mathrm{IR}})} = \frac{-1}{\varepsilon_{\mathrm{IR}}}\,.$$

Damit wird

$$
\begin{aligned}
&\int_0^1 2xdxdyI(0,3) \\
&= 2\int_0^1 xdxdy\frac{-i}{(16\pi)^{\frac{n}{4}}}[x^2]^{-1-\varepsilon}[p_y^2]^{-1-\varepsilon}\frac{1}{2}\Gamma(1+\varepsilon_{\text{IR}}) \\
&= 2\int_0^1 dy\frac{-i}{16\pi^2}\frac{1}{(4\pi)^{-\varepsilon_{\text{IR}}}}[p_y^2]^{-1}[1-\varepsilon_{\text{IR}}\ln p_y^2]\frac{1}{2}\frac{1}{(-\varepsilon_{\text{IR}})}(1-\varepsilon_{\text{IR}}\gamma) \\
&= \frac{1}{\mu^{2\varepsilon}}\frac{i}{16\pi^2}\frac{1}{2}\int_0^1 dy\frac{1}{p_y^2}\left[\frac{1}{\varepsilon_{\text{IR}}}-\gamma+\ln 4\pi-\ln\frac{m^2}{\mu^2}+\ln\frac{p_y^2}{m^2}\right]+\mathcal{O}(\varepsilon_{\text{IR}})\,. \qquad (16.11)
\end{aligned}
$$

Des Weiteren benötigen wir das Integral

$$
2\int_0^1 x^2dxdyI(0,3) = \int_0^1 dy\frac{-i}{(16\pi)^{\frac{n}{4}}}\frac{1}{p_y^2}\,.
$$

Dieses Integral kann elementar berechnet werden, da es nicht divergent ist. Das Gleiche gilt für

$$
2\int_0^1 x^3dxdyI(0,3) = \frac{1}{2}\int_0^1 dy\frac{-i}{(16\pi)^{\frac{n}{4}}}\frac{1}{p_y^2}\,.
$$

Schließlich brauchen wir noch das UV-divergente Integral

$$
\begin{aligned}
2\int_0^1 xdxdy\int\frac{d^nk}{(2\pi)^n}\frac{k^2}{[k^2+x^2p_{y^2}]^3} &= \int_0^1 dx^2dy\frac{1}{2}\frac{i}{(16\pi^2)^{\frac{n}{4}}}\frac{1}{[x^2p_y^2]^{\varepsilon}}(2-\varepsilon)\frac{\Gamma(\varepsilon)}{2} \\
&= \frac{1}{\mu^{2\varepsilon}}\frac{i}{16\pi^2}\int_0^1 dy\left[\frac{1}{\varepsilon}-\gamma+\ln 4\pi-\ln p_y^2-\frac{1}{2}+\mathcal{O}(\varepsilon)\right]\,.
\end{aligned}
$$

Fassen wir zusammen, so finden wir schließlich folgendes Ergebnis für die unrenormierte Vertexfunktion

$$
\begin{aligned}
\Lambda_0^\mu(p,p') = \frac{\tilde{\alpha}_0}{4\pi}\gamma^\mu\Bigg\{&\frac{1}{\varepsilon_{\text{UV}}}-\ln\frac{m^2}{\mu^2}-2-I_0 \\
&+\left(2-\frac{q^2}{m^2}\right)\left(\left(\frac{1}{\varepsilon_{\text{IR}}}-\ln\frac{m^2}{\mu^2}\right)I_1-I_2\right) \\
&+4\left(4-\frac{q^2}{m^2}\right)I_3-4(2I_1-3I_3)\Bigg\} \\
+\frac{\tilde{\alpha}_0}{4\pi}\frac{1}{2m}&\sigma^{\mu\nu}q_\nu(2I_1-3I_3)\,, \qquad (16.12)
\end{aligned}
$$

mit den dimensionslosen Integralen

$$I_0 = \int_0^1 dy \ln \frac{p_y^2}{m_0^2}\,, \quad I_1 = m^2 \int_0^1 dy \frac{1}{p_y^2}\,,$$

$$I_2 = m^2 \int_0^1 dy \frac{\ln \frac{p_y^2}{m_0^2}}{p_y^2}\,, \quad I_3 = m^2 \int_0^1 dy \frac{y}{p_y^2}\,.$$

Wir haben wieder

$$\widetilde{\alpha}_0 \equiv \left[\mu^{-2\varepsilon} \frac{(4\pi)^\varepsilon}{\Gamma(1-\varepsilon)}\right] \frac{e_0^2}{4\pi}$$

gesetzt, damit $\widetilde{\alpha}_0$ dimensionslos wird und die künstlichen Terme $-\gamma + \ln 4\pi$ verschwinden. Das Integral I_3 ist gleich $\frac{1}{2} I_1$, da

$$I_3 = \int_0^1 \frac{x}{m^2 - x(1-x)q^2} dx = -\frac{1}{2} \int_0^1 \frac{(1-2x)-1}{m^2 - x(1-x)q^2} dx = 0 - \frac{1}{2} \int_0^1 \frac{-1}{m^2 - x(1-x)q^2} dx$$
$$= \frac{1}{2} I_1\,.$$

Die Vertexrenormierungskonstante Z_1 wird bestimmt durch die Bedingung Gl. (16.4)

$$\Gamma_0^\mu(\not{p} = \not{p}' = m, q^2 = 0, m_0, e_0) = Z_1^{-1} \gamma^\mu\,. \tag{16.13}$$

In $\mathcal{O}(\alpha)$ setzen wir $m_0 = m$, $\widetilde{\alpha}_0 = \alpha$. Da $p_y^2 = m^2$ für $q^2 = 0$ (16.10), vereinfachen sich die Integrale zu

$$I_0 = I_2 = 0\,, \quad I_1 = 1\,, \quad \left(I_3 = \frac{1}{2} I_1\right)\,.$$

Für $q^2 = 0$ ist außerdem

$$(p + p')^2 = 4m^2 - (p - p')^2 = 4m^2 - q^2 = 4m^2\,.$$

Damit wird

$$\Gamma_0^\mu(p, p) = \gamma^\mu 1 + \frac{\alpha}{4\pi} \left[\frac{1}{\varepsilon_{\text{UV}}} - 3 \ln \frac{m^2}{\mu^2} - 2 + 2 \frac{1}{\varepsilon_{\text{IR}}} + 8 - 4\left(2 - \frac{3}{2}\right)\right]$$
$$= \gamma^\mu \left[1 + \frac{\alpha}{4\pi} \left(\frac{1}{\varepsilon_{\text{UV}}} + \frac{2}{\varepsilon_{\text{IR}}} - 3 \ln \frac{m^2}{\mu^2} + 4\right)\right]$$
$$= Z_1^{-1} \gamma^\mu$$

oder

$$Z_1 = 1 - \frac{\alpha}{4\pi} \left(\frac{1}{\varepsilon_{\text{UV}}} + \frac{2}{\varepsilon_{\text{IR}}} - 3 \ln \frac{m^2}{\mu^2} + 4\right)\,. \tag{16.14}$$

Man sieht explizit, dass Z_1 gleich dem vorher aus dem Propagator des Elektrons bestimmzen Z_2 ist, wie es die Ward-Identität verlangt.

16.3 Die renormierte Vertexfunktion in $\mathcal{O}(\alpha)$

Wir nehmen wieder an, dass sich die Elektronen auf der Massenschale befinden. Dann hat die Vertexfunktion des Elektrons die allgemeine Form

$$\bar{u}(p')\Gamma^{\mu}(p,p')u(p) = \bar{u}(p')\left[\gamma^{\mu}f_1(q^2) + i\sigma^{\mu\nu}q_{\nu}f_2(q^2) + (p^{\mu}+p'^{\mu})f_3(q^2)\right]u(p)$$

mit $p^2 = p'^2 = m^2$ und $q = p' - p$. Der Impulsübertrag kann ungleich Null sein. Die $f_i(q^2)$ heißen *Formfaktoren*, weil sie die Ladungsverteilung im Elektron beschreiben. Das Elektron ist nur in der freien Dirac-Theorie punktartig. Die störungstheoretischen Korrekturen bewirken eine Ausdehnung und geben dem Elektron eine Struktur. Die Formfaktorzerlegung vereinfacht sich noch durch Anwendung der *Gordon-Identität*,

$$\bar{u}(p')(p+p')_{\mu}u(p) = 2m\bar{u}(p')\gamma_{\mu}u(p) - iq^{\nu}\bar{u}(p')i\sigma_{\mu\nu}u(p)\,. \tag{16.15}$$

Die Identität beweist man direkt mit Hilfe der Relationen

$$\begin{aligned} \gamma^{\mu}\gamma^{\nu} &= \frac{1}{2}[\gamma^{\mu},\gamma^{\nu}] + \{\gamma^{\mu},\gamma\} = g^{\mu\nu} - i\sigma^{\mu\nu} \quad \text{mit} \quad \sigma_{\mu\nu} = \frac{i}{2}[\gamma_{\mu},\gamma_{\nu}] \\ u(p) &= \frac{1}{m}\not{p}u(p)\,, \quad \bar{u}(p') = \frac{1}{m}\bar{u}(p')\not{p}'\,. \end{aligned}$$

Üblicherweise eliminiert man mit Hilfe der Gordon-Identität den Term $2m\bar{u}(p')(p+p)_{\mu}u(p)$ in Gl. (16.15). Dann erhält man

$$\bar{u}(p')\Gamma^{\mu}(p,p')u(p) = \bar{u}(p')\left[\gamma^{\mu}F_1(q^2) + i\sigma^{\mu\nu}\frac{q_{\nu}}{m}F_2(q^2)\right]u(p)\,.$$

$F_1(q^2)$ und $F_2(q^2)$ heißen jeweils elektromagnetische *Dirac- und Pauli-Formfaktoren*. Aus Gl. (16.12) folgt:

$$\begin{aligned} F_1^0(p,p') = 1 + \frac{\tilde{\alpha}_0}{4\pi}\Bigg\{&\frac{1}{\varepsilon_{\mathrm{UV}}} - \ln\frac{m^2}{\mu^2} - 2 - I_0 \\ &+ \left(2 - \frac{q^2}{m^2}\right)\left(\left(\frac{1}{\varepsilon_{\mathrm{IR}}} - \ln\frac{m^2}{\mu^2}\right)I_1 - I_2\right) \\ &+ 4\left(4 - \frac{q^2}{m^2}\right)I_3 - 4(2I_1 - 3I_3)\Bigg\} \end{aligned} \tag{16.16}$$

$$F_2^0(q^2) = \frac{\alpha}{\pi}(2I_1 - 3I_3) \tag{16.17}$$

Die Vertexrenormierungskonstante Z_1 folgt aus der Bedingung Gl. (16.13)

$$F_1^R(0) = 1 \quad \text{oder} \quad F_1^0(0) = Z_1^{-1}\underbrace{F_1^R(0)}_{=1}\,. \tag{16.18}$$

Für den renormierten Formfaktor $F_1^R(q^2) = Z_1 F_1^0$ erhalten wir mit Gl. (16.14)

$$
\begin{aligned}
F_1^R(q^2) = &\left[1 - \frac{\alpha}{4\pi}\left(\frac{1}{\varepsilon_{\mathrm{UV}}} + \frac{2}{\varepsilon_{\mathrm{IR}}} - 3\ln\frac{m^2}{\mu^2} + 4\right)\right] \\
&\times \left[1 + \frac{\alpha}{4\pi}\left\{\frac{1}{\varepsilon_{\mathrm{UV}}} - \ln\frac{m^2}{\mu^2} - 2 - I_0\right.\right. \\
&\qquad + \left(2 - \frac{q^2}{m^2}\right)\left(\left(\frac{1}{\varepsilon_{\mathrm{IR}}} - \ln\frac{m^2}{\mu^2}\right) I_1 - I_2\right) \\
&\qquad \left.\left. + 4\left(4 - \frac{q^2}{m^2}\right) I_3 - 4(2I_1 - 3I_3)\right\}\right] .
\end{aligned}
$$

Wie erwartet hebt sich $\varepsilon_{\mathrm{UV}}$ weg. Wir fassen zusammen

$$
\begin{aligned}
F_1^R(q^2) = 1 + \frac{\alpha}{4\pi}&\left\{-2\left(\frac{1}{\varepsilon_{\mathrm{IR}}} - \ln\frac{m^2}{\mu^2}\right) - 6 - I_0\right. \\
&\left. + \left(2 - \frac{q^2}{m^2}\right)\left(\left(\frac{1}{\varepsilon_{\mathrm{IR}}} - \ln\frac{m^2}{\mu^2}\right) I_1 - I_2\right) + \left(6 - 2\frac{q^2}{m^2}\right) I_1\right\}
\end{aligned}
\tag{16.19}
$$

und für $F_2(q^2)$

$$
F_2^R(q^2) = \frac{\alpha}{\pi}\frac{1}{2} I_1 .
$$

F_2 muss auch ohne Renormierung endlich sein, da in der Lagrangefunktion kein $\sigma_{\mu\nu}F^{\mu\nu}$-Term vorkommt (man denke an Counterterme). Das Integral I_1 kann elementar ausgewertet werden, mit dem Ergebnis

$$
F_2(q^2) = \frac{\alpha}{\pi}\frac{m^2}{q^2}\frac{1}{\sqrt{1 - \frac{4m^2}{q^2}}}\ln\frac{\sqrt{1 - \frac{4m^2}{q^2}} - 1}{\sqrt{1 - \frac{4m^2}{q^2}} + 1} .
$$

Die anderen Integrale sind kompliziert und involvieren Dilogarithmen. Wir wollen uns bei der Berechnung des Formfaktors $F_1(q^2)$ auf kleine q^2 beschränken. Für $q^2 \ll m^2$ erhalten wir

$$
\begin{aligned}
I_0 &= \int_0^1 dx \ln\frac{R^2}{m^2} = \int_0^1 dx \ln\left(1 - \frac{q^2 x(1-x)}{m^2}\right) \\
&\simeq \int_0^1 dx \left(-\frac{q^2 x(1-x)}{m^2}\right) = -\frac{1}{6}\frac{q^2}{m^2} .
\end{aligned}
$$

und analog

$$
\begin{aligned}
I_1 &= m^2 \int_0^1 dx \frac{1}{R^2} \simeq 1 + \frac{1}{6}\frac{q^2}{m^2} , \qquad \left(I_3 = \frac{1}{2} I_1\right) \\
I_2 &= \int_{m^2 0}^1 dx \frac{\ln\frac{R^2}{m_0^2}}{R^2} \simeq -\frac{1}{6}\frac{q^2}{m^2} .
\end{aligned}
$$

Damit lautet das Ergebnis für die renormierten Formfaktoren bei kleinen q^2:

$$F_1^R(q^2) = 1 + \frac{\alpha}{4\pi}\left[-\left(\frac{1}{\varepsilon_{\mathrm{IR}}} - \ln\frac{m^2}{\mu^2}\right)\frac{2}{3}\frac{q^2}{m^2} - \frac{1}{2}\frac{q^2}{m^2}\right] + \mathcal{O}(q^4) \tag{16.20}$$

$$F_2^R(q^2) = \frac{\alpha}{2\pi}\left[1 + \frac{1}{6}\frac{q^2}{m^2}\right] + \mathcal{O}(q^4) \tag{16.21}$$

Für $q^2 \neq 0$ ist der Formfaktor F_1 IR-divergent; für $q^2 = 0$ ist $F_1(0) = 1$. Wir werden sehen, dass $F_2(0)$ zu einem anomalen Magnetmoment des Elektrons führt.

16.4 Ladungsradius des Elektrons

Der elektrische Formfaktor ist die Fourier-Transformierte der räumlichen Ladungsverteilung des Elektrons. Entsprechend definiert man den Ladungsradius des Elektrons durch

$$\left\langle r^2\right\rangle = 6\left.\frac{\partial F_1}{\partial q^2}\right|_{q^2=0} .$$

Setzen wir F_1 aus Gl. (16.20) ein, so erhalten wir

$$\left\langle r^2\right\rangle = \frac{\alpha}{\pi}\frac{6}{m^2}\left[-\frac{2}{3}\frac{1}{\varepsilon_{\mathrm{IR}}} - \frac{1}{2}\right] .$$

Hätten wir die IR-Divergenz mit einer Photonmasse λ regularisiert, so hätten wir stattdessen

$$\left\langle r^2\right\rangle = \frac{\alpha}{\pi}\frac{6}{m^2}\left[-\frac{1}{3}\ln\frac{\lambda}{m} - \frac{1}{8}\right] .$$

Die IR-Divergenz hebt sich gegen eine gleiche Divergenz, die von der Abstrahlung weiche Photonen stammt, weg. Eine Abschätzung ergibt, dass der Elektronradius extrem klein ist und praktisch nur in der Niveauverschiebung von gebundenen Systemen, der sogenannten *Lamb-Verschiebung*, beobachtet werden kann. Wir betrachten speziell das Wasserstoffatom. Hier stellt die Bindungsenergie eine untere Grenze für die Energie des emittierten Photons dar. Man kann daher erwarten, dass bei korrekter Behandlung der Bindungseffekte, die Photonmasse ungefähr gleich der Ionisationsenergie $R_y = \frac{1}{2}m\alpha^2$ des Wasserstoff-Grundzustandes ist,

$$\lambda \approx 13.6\,\mathrm{eV}$$

oder

$$\left\langle r^2\right\rangle = \frac{\alpha}{\pi}\frac{6}{m^2}\left[-\frac{1}{3}\ln\frac{13.6}{m} - \frac{1}{8}\right] \quad \text{mit} \quad m = 0.51 \times 10^{-6}\,\mathrm{eV} .$$

Das Coulomb-Potential $V = -Z\alpha/r$ erhält durch den endlichen Ladungsradius des Elektrons eine Korrektur. Dies sieht man, wenn man beachtet, dass der Formfaktor F_1 die Korrektur zum Photon-Vertex in der Lagrange-Funktion

$$\Delta L = F_1(q^2)\overline{\Psi}\gamma_\mu A^\mu \Psi ,$$

bildet, mit

$$F_1(q^2) = 1 + 6q^2 \left\langle r^2 \right\rangle .$$

ΔL entspricht, bis auf ein Vorzeichen, einer effektiven Energie. Im nicht-relativistischen Grenzfall trägt nur das Potential A_0 bei. Für das Coulomb-Potential gilt

$$A_0 = \frac{\alpha}{r} = FT\left(\frac{\alpha}{p^2}\right) \quad \rightarrow \quad FT(p^2 A_0) = Z\alpha\delta^3(\vec{x}) ,$$

wo FT die Fourier-Transformierte und Z die Kernladungszahl ist. Der endliche Elektron-Radius führt damit auf eine Korrektur δV zum Coulomb-Potential $V = -Z\alpha/r$,

$$\delta V = \frac{1}{6} 4\pi Z a \left\langle r^2 \right\rangle \delta^3(\vec{x}) .$$

Da die Korrektur nur am Ursprung wirksam ist, werden nur $l = 0$ Zustände beeinflusst. Dies führt z. B. zur Aufspaltung der $2S_{\frac{1}{2}}$- und $2P_{\frac{1}{2}}$-Niveaus des Wasserstoffatoms, die nach der Dirac-Theorie entartet sein sollten. Die obige grobe Abschätzung liefert für diese Aufspaltung, die als *Lamb-Verschiebung* oder auch *Lamb-Shift* bezeichnet wird, einen Wert von ca. 1300 MHz. Eine genauere QED Rechnung der Gruppe von M. I. H. Grotch liefert 1057,833(4) MHz in guter Übereinstimmung mit dem experimentelle Wert 1057,845(3) MHz. Der theoretische Wert enthält auch noch kleinere Korrekturen, wie eine Verschiebung von −27 MHz aus der Vakuumpolarisation.

17 Strahlungskorrekturen zur Coulomb-Streuung

17.1 Die Coulomb-Streuung

Als praktisches Beispiel wie die Renormierung und die Behandlung der IR-Divergenzen funktionieren, betrachten wir die Streuung eines Elektrons an einem statischen äußeren Feld $A^\mu(\vec{x})$, das von einem Nukleon erzeugt wird. Wir nehmen an, dass das Nukleon sehr schwer und nicht-relativistisch ist. Der Polarisationsvektor $\varepsilon_\mu(k,\lambda)$ des Photons wird dabei durch das äußere Feld $A_\mu^{\text{ext}}(\vec{x})$ ersetzt. Dann gilt für den elementaren Vertex

$$\bar{u}(p_\text{N})\gamma_\mu u(p_\text{N}) = 2p_{N\mu} \simeq 2M_\text{N} g_{\mu 0}$$

wo p_N der Impuls und M_N die Masse des Nukleons ist, das als unendlich schwer angenommen wird. Für den Photon-Propagator gilt in diesem Limes

$$\frac{1}{q^2} = \frac{1}{(p-p')^2} \simeq \frac{1}{|\vec{p}-\vec{p}\,'|^2} = \frac{1}{|\vec{q}|^2} \,.$$

Dabei ist $1/|\vec{q}|^2$ die Fourier-Transformierte des Coulomb-Potentials,

$$\int \frac{d^3q}{(2\pi)^3} e^{i\vec{q}\cdot\vec{x}} \frac{1}{|\vec{q}|^2} = \frac{1}{4\pi|\vec{x}|} \,.$$

Wir benötigen folgende kinematische Relationen:

$$\begin{aligned} E &= E' \,, \quad |\vec{p}| = |\vec{p}\,'| \\ p\cdot p' &= E^2 - |\vec{p}|^2\cos\theta = m^2 + |\vec{p}|^2(1-\cos\theta) = m^2 + 2|\vec{p}|^2\sin^2\frac{\theta}{2} \\ q^2 &= |\vec{q}|^2 = 4|\vec{p}|^2\sin^2\frac{\theta}{2} \end{aligned}$$

wo θ der Streuwinkel ist.

Die Streuamplitude bestimmt sich in niedrigster Ordnung zu

$$\begin{aligned} \left\langle p'|S|p\right\rangle &= ie\left\langle p'\right| \int d^4x\overline{\Psi}(x)\gamma^\mu\Psi(x)A_\mu^{\text{ext}}(\vec{x})\left|p\right\rangle \\ &= ie\int d^4x\bar{u}(p')\gamma^\mu u(p)e^{-i(p-p')x}A_\mu^{\text{ext}}(\vec{x}) \\ &= 2\pi\delta(E_p - E_{p'})\mathcal{M} \,, \end{aligned}$$

wo

$$\mathcal{M} = ie\bar{u}(p')\gamma^\mu u(p)A_\mu^{\text{ext}}(\vec{p}\,'-\vec{p}) \,.$$

https://doi.org/10.1515/9783110488593-017

Dies entspricht dem Feynman-Diagramm

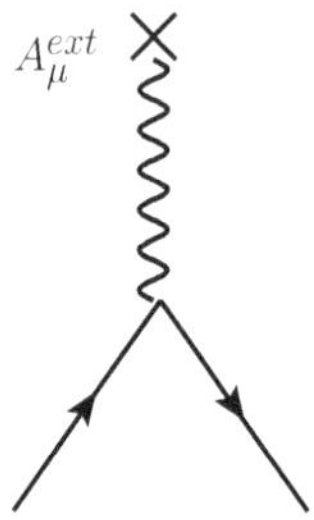

Der Streuquerschnitt berechnet sich aus $\mathcal{M}$ zu

$$\left(\frac{d\sigma}{d\Omega}\right)_0 = \frac{Z^2\alpha^2}{|\vec{q}|^4}|\bar{u}(p')\gamma_0 u(p)|^2 \,. \tag{17.1}$$

Wir formen das Matrixelement etwas um, indem wir verwenden, dass die Elektronen auf der Massenschale sind, d. h. dass $mu(p) = \not{p}u(p)$. Dann erhalten wir

$$\begin{aligned}\mathcal{M} &= \frac{ie}{m}\bar{u}(p')[\not{p}'\gamma^\mu + \gamma^\mu \not{p}]u(p)A_\mu^{\text{ext}}(\vec{q})\\ &= \frac{ie}{m}\bar{u}(p')[p'^\mu + p^\mu + iq_\nu\sigma^{\mu\nu}]u(p)A_\mu^{\text{ext}}(\vec{q})\,,\end{aligned}$$

wo $q = p' - p$ und $\sigma^{\mu\nu} = \frac{i}{2}[\gamma^\mu, \gamma^\nu]$. Aufgrund der Antisymmetrie von $\sigma^{\mu\nu}$, können wir auch schreiben

$$\mathcal{M} = \frac{ie}{m}\bar{u}(p')\left[p' \cdot A_\mu^{\text{ext}}(\vec{q}) + p^\mu A_\mu^{\text{ext}}(\vec{q}) - \frac{1}{2}F_{\mu\nu}^{\text{ext}}(q)\sigma^{\mu\nu}\right]u(p)\,, \tag{17.2}$$

wo $F_{\mu\nu}^{\text{ext}}(q) = q_\mu A_\nu^{\text{ext}}(q) - q_\nu A_\mu^{\text{ext}}(q)$ die Fouriertranformierte von $F_{\mu\nu}(x) = \partial_\mu A_\nu - \partial_\nu A_\mu$ ist. In der Dirac-Darstellung war

$$\sigma^{\mu\nu} = \frac{i}{2}[\gamma^\mu, \gamma^\nu] \quad \text{mit} \quad \gamma^0 = \begin{pmatrix} 1 & 0 \\ 0 & -1 \end{pmatrix}, \quad \gamma^i = \begin{pmatrix} 0 & \sigma^i \\ -\sigma^i & 0 \end{pmatrix}$$

wo σ^i die Pauli-Matrizen sind. Wir betrachten den Streuprozess im Limes kleiner Impulse $\vec{p} \approx \vec{p}' \approx 0$. In der Dirac-Darstellung lauten die Spinren im Ruhesystem dann

$$u(0) = \begin{pmatrix} \chi \\ 0 \end{pmatrix},$$

wo die χ die zweikomponentigen Spinoren sind. Wir verwenden die Relationen

$$\sigma^{ij} = \frac{1}{2}\varepsilon^{ijk}\begin{pmatrix} \sigma^k & 0 \\ 0 & -\sigma^k \end{pmatrix}$$

und

$$B^k(x) = \varepsilon^{ijk}(x)\nabla^j A^k(x) \quad \rightarrow \quad B_{\text{ext}}^k(\vec{q}) = -i\varepsilon^{ijk}q^i A_{\text{ext}}^j\,.$$

Damit geht Gl. (17.2) über in

$$\mathcal{M} = ie\phi^{\text{ext}}\chi^\dagger\chi - \frac{ie}{2m}\vec{B}^{\text{ext}}\chi^\dagger\vec{\sigma}\chi\,,$$

wo ϕ^{ext} das externe elektrische Potential und $\vec{B}^{\text{ext}}$ das externe Magnetfeld ist. Das magnetische Moment des Elektrons ist daher

$$\gamma = \frac{e}{2m}\,.$$

Zur Erinnerung: In der Quantenmechanik wir die Wechselwirkung mit einem Magnetfeld durch die Schrödinger-Pauli-Gleichung

$$i\partial_t\psi = H\psi = \left[\left(\frac{\vec{P}^2}{2m} + V(r) - \mu_B\vec{B}\cdot\vec{L}\right)\mathbf{1}_{2\times 2} - 2\mu_B\vec{B}\cdot\vec{\sigma}\right]\psi$$

beschrieben, wo $\mu_B = \frac{e}{2m}$ das Bohrsche Magneton, $\vec{P}$ der Impuls- und $\vec{L}$ der Drehimpulsoperator ist. Der Faktor 2 im letzten Term wird als *g-Faktor* bezeichnet.

17.2 Virtuelle Korrekturen der Ordnung α

Wir betrachten jetzt die Einschleifen-Korrekturen zur Streuung eines Elektrons an einem äußeren Potential. Die Feynman-Graphen der $\mathcal{O}(\alpha)$ sind gegeben durch

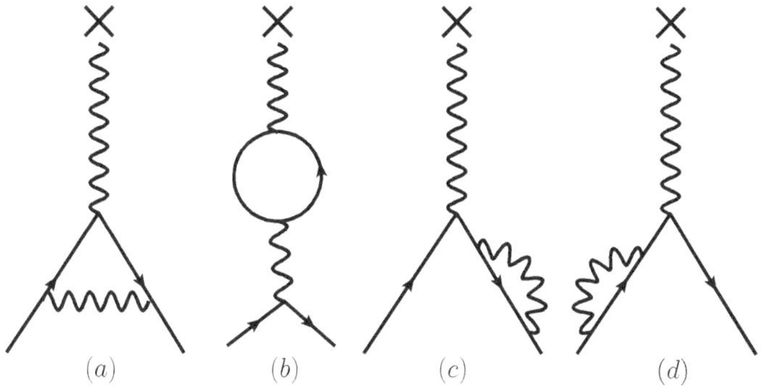

Die Diagramme (c) und (d) gehen in die Wellenfunktionsrenormierung ein und Diagramm (b) korrigiert die Ladung, wie in Kapitel 11 beschrieben. Zum magnetischen Moment trägt nur Diagramm (a) bei.

Das renormierte Coulomb-Matrixelement ist dann

$$M = Z_2\underbrace{Z_3 e_0}_{e}2M_{\text{N}}\bar{u}(p')\gamma_0\left[1 + \Gamma_0(p,p')\right]u(p)\frac{Ze}{|\vec{q}|^2}\,.$$

Im letzten Kapitel wurde gezeigt, dass die renormierte Vertexfunktion auf der Massenschale von der Form ist

$$\begin{aligned}\Gamma_{\mathrm{R}}^{\mu}(p,p') &= Z_1\Gamma_0^{\mu} = (1+z_1)\Gamma_0^{\mu} \\ &= \gamma^{\mu}F_1^R(q^2) + \frac{i}{2m}\sigma^{\mu\nu}q_{\nu}F_2^R(q^2)\,,\end{aligned}$$

wo die Formfaktoren F_1 und F_2 in Kapitel 16 berechnet wurden. Es war

$$F_2^R(q^2) = \frac{\alpha}{2\pi}\left[1 + \frac{1}{6}\frac{q^2}{m^2}\right] + \mathcal{O}(q^4)\,.$$

Die Strahlungskorrekturen ändern also das magnetische Moment des Elektrons. Die Änderung vom Wert $g = 2$ in niedrigster Ordnung wird als *anomales magnetisches Moment* bezeichnet. Aus obigem Ergebnis folgt

$$a \equiv \frac{1}{2}(g-2) = F_2(q^2 = 0) = \frac{\alpha}{2\pi}\,.$$

Dieses Ergebnis wurde zuerst von J. Schwinger im Jahr 1948 abgeleitet. Numerisch ergibt die Theorie für das anomale magnetische Moment

$$a_{\text{the}} = (1.1614)\times 10^{-3} \quad \text{(Schwinger).}$$

Die Zahl der Diagramme wächst sehr schnell mit der Ordnung der Störungstheorie. In $\mathcal{O}(\alpha^4)$ tragen schon tausende von Diagrammen bei. In heroischen Arbeiten von Toichiro Kinoshita und Mitarbeitern wurden die Beiträge der Ordnung $\alpha^2, \alpha^3, \alpha^4, \alpha^5$ einschließlich sehr kleiner schwacher und hadronischer Korrekturen berechnet, mit dem Ergebnis

$$a_{\text{the}} = 1.15965218188(78)\times 10^{-3}\,.$$

Dieses Ergebnis ist in erstaunlicher Übereinstimmung mit dem experimentellen Wert

$$a_{\text{exp}} = 1.15965218073(28)\times 10^{-3}\,.$$

Die Unsicherheit der Vorhersage wird durch den Fehler der Feinstrukturkonstanten dominiert. Alternativ lässt sich daher auch das anomale magnetische Moment für die Bestimmung der elektrischen Elementarladung verwenden.

17.3 Infrarotproblem

Der renormierte Formfaktor $F_1(q^2)$ aus Kapitel 16 lautete

$$\begin{aligned}F_1^R(q^2) = 1 + \frac{\alpha}{4\pi}\Bigg\{&-2\left(\frac{1}{\varepsilon_{\text{IR}}} - \ln\frac{m^2}{\mu^2}\right) - 6 - I_0 \\ &+ \left(2 - \frac{q^2}{m^2}\right)\left(\left(\frac{1}{\varepsilon_{\text{IR}}} - \ln\frac{m^2}{\mu^2}\right)I_1 - I_2\right) + \left(6 - 2\frac{q^2}{m^2}\right)I_1\Bigg\}\,, \qquad (17.3)\end{aligned}$$

mit den dimensionslosen Integralen

$$I_0 = \int_0^1 dx \ln \frac{m^2 - q^2 x(1-x)}{m_0^2}\,, \qquad I_1 = m^2 \int_0^1 dx \frac{1}{m^2 - q^2 x(1-x)}\,,$$

$$I_2 = m^2 \int_0^1 dy \frac{\ln \frac{m^2 - q^2 x(1-x)}{m_0^2}}{m^2 - q^2 x(1-x)}\,.$$

Der den IR-singulären Term ist dann

$$\begin{aligned} F_1^{\mathrm{IR}}(q^2) &= \frac{\alpha}{4\pi}\left[-2\frac{1}{\varepsilon_{\mathrm{IR}}} + \left(2 - \frac{q^2}{m^2}\right)\frac{1}{\varepsilon_{\mathrm{IR}}} I_1\right] \\ &= \frac{\alpha}{4\pi}\frac{1}{\varepsilon_{\mathrm{IR}}}\left[-2 + (2m^2 - q^2)\int_0^1 dx \frac{1}{m^2 - q^2 x(1-x)}\right] \\ &= \frac{\alpha}{2\pi}\frac{1}{\varepsilon_{\mathrm{IR}}}\frac{q^2}{2}\int_0^1 dx \frac{2x(1-x) - 1}{m^2 - q^2 x(1-x)}\,. \end{aligned} \tag{17.4}$$

Wir betrachten jetzt die Vertexfunktion für große $Q^2 \equiv -q^2 \gg m^2$ (aber immer noch $Q^2 \ll M_{\mathrm{N}}^2$). In diesem Limes können wir den Formfaktor F_2 vernachlässigen, da F_2 proportional zu m^2 ist.

Wir betrachten das Matrixelement und entwickeln um $n = 4$,

$$\begin{aligned} M = \frac{e^2}{|\vec{q}|^2}\bar{u}(p')\gamma_0 u(p)\Bigg[1 &+ \frac{\alpha}{4\pi}\left(-\frac{2}{\varepsilon_{\mathrm{IR}}} + 2\ln\frac{m^2}{\mu^2}\right) \\ &+ \ln\frac{-q^2}{m^2}\left(2\frac{1}{\varepsilon_{\mathrm{IR}}} - 2\ln\frac{m^2}{\mu^2} + \ln\frac{-q^{22}}{m^2} - 1\right)\Bigg]\,. \end{aligned}$$

Das Matrixelement ist proportional zu M_0, man spricht von *Faktorisierung der führenden Logarithmen.* Für den Streuquerschnitt, der proportional zu $|M|^2$ ist, erhalten wir

$$\begin{aligned} \frac{d\sigma}{d\Omega} = \left(\frac{d\sigma}{d\Omega}\right)_0 \Bigg\{1 - \frac{2\alpha}{4\pi}\Bigg[&\frac{2}{\varepsilon_{\mathrm{IR}}} - 2\ln\frac{m^2}{\mu^2} \\ &\ln\frac{-q^2}{m^2}\left(\frac{2}{\varepsilon_{\mathrm{IR}}} - 2\ln\frac{m^2}{\mu^2} + \ln\frac{Q^2}{m^2} - 1\right)\Bigg]\Bigg\}\,, \end{aligned}$$

wo $(\frac{d\sigma}{d\Omega})_0$ in Gl. (17.1) gegeben ist und die Abhängigkeit von der willkürlichen Skala μ stammt von der Regularisierung der IR-Divergenzen und sollte sich in physikalischen Prozessen gegen die Beiträge von reellen weichen Photonen wegheben. An diesem Beispiel sehen wir, dass Feynman-Diagrammen der QED infrarot divergent sein können, was auf die Masselosigkeit des Photons zurückzuführen ist. Mann kann zeigen, dass ein allgemeines Feynman-Diagramm IR-divergent ist, wenn beide Enden eines Photons mit einem äußeren geladenen Teilchen verbunden sind.

17.4 IR-Divergenzen in der Bremsstrahlung

Wir betrachten die Abstrahlung eines Photons in der Coulomb-Streuung. Die Abstrahlung wird durch folgende Feynman-Graphen beschrieben:

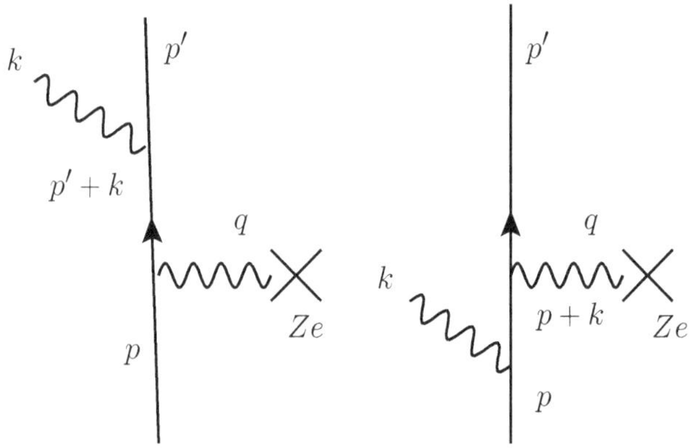

Das zugehörige Matrixelement lautet

$$M = -i\frac{Ze^3}{|\vec{q}|^2} 2M_\mathrm{N}\bar{u}(p')\left[\not{\varepsilon}\frac{\not{p}' + \not{k} + m}{(p'+k)^2 - m^2}\gamma_0 + \gamma_0\frac{\not{p} + \not{k} + m}{(p'-k)^2 - m^2}\not{\varepsilon}\right] u(p)\,.$$

Wir beschränken uns auf den Fall $k \approx 0$, d. h. auf die Emission sehr weicher Photonen. Verwende

$$\begin{aligned}\bar{u}(p')\not{\varepsilon}\not{p}' &= \bar{u}(p')[-\not{p}'\not{\varepsilon} + 2\varepsilon\cdot p'] = \bar{u}(p')[-m\not{\varepsilon} + 2\varepsilon\cdot p']\\ \not{p}\not{\varepsilon}u(p) &= [-m\not{\varepsilon} + 2\varepsilon\cdot p]u(p)\end{aligned}$$

Dann wird

$$\begin{aligned}M &= -i\frac{Ze^3}{|\vec{q}|^2} 2M_\mathrm{N}\bar{u}(p')\left[\frac{\varepsilon\cdot p'}{p'\cdot k} - \frac{\varepsilon\cdot p}{p\cdot k}\right]u(p)\\ &= M_0 e\left[\frac{\varepsilon\cdot p'}{p'\cdot k} - \frac{\varepsilon\cdot p}{p\cdot k}\right].\end{aligned}$$

Der Streuquerschnitt berechnet sich damit zu

$$\frac{d\sigma}{d\Omega} = \left(\frac{d\sigma}{d\Omega}\right)_0 e^2 \frac{d^3k}{2\omega(2\pi)^3}\left[\frac{\varepsilon\cdot p'}{p'\cdot k} - \frac{\varepsilon\cdot p}{p\cdot k}\right]^2 \theta(E - m - \omega)\,,$$

wo $(\frac{d\sigma}{d\Omega})_0$ in Gl. (17.1) gegeben ist und $\omega = |\vec{k}| = k_0$. Die Masse m in der θ-Funktion stellt die minimale Energie des auslaufenden Elektrons dar.

Die Summe über die Polarisation der Photonen erfolgt mit Hilfe der Regel

$$\sum_{\text{Pol.}} (\varepsilon\cdot a)(\varepsilon\cdot b) = -(a\cdot b)\,.$$

Damit wird

$$\frac{d\sigma}{d\Omega} = \left(\frac{d\sigma}{d\Omega}\right)_0 e^2 \frac{d^3k}{2\omega(2\pi)^3}$$
$$\times \left[\frac{2p\cdot p'}{(p'\cdot k)(p\cdot k)} - \frac{m^2}{(p'\cdot k)^2} - \frac{m^2}{(p\cdot k)^2}\right]\theta(E-m-\omega) \tag{17.5}$$
$$(2pp' = 2m^2 - q^2)\,.$$

Das Energiespektrum verhält sich wie d^3k/k^3, d. h. es ist IR-divergent. Die Wahrscheinlichkeit für die Emission eines Photons mit Energie 0 ist ∞. Diese Divergenz hebt sich aber gegen diejenige der virtuellen Korrekturen weg.

Bei endlicher Energieauflösung muss man über die experimentell nicht aufzulösenden Endzustände summieren,

$$\frac{d\sigma}{d\Omega} = \left(\frac{d\sigma}{d\Omega}\right)_0 \frac{\alpha}{4\pi}\int\limits_0^{\Delta E} \frac{d^3k}{2\omega(2\pi)^3}$$
$$\times \left[\frac{2p\cdot p'}{(p'\cdot k)(p\cdot k)} - \frac{m^2}{(p'\cdot k)^2} - \frac{m^2}{(p\cdot k)^2}\right]\theta(E-m-\omega)\,. \tag{17.6}$$

Für die Bremsstrahlung haben wir die Dirac-Algebra in 4 Dimensionen ausgeführt, da die auftretenden Impulse physikalische 4-Vektoren sind. Die Fortsetzung nach n-Dimensionen erfolgt erst anschließend bei der Integration.

Wir regularisieren das IR-divergente Integral dimensional, indem wir wieder Polarkoordinaten einführen über $\int d^{n-1}k = \int \omega^{n-2}d\omega \int d\Omega_{n-1}$,

$$\int \frac{d^3k}{2\omega(2\pi)^3} \to \int \frac{d^{n-1}k}{2\omega(2\pi)^{n-1}} = \frac{1}{(2\pi)^{n-1}}\int\limits_0^{\Delta E} \omega^{n-3}d\omega \int d\Omega_{n-1}\,,$$

wo

$$n = 4 - 2\varepsilon \quad \text{und} \quad \omega = \sqrt{k_1^2 + k_2^2 + \ldots k_{n-1}^2}\,.$$

Für die Integration über die $(n-1)$-dimensionalen Polarkoordinaten folgen wir der Diskussion in Kapitel 12. Dann erhalten wir

$$\begin{aligned}
\int d\Omega_{n-1} &= \int\limits_0^{2\pi} d\theta_1 \int\limits_0^{\pi} \sin\theta_2 d\theta_2 \cdots \int\limits_0^{\pi} \sin^{n-3}\theta_{n-3}d\theta_{n-3} \int\limits_0^{\pi} \sin^{n-3}\theta_{n-2}d\theta_{n-2} \\
&= \int\limits_0^{\pi} \sin^{n-3}\theta_{n-2}d\theta_{n-2} \int\limits_0^{2\pi} d\theta_1 \int\limits_0^{\pi} \sin\theta_2 d\theta_2 \cdots \int\limits_0^{\pi} \sin^{n-4}\theta_{n-3}d\theta_{n-3} \\
&= \int\limits_0^{\pi} \sin^{n-3}\theta_{n-2}d\theta_{n-2} \int d\Omega_{n-2} \\
&= \int\limits_0^{\pi} \sin^{n-3}\theta_{n-2}d\theta_{n-2} \frac{2\pi\pi^{-\varepsilon}}{\Gamma\left(\frac{n-2}{2}\right)} \\
&= \int\limits_0^{\pi} \sin^{1-2\varepsilon}\theta d\theta \frac{2\pi\pi^{-\varepsilon}}{\Gamma(1-\varepsilon)} \quad \text{mit} \quad \frac{n-2}{2} = 1-\varepsilon\,, \quad n-3 = 1-2\varepsilon
\end{aligned}$$

Wir haben die aus Kapitel 12 bekannte Formel für n-dimensionale Polarkoordinaten

$$\int d\Omega_n = 2\pi(\sqrt{\pi})^{n-2}\frac{1}{\Gamma\left(\frac{n}{2}\right)} \quad \rightarrow \quad \int d\Omega_{n-2} = 2\pi(\sqrt{\pi})^{n-4}\frac{1}{\Gamma\left(\frac{n-2}{2}\right)}$$

verwendet und $\theta_{n-2} \rightarrow \theta$ gesetzt. Außerdem haben wir angenommen, dass der Integrand nur von θ (und ω) abhängt, so dass wir die Integrale $\int d\theta_1 d\theta_2 \ldots d\theta_{n-3}$ ausführen können.

Damit wird

$$\begin{aligned}
\int \frac{d^{n-1}k}{2\omega(2\pi)^{n-1}} &= \frac{1}{2}\int \frac{1}{(2\pi)^{3-2\varepsilon}}\omega^{1-2\varepsilon}d\omega d\Omega_{n-1} \\
&= \frac{1}{2}\frac{1}{(2\pi)^{3-2\varepsilon}}\int \omega^{1-2\varepsilon}d\omega \int_0^\pi \sin^{1-2\varepsilon}\theta d\theta \frac{2\pi\pi^{-\varepsilon}}{\Gamma(1-\varepsilon)} \\
&= \frac{1}{8\pi^2}\frac{1}{\Gamma(1-\varepsilon)}4^{2\varepsilon}\pi^{\varepsilon}\int \omega^{1-2\varepsilon}d\omega \int_0^\pi \sin^{1-2\varepsilon}\theta d\theta
\end{aligned}$$

Es gilt

$$\sin^{n-3}\theta d\theta = \sin^{n-2}\theta d\cos\theta = \left(1-\cos^2\theta\right)^{\frac{n-2}{2}} d\cos\theta$$

Aus Gl. (17.5) folgt, dass der Integrand von der Form ist $\omega^{-2}F(\theta)$, z. B.

$$(kp)^2 = \omega^2(E - |\vec{p}|\cos\theta)^2$$

Wir betrachten zunächst das Integral

$$\begin{aligned}
I_1 &= \int_0^{\Delta E} \frac{d^3k}{2\omega(2\pi)^3}\frac{m^2}{(kp)^2} \\
&= \frac{\pi^{\frac{n}{2}-1}}{(2\pi)^{n-1}}\int_0^{\Delta E} d\omega\omega^{1-2\varepsilon}\int_0^1 dz(1-z^2)^{\frac{n}{2}-1}\frac{m^2}{\omega^2(E-|\vec{p}|z)^2}\,.
\end{aligned}$$

Wir integrieren als erstes über ω,

$$\begin{aligned}
\int_0^{\Delta E} d\omega\omega^{1-2\varepsilon}\frac{1}{\omega^2} &= \int_0^{\Delta E}\omega^{-1-2\varepsilon}d\omega = \Delta E^{-2\varepsilon}\int_0^1 x^{-1-2\varepsilon}dx = \frac{1}{(-2\varepsilon)}\Delta E^{-2\varepsilon} \\
&= \frac{1}{(-2\varepsilon)}(1 - 2\varepsilon\ln\Delta E) = \frac{1}{2}\left[\frac{-1}{\varepsilon_{\text{IR}}} + \ln\frac{(\Delta E)^2}{m^2} + \text{konst.}\right]
\end{aligned} \tag{17.7}$$

und anschließend über θ,

$$\begin{aligned}
&\int_0^1 dz(1-z^2)^{1-\varepsilon}\frac{m^2}{\omega^2(E-|\vec{p}|z)^2} \\
&= \frac{2}{(E^2-|\vec{p}|^2)}\left[1 - \varepsilon_{\text{IR}}\frac{E}{|\vec{p}|}\ln\left(\frac{E-|\vec{p}|}{E+|\vec{p}|}\right)\right] + \mathcal{O}(\varepsilon_{\text{IR}}^2)\,.
\end{aligned}$$

Damit wird

$$I_1 = \frac{1}{2}\left[\frac{-1}{\varepsilon_{\mathrm{IR}}} + \ln\frac{(\Delta E)^2}{m^2}\right]\frac{2}{m^2}\left[1 - \varepsilon_{\mathrm{IR}}\frac{E}{|\vec{p}|}\ln\left(\frac{E-|\vec{p}|}{E+|\vec{p}|}\right)\right]$$
$$= \frac{1}{m^2}\left[\frac{-1}{\varepsilon_{\mathrm{IR}}} + \ln\frac{(\Delta E)^2}{m^2} + \frac{E}{|\vec{p}|}\ln\left(\frac{E-|\vec{p}|}{E+|\vec{p}|}\right)\right].$$

Das zweite Integral erhält man aus dem obigen durch die Substitution $E \to E'$,

$$I_2 = \frac{1}{m^2}\left[\frac{-1}{\varepsilon_{\mathrm{IR}}} + \ln\frac{(\Delta E)^2}{m^2} + \frac{E'}{|\vec{p}\,'|}\ln\left(\frac{E'-|\vec{p}\,'|}{E'+|\vec{p}\,'|}\right)\right]. \tag{17.8}$$

Das dritte Integral ist IR-divergent,

$$I_3 = \int_0^{\Delta E} \frac{d^3k}{2\omega(2\pi)^3}\frac{2p\cdot p'}{(p'\cdot k)(p\cdot k)}.$$

Wir verwenden die Feynmansche Formel und erhalten

$$I_3 = (2m^2 - q^2)\int_0^1 dx \int_0^{\Delta E} \frac{d^3k}{2\omega(2\pi)^3}\frac{2p\cdot p'}{[x(p'-p)\cdot kx + p\cdot k]^2}$$
$$= (2m^2 - q^2)\int_0^1 dx \int_0^{\Delta E} \frac{d^3k}{2\omega(2\pi)^3}\frac{1}{[k\cdot p_x]^2}, \tag{17.9}$$

mit

$$p_x = p + (p'-p)x.$$

Wir schreiben $k^\mu = n^\mu k$, wo n^μ ein Eiheitsvektor ist. Damit wird

$$\int_0^1 dx \int \frac{d\Omega_n}{4\pi}\frac{1}{(np_x)^2} = \int_0^1 dx\frac{1}{p_x^2}.$$

Wir formen p_x^2 etwas um. Mit $p^2 = p'^2 = m^2$ und $2pp' = 2m^2 - q^2$ erhalten wir

$$p_x^2 = (p + (p'-p)x)^2 = m^2 - x(1-x)q^2$$

Die Integration ist ziemlich kompliziert. Ergebnis

$$I_3 = \frac{\alpha}{\pi}\left\{\ln\frac{-q^2}{m^2}\left[\frac{-1}{\varepsilon_{\mathrm{IR}}} - C - \ln\frac{(\Delta E)^2}{m^2}\right] + \frac{1}{2}\ln\frac{-q^2}{m^2} + f(\theta)\right\}.$$

$f(\theta)$ involviert unter anderem Dilogarithmen. Damit wird der Streuquerschitt Gl. (17.6)

$$\frac{d\sigma}{d\Omega} = \left(\frac{d\sigma}{d\Omega}\right)_0 \frac{\alpha}{4\pi}[I_3 - I_2 - I_1]$$

Die virtuellen und die reellen Korrekturen müssen inkohärent addiert werden. Damit erhalten wir schließlich das *IR-endliche* Ergebnis für den Coulomb-Streuquerschnitt

$$\frac{d\sigma}{d\Omega} = \left(\frac{d\sigma}{d\Omega}\right)_0 \left\{1 + \frac{\alpha}{\pi}\left[\ln\frac{-q^2}{(\Delta E)^2} - \ln\frac{-q^2}{(\Delta E)^2}\ln\frac{-q^2}{m^2} \right.\right.$$
$$\left.\left. + \frac{3}{2}\ln\frac{-q^2}{m^2} + f(\theta) + \text{konst.}\right]\right\} .$$

Am einfachen Beispiel der Streuung eines Elektrons an einem äußeren Potential haben wir demonstriert, dass man IR- und UV-Divergenzen in n Dimensionen gemeinsam regularisieren kann. Es werden keine große oder kleine Regulatormassen benötigt. Die Eichinvarianz der QED bleibt in jedem Stadium der Rechnung erhalten.

18 Vakuumpolarisation in $\mathcal{O}(\alpha^2)$

Die Renormierung auf dem Ein-Schleifen-Niveau ist vom Prinzip her einfach. Dies ändert sich in höherer Ordnung wegen der überlappenden Divergenzen, die auftreten, wenn über mehrere Impulse integriert werden muss, Überlappende Integrale lassen sich nicht als Produkt oder Faltung von zwei oder mehreren einfachen Integralen schreiben. Die Problematik lässt sich im Rahmen eines Lehrbuches praktisch nur am Beispiel der Vakuumpolarisation demonstrieren, obwohl der rechnerische Aufwand auch hier beträchtlich ist. In der Vakuumpolarisation treten in zweiter Ordnung folgende Feynman-Graphen auf

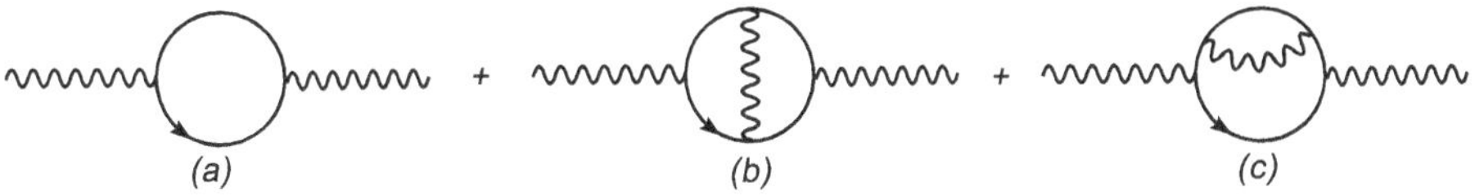

Zur Vereinfachung der Rechnungen beschränken wir uns auf die *masselose QED* bzw. auf hohe Impulsübeträge. Infrarot-Divergenzen treten in der Vakuumpolarisation nicht auf.

18.1 Ein-Schleifen-Integrale

Da der Ein-Schleifen-Graph (a) mit $Z_3 = 1 - \frac{1}{3}\frac{\alpha}{\pi}\frac{1}{\varepsilon}$ multipliziert wird, müssen wir die beitragenden Feynman-Integrale bis Ordnung ε^2 auswerten. Wir werden folgendes Integral benötigen

$$\begin{aligned} I &= \int \frac{d^n l}{(2\pi)^n} \frac{1}{[l^2]^{1+\gamma\varepsilon}[(q-l)^2]^{1+\delta\varepsilon}} \\ &= \frac{i}{16\pi^2} C \frac{(-1)^{-\varepsilon}}{(q^2)^{A\varepsilon}} \frac{1}{A\varepsilon}(1 + B\varepsilon + B^2\varepsilon^2 + \cdots) , \end{aligned} \tag{18.1}$$

wo

$$A = (\gamma + \delta + 1) , \quad B = (\gamma + \delta + 2)$$

$$C = \frac{(4\pi)^\varepsilon}{\Gamma(1-\varepsilon)} = 1 - \varepsilon\gamma + \varepsilon \ln 4\pi + \mathcal{O}(\varepsilon^2) .$$

Wenn wir den Faktor $(4\pi)^\varepsilon/\Gamma(1-\varepsilon)$ ins Integrationsmaß ziehen, erhalten somit automatisch die Ergebnisse im $\overline{MS}$-Regularisierungsschema.

https://doi.org/10.1515/9783110488593-018

Um das Ergebnisses Gl. (18.1) zu beweisen, verwenden wir die verallgemeinerte Feynmansche Formel,

$$\begin{aligned} I_{\alpha\beta} &= \int \frac{d^n p}{(2\pi)^n} \frac{1}{[p^2]^\alpha[(p-q)^2]^\beta} \\ &= \frac{1}{B(\alpha,\beta)} \int_0^1 dx \int \frac{d^n p}{(2\pi)^n} \frac{x^{\alpha-1}(1-x)^{\beta-1}}{[p^2 x + (p-q)^2(1-x)]^{\alpha+\beta}} , \end{aligned} \tag{18.2}$$

wo

$$B(\alpha,\beta) = \int_0^1 dt t^{\alpha-1}(1-t)^{\beta-1} = \frac{\Gamma(\alpha)\Gamma(\beta)}{\Gamma(\alpha+\beta)} .$$

Beweis. Wir betrachten das Integral

$$I = \int_0^1 dx \frac{x^{\alpha-1}(1-x)^{\beta-1}}{[ax + b(1-x)]^{\alpha+\beta}}$$

und führen folgende Variablentransformation durch

$$z = \frac{ax}{ax + (1-x)b} , \qquad dz = \frac{abdx}{[ax + (1-x)b]^2} .$$

Dann finden wir

$$I = \frac{1}{a^\alpha b^\beta} \int_0^1 dz z^{\alpha-1}(1-z)^{\beta-1} = \frac{1}{a^\alpha b^\beta} B(\alpha,\beta) .$$

□

Wir setzen in Gl. (18.2) wieder $p \to p + q(1-x)$ und erhalten

$$I_{\alpha\beta} = \frac{1}{B(\alpha,\beta)} \int_0^1 dx \int \frac{d^n p}{(2\pi)^n} \frac{x^{\alpha-1}(1-x)^{\beta-1}}{[p^2 + q^2 x(1-x)]^{\alpha+\beta}} .$$

Die p-Integration kann mit der in Kapitel 12 aufgeführten Formel

$$\int \frac{d^n k}{(2\pi)^n} \frac{1}{[k^2 - R^2 + i\varepsilon]^m} = \frac{i}{(16\pi^2)^{\frac{n}{4}}} \frac{(-1)^{-m}}{(R^2)^{m-\frac{n}{2}}} \frac{\Gamma\left(m - \frac{n}{2}\right)}{\Gamma(m)} ,$$

mit $m = \alpha + \beta$ ausgeführt werden, mit dem Ergebnis

$$\begin{aligned} I_{\alpha\beta} &= \frac{i}{B(\alpha,\beta)} \frac{(-1)^{\alpha+\beta}}{(4\pi)^{\frac{n}{2}}} \frac{\Gamma\left(\alpha+\beta-\frac{n}{2}\right)}{\Gamma(\alpha+\beta)} \int_0^1 dx \frac{x^{\alpha-1}(1-x)^{\beta-1}}{[-q^2 x(1-x)]^{\alpha+\beta-\frac{n}{2}}} \\ &= \frac{i}{B(\alpha,\beta)} \frac{(-1)^{\alpha+\beta}}{(4\pi)^{\frac{n}{2}}} \frac{\Gamma\left(\alpha+\beta-\frac{n}{2}\right)}{\Gamma(\alpha+\beta)} \int_0^1 dx x^{\frac{n}{2}-\beta-1}(1-x)^{\frac{n}{2}-\alpha-1} \\ &= i\frac{(-1)^{\alpha+\beta}}{(16\pi^2)^{\frac{n}{4}}} \frac{\Gamma\left(\alpha+\beta-\frac{n}{2}\right)}{\Gamma(\alpha)\Gamma(\beta)} \frac{\Gamma\left(\frac{n}{2}-\alpha\right)\Gamma\left(\frac{n}{2}-\beta\right)}{\Gamma(n-\alpha-\beta)} \frac{1}{[-q^2]^{\alpha+\beta-\frac{n}{2}}} . \end{aligned} \tag{18.3}$$

Man beweist die Formel Gl. (18.1) indem man

$$\alpha \to 1 + \gamma\varepsilon\,, \quad \beta \to 1 + \delta\varepsilon$$

setzt und die Entwicklungen

$$\Gamma(1+\varepsilon) = 1 - \varepsilon\gamma + \frac{\varepsilon^2}{2}\left(\gamma^2 + \frac{\pi^2}{6}\right) + \cdots$$

$$B(1+\varepsilon a, 1+\varepsilon b)\varepsilon = 1 - \varepsilon(a+b) - \varepsilon^2\left[(a+b)^2 - ab\frac{\pi^2}{6}\right] + \cdots$$

verwendet.

Beispiel.

$$I_{00} = \int \frac{d^n l}{(2\pi)^n}\frac{1}{l^2(q-l)^2} = \frac{i}{16\pi^2}\frac{(4\pi)^\varepsilon}{\Gamma(1-\varepsilon)}(-q^2)^{-\varepsilon}\left(\frac{1}{\varepsilon} + 2 + 4\varepsilon + \cdots\right) \tag{18.4}$$

$(\alpha = \delta = 0 \;\; \to \;\; A = 1,\; B = 2)$.

18.2 Die Ein-Schleifen-Vakuumpolarisation bis $\mathcal{O}(\varepsilon)$

Die Vakuumpolarisation ist in niedrigster Ordnung durch folgendes Feynman-Diagramm beschrieben

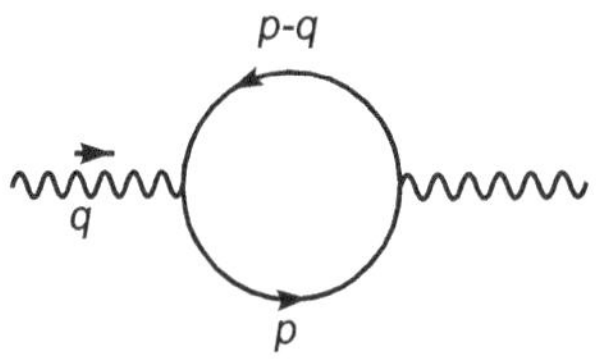

$$i\Pi_{\mu\nu}(q) = e_0^2 \int \frac{d^n p}{(2\pi)^n}\frac{\mathrm{Sp}[\gamma_\mu \not{p} \gamma_\nu(\not{p} - \not{q})]}{p^2(p-q)^2}\,. \tag{18.5}$$

Der Polarisationstensor ist von der Form

$$\Pi_{\mu\nu} = (-g_{\mu\nu}q^2 + q_\mu q_\nu)\Pi(q^2)$$

Da

$$\Pi_\mu{}^\mu = (1-n)q^2\Pi(q^2)$$

folgt

$$\Pi(q^2) = \frac{\Pi_\mu{}^\mu}{(1-n)q^2} = \frac{\Pi_\mu{}^\mu}{(2\varepsilon - 3)q^2} \tag{18.6}$$

Aus Gl. (18.5) folgt

$$\begin{aligned} i\Pi_\mu{}^\mu &= e_0^2 \int \frac{d^n p}{(2\pi)^n} \frac{\mathrm{Sp}[\gamma_\mu \not p \gamma^\mu (\not p - \not q)]}{p^2 (p-q)^2} \\ &= e_0^2 \int \frac{d^n p}{(2\pi)^n} (2-n) \frac{\mathrm{Sp}[\not p(\not p - \not q)]}{p^2(p-q)^2} \\ &= e_0^2 4(2-n) \int \frac{d^n p}{(2\pi)^n} \frac{p^2 - pq}{p^2(p-q)^2} \end{aligned}$$

Um die Rechnungen nicht ausufern zu lassen, untersuchen wir alle Terme auf mögliche Tadpol-Integrale, die in der dimensionalen Regularisierung verschwinden. Dazu ergänzen wir den Nenner wie folgt

$$p^2 - pq = \frac{1}{2}(p^2 - 2pq + q^2) + \frac{1}{2}p^2 - \frac{1}{2}q^2 \,.$$

Es treten folgende Tadpole-Integrale auf

$$\int d^n p (p^2)^\alpha = 0 \,, \qquad \int d^n p [(p-q)^2]^\alpha = 0 \,.$$

Damit wird

$$\Pi_\mu{}^\mu = i e_0^2 2(2-n) q^2 \int \frac{d^n p}{(2\pi)^n} \frac{1}{p^2(p-q)^2} \,.$$

Einsetzen des Ergebnisses (18.4) ergibt

$$\begin{aligned} \Pi_\mu{}^\mu &= \frac{e_0^2}{16\pi^2} 2\underbrace{(2-n)}_{-2(1-\varepsilon)} q^2 (-q^2)^{-\varepsilon} \frac{(4\pi)^\varepsilon}{\Gamma(1-\varepsilon)} \left(\frac{1}{2\varepsilon} + 1 + 2\varepsilon + \cdots \right) \\ &= -\frac{\tilde{\alpha}_0}{\pi} 4(1-\varepsilon) q^2 \left(\frac{-q^2}{\mu^2} \right)^{-\varepsilon} \left(\frac{1}{2\varepsilon} + 1 + 2\varepsilon + \cdots \right) \end{aligned} \tag{18.7}$$

wo

$$\tilde{\alpha}_0 \equiv \frac{e_0^2}{4\pi} \left(\frac{\mu^2}{4\pi} \right)^{-\varepsilon} \frac{1}{\Gamma(1-\varepsilon)}$$

die unrenormierte Feinstrukturkonstante ist, die noch mit einem Faktor $(\mu^2)^{-\varepsilon}$ multipliziert ist, damit sie *dimensionslos* wird.

Wir entwickeln weiter für kleine ε,

$$\left(\frac{-q^2}{\mu^2} \right)^{-\varepsilon} = e^{-\varepsilon \ln(-q^2/\mu)^2} = 1 - \varepsilon \ln \frac{-q^2}{\mu^2} + \frac{1}{2} \varepsilon^2 \ln^2 \frac{-q^2}{\mu^2} + \mathcal{O}\left(\varepsilon^3\right)$$

und erhalten für die unrenormierte Ein-Schleifen-Vakuumpolarisation

$$\begin{aligned} \Pi^{(1)}(q^2) = \frac{\tilde{\alpha}_0}{\pi} \frac{1}{3} \Bigg\{ & \frac{1}{\varepsilon} - \ln\left(\frac{-q^2}{\mu^2} \right) + \frac{5}{3} \\ & + \varepsilon \left[\frac{14}{9} - \frac{5}{6} \ln\left(\frac{-q^2}{\mu^2} \right) + \frac{1}{4} \ln^2\left(\frac{-q^2}{\mu^2} \right) \right] \Bigg\} \,. \end{aligned} \tag{18.8}$$

Der obere Index $^{(1)}$ bezeichnet den Beitrag der Ordnung $(\tilde{\alpha}_0)^1$. Die Wellenfunktions-renormierung in $\mathcal{O}(\alpha)$ im MS-Schema war definiert durch

$$Z_3(1 + \Pi(q^2))\Big|_{\text{Polterm}} = 0\,.$$

Das Ergebnis im $\overline{MS}$-Schema, war

$$Z_3 = 1 - \frac{1}{3}\frac{\alpha}{\pi}\frac{1}{\varepsilon}\,.$$

Man sieht, dass der $\frac{1}{\varepsilon}$-Term zusammen mit dem $\mathcal{O}(\varepsilon)$-in Gl. (18.8) einen endlichen Beitrag in $\mathcal{O}(\alpha^2)$ liefert. Wir führen die Renormierung an dieser Stelle aber nicht aus, da wir erst die gesamte unrenormierte, Ein-Schleifen- plus Zwei-Schleifen-Amplitude, berechnen wollen, um anschließend die Renormierung durchzuführen.

18.3 Der Zwei-Schleifen-Beitrag Graph (b)

Wir kommen jetzt zu den Zwei-Schleifen-Beiträgen und beginnen mit dem Diagramm (b). Die Bezeichnung der Impulse ist aus der Figur ersichtlich.

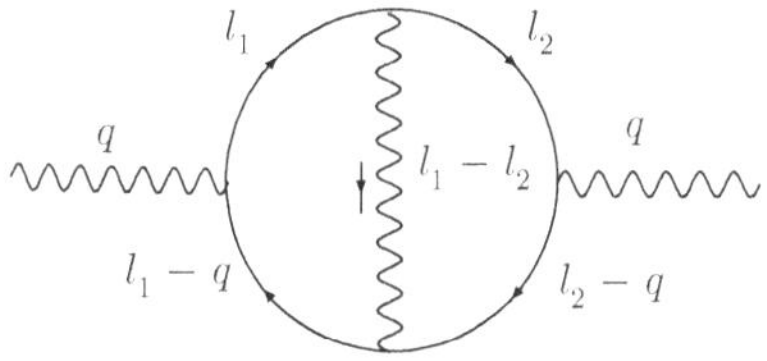

(b)

Das zugehörige Feynman-Integral lautet

$$\begin{aligned} i\Pi_\mu^{(b)\mu}(q) = -ie^4 \int \frac{d^n l_1}{(2\pi)^n}\frac{d^n l_2}{(2\pi)^n} \\ \times \frac{\mathrm{Sp}\{\gamma_\mu \not{l}_1 \gamma_\alpha \not{l}_2 \gamma^\mu (\not{l}_2 - \not{q})\gamma^\alpha(\not{l}_1 - \not{q})\}}{l_1^2(l_1-q)^2(l_1-l_2)^2(l_2-q)^2 l_2^2}\,, \end{aligned} \tag{18.9}$$

mit $\Pi_\mu^{(b)\mu}(q) = -(n-1)q^2\Pi^{(b)}(q^2)$. Hier tritt die notorische *überlappende Divergenz* auf. Diese rührt von dem Faktor $1/(l_1 - l_2)^2$ her, wenn beide Integrationsimpulse nach unendlich gehen.

Wir können in allen Zwei-Schleifen-Diagrammen $e_0 = e$ setzen, da die Korrekturen von e_0 durch die Renormierung eine Ordnung höher sind. Für die Spur verwendet man am besten ein Computer-Algebra Programm. Das Ergebnis ist

$$\begin{aligned} \frac{1}{4}\mathrm{Sp}\{\ldots\} = (n-2)4[(ql_1)(ql_2) + (ql_1)(l_1l_2) + (ql_2)(l_1l_2) - (l_1l_2)^2] \\ - (n-2)(n-4)[(l_1l_2)q^2 - (ql_1)l_2^2 - (ql_2)l_1^2 + l_1^2l_2^2] \end{aligned}$$

Viele Terme verschwinden, da sie Tadpole-Integrale darstellen. Hier sind alle Terme mit

$$l_1^2(l_1-l_2)^2\,,\quad l_1^2(l_1-q)^2\,,\quad l_2^2(l_2-q)^2$$

im Zähler Tadpole-Integrale.

Beispiel.

$$\int d^n l_1 d^n l_2 \frac{1}{l_1^2(l_1-l_2)^2 l_2^2} = 0$$

Setzen wir $l_1 \to l_1 - q$, $l_2 \to l_2 - q$ so erhalten wir

$$\int d^n l_1 d^n l_2 \frac{1}{(l_1-q)^2(l_1-l_2)^2(l_2-q)^2} = 0\,.$$

D. h. auch die Terme mit

$$l_1^2 l_2{}^2\,,\quad (l_1-q)^2(l_2-q)^2$$

im Zähler liefern keine Beiträge.

Wir betrachten jetzt die einzelnen Terme in der Spur:

a)

$$\begin{aligned}4(ql_1)(ql_2) &= [(q-l_1)^2-q^2-l_1^2][(q-l_2)^2-q^2-l_2^2]\\ &= \underline{(q-l_1)^2(q-l_2)^2} - (q-l_1)^2q^2\\ &\quad -(q-l_1)^2l_2^2 - q^2(q-l_2)^2 + q^4 + l_2^2q^2\\ &\quad - l_1^2(q-l_2)^2 + l_1^2q^2 + \underline{l_1^2l_2^2}\end{aligned}$$

Die unterstrichenen Terme sind Tadpole und können weggelassen werden. Dann ist

$$4(ql_1)(ql_2) = q^4 - 2q^2(q-l_1)^2 + 2l_1^2q^2 - l_2^2(q-l_1)^2 + \text{Tadpole}$$

Dieser Term ist symmetrisch unter $l_1 \leftrightarrow l_2$.

b)

$$\begin{aligned}4(ql_1)(l_1l_2) &= [(q-l_1)^2-q^2-l_1^2][(l_1-l_2)^2-l_1^2-l_2^2]\\ &= \underline{(q-l_1)^2(l_1-l_2)^2} - (q-l_1)^2l_2^2\\ &\quad -\underline{(q-l_1)^2l_1^2} - q^2(l_1-l_2)^2 + q^2l_2^2 + q^2l_1^2\\ &\quad \underline{-l_1^2(l_1-l_2)^2} + \underline{l_1^2l_2^2} + l_1^4\\ &= -(q-l_1)^2l_2^2 - q^2(l_1-l_2)^2 + 2q^2l_1^2 + l_1^4\\ &\quad + \text{Tadpole}\end{aligned}$$

Da die Integration über l_1 und l_2 erfolgt, gilt

$$4(ql_1)(l_1l_2) \Longleftrightarrow 4(ql_2)(l_1l_2)$$

c)

$$\begin{aligned}4(l_1 l_2)^2 &= [(l_1 - l_2)^2 - l_1^2 - l_2^2][(l_1 - l_2)^2 - l_1^2 - l_2^2] \\ &= (l_1 - l_2)^4 - \underline{2(l_1 - l_2)^2 l_1^2} - \underline{2(l_1 - l_2)^2 l_2^2} \\ &\quad + l_1^4 + \underline{2l_1^2 l_2^2} + l_2^4 \\ &= (l_1 - l_2)^4 + l_1^4 + l_2^4 + \text{Tadpole} \\ &= (l_1 - l_2)^4 + 2l_1^4 \quad \text{(wegen Symmetrie)}\end{aligned}$$

Wir werden sehen, dass nach Integration

$$(l_1 - l_2)^4 \implies -\frac{1}{2} q^2 (l_1 - l_2)^2$$

gesetzt werden kann.

d)

$$\begin{aligned}&2[(l_1 l_2) q^2 - (q l_1) l_2^2 - (q l_2) l_1^2 + \underline{l_1^2 l_2^2}] \\ &= -q^2 [(l_1 - l_2)^2 - l_1^2 - l_2^2] + l_2^2 [(q - l_1)^2 - q^2 - l_1^2] \\ &\quad + l_1^2 [(q - l_2)^2 - q^2 - l_2^2] + \underline{l_1^2 l_2^2} \\ &= -q^2 (l_1 - l_2)^2 + l_2^2 (q - l_1)^2 + l_1^2 (q - l_2)^2 - \underline{l_1^2 l_2^2} \\ &= -q^2 (l_1 - l_2)^2 + 2 l_2^2 (q - l_1)^2 + \text{Tadpole}\end{aligned}$$

Dieser Term ist wieder symmetrisch bezüglich $l_1 \leftrightarrow l_2$.

$$I = \int \frac{d^n l_1}{(2\pi)^n} \frac{d^n l_2}{(2\pi)^n} \frac{N}{l_1^2 (l_1 - q)^2 (l_2 - q)^2 (l_1 - l_2)^2 l_2^2}$$

Wir listen die Integrale für die einzelnen im Zähler N auftretenden Terme auf:

1. $N = {l_1}^2$ oder $N = (l_1 - q)^2$

$$I_1 = \int \frac{d^n l_1}{(2\pi)^n} \frac{d^n l_2}{(2\pi)^n} \frac{1}{(l_1 - q)^2 (l_1 - l_2)^2 (l_2 - q)^2 l_2^2} \tag{18.10}$$

2. $N = (l_1 - l_2)^2$

$$\begin{aligned}I_2 &= \int \frac{d^n l_1}{(2\pi)^n} \frac{d^n l_2}{(2\pi)^n} \frac{1}{l_1^2 (l_1 - q)^2 (l_2 - q)^2 l_2^2} \\ &= \int \frac{d^n l_1}{(2\pi)^n} \frac{1}{l_1^2 (l_1 - q)^2} \int \frac{d^n l_2}{(2\pi)^n} \frac{1}{(l_2 - q)^2 l_2^2}\end{aligned}$$

I_2 ist also das Produkt aus zwei Ein-Schleifen-Integralen.

3. $N = (l_1 - l_2)^2 / q^2$

$$I_4 = \frac{1}{q^2} \int \frac{d^n l_1}{(2\pi)^n} \frac{d^n l_2}{(2\pi)^n} \frac{(l_1 - l_2)^2}{l_1^2 (l_1 - q)^2 (l_2 - q)^2 l_2^2}$$

Beachte: In diesem Integral (nur hier) sind auch l_1^2 und l_2^2 Tadpole.

$$(l_1 - l_2)^2 = \underline{l_1^2} - 2l_1 l_2 + \underline{l_2^2}$$

$$q^2 I_4 = \int \frac{d^n l_1}{(2\pi)^n} \frac{d^n l_2}{(2\pi)^n} \frac{-2l_1 l_2}{l_1^2 (l_1 - q)^2 (l_2 - q)^2 l_2^2}$$

$$= -2 \int \frac{d^n l_1}{(2\pi)^n} \frac{l_1^\sigma}{l_1^2 (l_1 - q)^2} \int \frac{d^n l_2}{(2\pi)^n} \frac{l_{2\sigma}}{l_2^2 (l_2 - q)^2}$$

Es gilt:

$$I_4 = -\frac{1}{2} I_2$$

Beweis. Wir betrachten

$$\int \frac{d^n l_1}{(2\pi)^n} \frac{2l_1^\sigma}{l_1^2 (l_1 - q)^2} = q^\sigma A(q^2)$$

und multiplizieren mit q_σ. Dann ist

$$A = \frac{1}{q^2} \int \frac{d^n l_1}{(2\pi)^n} \frac{2l_1 q}{l_1^2 (l_1 - q)^2} = \frac{1}{q^2} \int \frac{d^n l_1}{(2\pi)^n} \frac{q^2 + \underline{l_1^2} - \underline{(q - l_1)^2}}{l_1^2 (l_1 - q)^2}$$

$$= \int \frac{d^n l_1}{(2\pi)^n} \frac{1}{l_1^2 (l_1 - q)^2} .$$

D. h. $I_4 = -\frac{1}{2} I_2$. □

4. $N = (q - l_1)^2 l_2^2$

$$I_6 = \frac{1}{q^2} \int \frac{d^n l_1}{(2\pi)^n} \frac{d^n l_2}{(2\pi)^n} \frac{1}{l_1^2 (l_2 - q)^2 (l_1 - l_2)^2}$$

5. $N = q^2$

$$I_0(q) = \int \frac{d^n l}{(2\pi)^n} \frac{d^n k}{(2\pi)^n} \frac{q^2}{l^2 (l - q)^2 (l - k)^2 (k - q)^2 k^2}$$

$$= \frac{i^2}{(4\pi)^2} \left(\frac{-q^2}{4\pi} \right)^{-2\varepsilon} 6\xi(3) \qquad (18.11)$$

Das Integral I_0 ist das einzige nicht-elementare Integral. Es sei hier als gegeben angenommen und wird am Ende des Kapitels abgeleitet.

Wir fassen zusammen und erhalten

$$\Pi_\mu^{(b)\mu}(b) = -e^4 q^2 4 \left\{ (n-2)(n-4) \left[\frac{1}{2} I_2 - I_6 \right] + (n-2) \left[-I_0 - \frac{3}{2} I_2 + 4 I_1 \right] \right\}$$

$$= e^4 q^2 4 (n-2) \left\{ I_0 - 4 I_1 - (n-7) \frac{1}{2} I_2 + (n-4) I_6 \right\} \qquad (18.12)$$

18.4 Der Zwei-Schleifen-Beitrag Graph (c)

Als nächstes berechnen wir folgendes Diagramm

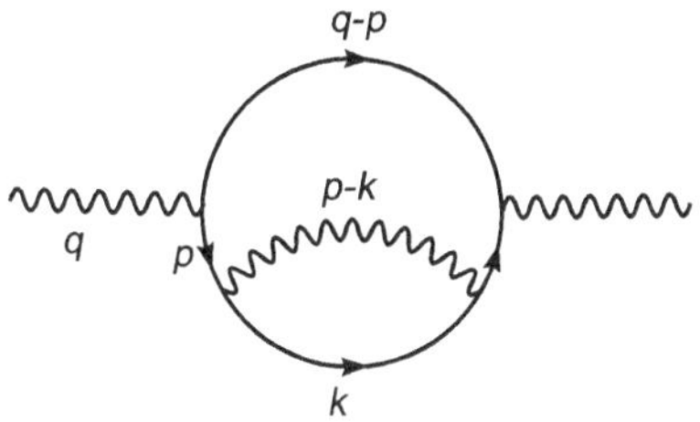

(c)

Dazu betrachten wir zunächst das Sub-Diagramm

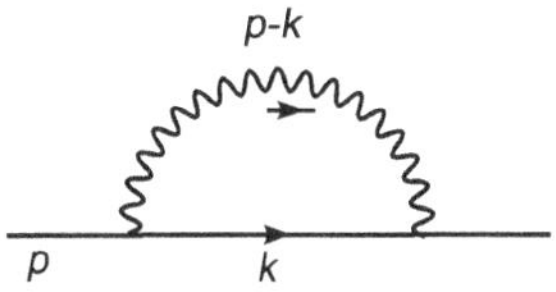

Es besteht aus der Fermion-Selbstenergie

$$
\begin{aligned}
-i\Sigma(p) &= -e^2 \int \frac{d^n k}{(2\pi)^n} \frac{\gamma_\mu \not{k} \gamma^\mu}{k^2 (p-k)^2} \\
&= \not{p} A(p^2) \\
A(p^2) p^2 \, \mathrm{Sp}(\mathbf{1}) &= -e^2 (2-n) \int \frac{d^n k}{(2\pi)^n} \frac{\mathrm{Sp}(\not{p}\not{k})}{k^2 (p-k)^2} \\
&= -e^2 (2-n) \int \frac{d^n k}{(2\pi)^n} \frac{4pk}{k^2 (p-k)^2}
\end{aligned}
$$

Wir verwenden die kinematische Identität $4pk = 2[p^2 + \underline{k^2} - \underline{(p-k)^2}]$ und lassen die Tadpole weg. Dann erhalten wir

$$
4A(p^2)p^2 = -e^2 (2-n) p^2 \int \frac{d^n k}{(2\pi)^n} \frac{2}{k^2 (p-k)^2}
$$

Dieses Ergebnis setzen wir in Diagramm (c) ein,

$$
\begin{aligned}
i\Pi_\mu{}^\mu(c) &= -ie^2 \int \frac{d^n p}{(2\pi)^n} \frac{\mathrm{Sp}[(\not{p}-\not{q})\gamma_\mu \not{p}[-i\Sigma(\not{p})]\not{p}\gamma^\mu]}{p^2 (p-q)^2 p^2} \\
&= -e^4 \frac{(2-n)}{2} \int \frac{d^n p}{(2\pi)^n} \int \frac{d^n k}{(2\pi)^n} \frac{\mathrm{Sp}[(\not{p}-\not{q})\gamma_\mu \not{p} p^2 \gamma^\mu]}{p^4 (p-q)^2 k^2 (p-k)^2} \\
&= -\frac{(2-n)^2}{2} e^4 \int \frac{d^n p}{(2\pi)^n} \int \frac{d^n k}{(2\pi)^n} \frac{\mathrm{Sp}[(\not{p}-\not{q})\not{p}]}{p^2 (p-q)^2 k^2 (p-k)^2} \\
&= -(2-n)^2 e^4 \int \frac{d^n p}{(2\pi)^n} \int \frac{d^n k}{(2\pi)^n} \frac{2p^2 - 2pq}{p^2 (p-q)^2 k^2 (p-k)^2} \,.
\end{aligned}
$$

Um Tadpole-Integrale zu isolieren, setzen wir wieder

$$2p^2 - 2pq = 2p^2 - [p^2 + q^2 - (p-q)^2] = p^2 - q^2 + \underline{(p-q)^2}$$

Damit wird

$$\begin{aligned} i\Pi_\mu^{(c)\mu}(c) &= -(2-n)^2 e^4 \int \frac{d^n p}{(2\pi)^n} \int \frac{d^n k}{(2\pi)^n} \frac{p^2 - q^2}{p^2(p-q)^2 k^2 (p-k)^2} \\ &= -(2-n)^2 e^4 q^2 [I_6 - I_1] \end{aligned} \tag{18.13}$$

Dieses Ergebnis muss zweimal genommen werden, da das Photon auch oben in der Schleife laufen kann.

18.5 Berechnung der Zwei-Schleifen-Integrale

Bis auf das oben angegebene Integral I_0, lassen sich alle beitragenden Zwei-Schleifen-Integrale auf Ein-Schleifen-Integrale zurückführen. Wir betrachten zuerst

$$I_1 \equiv \int \frac{d^n l_1}{(2\pi)^n} \frac{d^n l_2}{(2\pi)^n} \frac{1}{l_1^2 (l_1 - q)^2 (l_1 - l_2)^2 (l_2 - q)^2}$$

Da der Nenner l_2^2 fehlt, setzen wir $l_2 \to l_2 + q$. Dann wird

$$I_1 = \int \frac{d^n l_1}{(2\pi)^n} \frac{1}{l_1^2 (l_1 - q)^2} \int \frac{d^n l_2}{(2\pi)^n} \frac{1}{(l_1 - q - l_2)^2 l_2^2}$$

Wir verwenden jetzt die Formel (18.4)

$$\begin{aligned} I_1 &= \int \frac{d^n l_1}{(2\pi)^n} \frac{1}{l_1^2 (l_1 - q)^2} \frac{i}{16\pi^2} C \frac{(-1)^{-\varepsilon}}{[(q - l_1)^2]^\varepsilon} \left(\frac{1}{\varepsilon} + 2 + 4\varepsilon + \cdots \right) \\ &= \frac{i}{16\pi^2} C(-1)^{-\varepsilon} \underbrace{\int \frac{d^n l_1}{(2\pi)^n} \frac{1}{l_1^2 [(q - l_1)^2]^{(2+\varepsilon)}}}_{(\delta=1,\, y=0\ \to\ A=2,\, B=3)} \left(\frac{1}{\varepsilon} + 2 + 4\varepsilon + \cdots \right) \\ &= \frac{-1}{(16\pi^2)^2} C^2 \frac{1}{[-q^2]^{2\varepsilon}} \frac{1}{2\varepsilon} (1 + 3\varepsilon + 9\varepsilon^2 + \cdots) \frac{1}{\varepsilon} (1 + 2\varepsilon + 4\varepsilon^2 + \cdots) \end{aligned}$$

mit $C = (4\pi)^\varepsilon / \Gamma(1-\varepsilon)$. Wenn wir Terme bis $\mathcal{O}(\varepsilon^2)$ mitnehmen, erhalten wir schließlich

$$I_1 = \frac{-1}{(16\pi^2)^2} C^2 \frac{1}{[-q^2]^{2\varepsilon}} \frac{1}{\varepsilon^2} \frac{1}{2} (1 + 5\varepsilon + 19\varepsilon^2 + \cdots)$$

Auf analoge Weise finden wir

$$\begin{aligned} I_2 &\equiv \int \frac{d^n l_1}{(2\pi)^n} \frac{1}{l_1^2 (l_1 - q)^2} \int \frac{d^n l_2}{(2\pi)^n} \frac{1}{(l_2 - q)^2 l_2^2} \\ &= \frac{-1}{(16\pi^2)^2} C^2 \left[\frac{(-1)^{-\varepsilon}}{(q^2)^\varepsilon} \frac{1}{\varepsilon} (1 + 2\varepsilon + 4\varepsilon^2 + \cdots) \right]^2 \\ &= \frac{-1}{(16\pi^2)^2} C^2 \frac{1}{(-q^2)^{2\varepsilon}} \frac{1}{\varepsilon^2} (1 + 4\varepsilon + 12\varepsilon^2 + \cdots) \end{aligned} \tag{18.14}$$

und

$$I_6 \equiv \frac{1}{q^2}\int \frac{d^n l_1}{(2\pi)^n}\frac{d^n l_2}{(2\pi)^n}\frac{1}{l_1^2(l_2-q)^2(l_1-l_2)^2}$$
$$= \frac{1}{q^2}\int \frac{d^n l_1}{(2\pi)^n}\frac{1}{l_1^2}\int \frac{d^n l_2}{(2\pi)^n}\frac{1}{(l_2-q)^2(l_1-l_2)^2}\,.$$

Wir setzen wieder $l_2 \to l_2 + q$. Dann wird mit Formel (18.4)

$$I_6 = \frac{1}{q^2}\int \frac{d^n l_1}{(2\pi)^n}\frac{1}{l_1^2}\underbrace{\int \frac{d^n l_2}{(2\pi)^n}\frac{1}{(l_2)^2(l_2+q-l_1)^2}}_{(\alpha=\gamma=0\ \to\ A=1,\ B=2)}$$
$$= \frac{1}{q^2}\int \frac{d^n l_1}{(2\pi)^n}\frac{1}{l_1^2}\frac{i}{16\pi^2}C\frac{(-1)^{-\varepsilon}}{[(q-l_1)^2]^\varepsilon}\frac{1}{\varepsilon}(1+2\varepsilon+4\varepsilon^2+\cdots)\,.$$

Wir benötigen hierfür das Integral

$$\hat{I} = \int \frac{d^n l_1}{(2\pi)^n}\frac{1}{l_1^2}\frac{1}{[(q-l_1)^2]^\varepsilon}\,.$$

Dazu verwenden wir wieder die Formel Gl. (18.3) mit $\alpha = 1,\ \beta = \varepsilon$. Dann ist

$$\alpha+\beta-\frac{n}{2} = -1+2\varepsilon\,,\quad \frac{n}{2}-\beta = 2-2\varepsilon\,,\quad \frac{n}{2}-\alpha = 1-\varepsilon\,.$$

Damit wird

$$\hat{I} = i\frac{(-1)^{1+\varepsilon}}{(16\pi^2)^{\frac{n}{4}}}\frac{\Gamma(-1+2\varepsilon)}{\Gamma(1)\Gamma(\varepsilon)}B(2-2\varepsilon,1-\varepsilon)\frac{1}{[-q^2]^{-1+2\varepsilon}}\,. \tag{18.15}$$

Für die weitere Auswertung verwenden wir die Ergebnisse

$$B(1+az,1+bz) = 1-(a+b)z+[(a+b)^2-ab\zeta(2)]z^2+\cdots \tag{18.16}$$
$$B(x+1,y) = \frac{x}{x+y}B(x,y) \tag{18.17}$$
$$\Gamma(\varepsilon) = \frac{1}{\varepsilon}\Gamma(1+\varepsilon) = \frac{1}{\varepsilon}\left[1-\varepsilon\gamma+\frac{\varepsilon^2}{2}\left(\gamma^2+\frac{\pi^2}{6}\right)+\cdots\right]$$

Mit Gl. (18.17) wird in $\mathcal{O}(\varepsilon)$

$$\underset{(x=1-2\varepsilon,\ y=1-\varepsilon)}{B(2-2\varepsilon,1-\varepsilon)} = \frac{1-2\varepsilon}{2-3\varepsilon}B(1-2\varepsilon,1-\varepsilon)$$
$$= \frac{1}{2}\frac{(1-2)}{\left(1-\frac{3}{2}\varepsilon\right)}(1+3\varepsilon)+\cdots$$
$$= \frac{1}{2}\left(1+\frac{5}{2}\varepsilon+\cdots\right)$$

$$\Gamma(-1+\varepsilon) = \frac{1}{\varepsilon-1}\Gamma(\varepsilon) = \frac{2-1}{\varepsilon}(1+\varepsilon)[1-\gamma\varepsilon+\cdots]$$
$$\Gamma(\varepsilon) = \frac{1}{\varepsilon}(1-\gamma\varepsilon+\cdots)$$

und somit

$$\begin{aligned}
\hat{I} &= i\frac{(-1)^{1+\varepsilon}}{(16\pi^2)^{\frac{n}{4}}}\frac{\Gamma(-1+2\varepsilon)}{\Gamma(1)\Gamma(\varepsilon)}B(2-2\varepsilon,1-\varepsilon)\frac{1}{[-q^2]^{-1+2\varepsilon}}\\
&= i\frac{(-1)^{1+\varepsilon}}{(16\pi^2)^{\frac{n}{4}}}\frac{\frac{-1}{2\varepsilon}(1+2\varepsilon)[1-\gamma 2\varepsilon]}{\frac{1}{\varepsilon}(1-\gamma\varepsilon)}\frac{1}{2}\left(1+\frac{5}{2}\varepsilon\right)\frac{1}{[-q^2]^{-1+2\varepsilon}}\\
&= i\frac{(-1)^{\varepsilon}}{(16\pi^2)^{\frac{n}{4}}}\frac{(1+2\varepsilon)[1-\gamma 2\varepsilon]}{[1-\gamma\varepsilon]}\frac{1}{4}\left(1+\frac{5}{2}\varepsilon\right)\frac{1}{[-q^2]^{-1+2\varepsilon}}\\
&= i\frac{(-1)^{\varepsilon}}{(16\pi^2)^{\frac{n}{4}}}(1+\varepsilon)\underbrace{[1-\gamma\varepsilon]}_{=K+\mathcal{O}(\varepsilon^2)}\frac{1}{4}\left(1+\frac{5}{2}\varepsilon\right)\frac{1}{[-q^2]^{-1+2\varepsilon}}\\
&= i\frac{(-1)^{\varepsilon}}{16\pi^2}C\left(1+\frac{9}{2}\varepsilon\right)\frac{1}{4}\frac{1}{[-q^2]^{-1+2\varepsilon}}
\end{aligned}$$

Setzen wir $\hat{I}$ ein in Gl. (18.15), so erhalten wir

$$\begin{aligned}
I_6 &= \frac{1}{q^2}\int\frac{d^n l_1}{(2\pi)^n}\frac{1}{l_1^2}\underbrace{\int\frac{d^n l_2}{(2\pi)^n}\frac{1}{(l_2)^2(l_2+q-l_1)^2}}_{(\alpha=\gamma=0\ \to\ A=1/2,\ B=1)}\\
&= \frac{1}{q^2}\left(\frac{i}{16\pi^2}C\right)^2\frac{1}{\varepsilon}(1+2\varepsilon)\frac{1}{4}\left[1+\frac{9}{2}\varepsilon\right]\frac{1}{[-q^2]^{-1+2\varepsilon}}\\
&= \frac{-1}{(16\pi^2)^2}C^2\frac{1}{2}\frac{1}{2}\left(1+\frac{13}{2}\varepsilon\right)\frac{1}{[-q^2]^{2\varepsilon}}
\end{aligned}$$

18.6 Die unrenormierte Vakuumpolarisation in $\mathcal{O}(\tilde{\alpha}_0^2)$

Ausgedrückt durch obige Integrale lautet der gesamte Beitrag der $\mathcal{O}(\alpha_0^2)$ zur Vakuumpolarisation

$$\begin{aligned}
\Pi_{(2)} &= \Pi_{(b)} + 2\Pi_{(c)}\\
&= -\frac{1}{(n-1)}e_0^4(n-2)\{2(I_1-I_6)(n-2)\\
&\quad + 4I_0 - 2(n-7)I_2 - 16I_1 + 4(n-4)I_6\}\\
&= -\frac{(n-2)}{(n-1)}e_0^4\{4I_0 + 2(n-10)I_1 + 2(7-n)I_2 + 2(n-6)I_6\}
\end{aligned}$$

Mit

$$n-10 = -6-2\varepsilon\,,\quad 7-n = 3+2\varepsilon\,,\quad n-6 = -2-2\varepsilon$$

wird

$$\begin{aligned}
\Pi_{(2)} = \left(\frac{i}{16\pi^2}C\right)^2 e_0^4\frac{(n-2)}{(n-1)}[-q^2]^{-2\varepsilon}\\
\times\Big\{24\zeta(3) + 2(-6-2\varepsilon)\frac{2}{4\varepsilon^2}(1+5\varepsilon+19\varepsilon^2)\\
+ 2(3+2\varepsilon)\frac{1}{\varepsilon^2}(1+4\varepsilon+12\varepsilon^2)\\
+ 2(-2-2\varepsilon)\frac{1}{4\varepsilon}\left(1+\frac{13}{2}\varepsilon\right)\Big\}
\end{aligned}$$

mit $C = (4\pi)^\varepsilon/\Gamma(1-\varepsilon)$. Der $\frac{1}{\varepsilon^2}$-Term hebt sich wegen $Z_1 = Z_2$ weg, was spezifisch für QED ist. Damit ergibt sich für den gesamten Zwei-Schleifen- Beitrag

$$\begin{aligned}
\Pi_{(2)} &= -\frac{2}{3}\frac{(n-2)}{(n-1)}\left(\frac{e_0}{4\pi}\right)^4 \frac{1}{(\mu^2)^{2\varepsilon}} C^2 \left[\frac{-q^2}{\mu^2}\right]^{-2\varepsilon} \\
&\quad \times \frac{1}{4\pi^2}\left\{\frac{3}{2}\frac{1}{2\varepsilon} - 6\zeta(3) + \frac{57}{8}\right\} \\
&= -\left(\frac{\tilde{\alpha}_0}{\pi}\right)^2 \frac{1}{4}\left[\frac{-q^2}{\mu^2}\right]^{-2\varepsilon}\left\{\frac{1}{2\varepsilon} + \frac{55}{12} - 4\zeta(3)\right\}
\end{aligned}$$

Dazu müssen wir noch den Ein-Schleifen-Beitrag addieren, um die gesamte unrenormierte Vakuumpolarisation zweiter Ordnung zu erhalten. Wir hatten in Gl. (18.6) und (18.7)

$$\Pi_{(1)} = \frac{\tilde{\alpha}_0}{\pi}\frac{(n-2)}{(n-1)}\left[\frac{\mu^2}{-q^2}\right]^\varepsilon \left(\frac{1}{2\varepsilon} + 1 + 2\varepsilon + \cdots\right)$$

Im Folgenden setzen wir $\frac{(n-2)}{(n-1)} = \frac{2}{3}(1 - \frac{\varepsilon}{3} + \cdots)$. Dann wird die gesamte unrenormierte Vakuumpolarisation im $\overline{MS}$-Regularisierungsschema

$$\begin{aligned}
\Pi_0 &= \frac{\tilde{\alpha}_0}{\pi}\frac{2}{3}\left(\frac{1}{2\varepsilon} + \frac{5}{6} - \frac{1}{2}\ln\frac{-q^2}{\mu^2}\right) \\
&\quad - \left(\frac{\tilde{\alpha}_0}{\pi}\right)^2 \frac{1}{4}\left\{\frac{1}{2\varepsilon} + \frac{55}{12} - 4\zeta(3) - \ln\frac{-q^2}{\mu^2}\right\} + \mathcal{O}(\varepsilon)
\end{aligned} \tag{18.18}$$

mit $\tilde{\alpha}_0 \equiv \frac{e_0^2}{4\pi}(\frac{\mu^2}{4\pi})^{-\varepsilon}\frac{1}{\Gamma(1-\varepsilon)}$. Im allgemeinen, z. B. in der QCD, würde auch noch ein Term $1/2\varepsilon^2$ und ein dazugehöriger Term $(\ln\frac{-q^2}{\mu^2})^2$ auftreten.

18.7 Renormierung $\mathcal{O}(\alpha^2)$

Die Pole in Z_3 müssen die $1/\varepsilon$-Pole in Gl. (18.18) wegheben. Man darf aber nicht einfach setzen

$$Z_3 = 1 - \frac{2}{3}\frac{\tilde{\alpha}_0}{\pi}\frac{1}{2\varepsilon} - \frac{1}{4}\left(\frac{\tilde{\alpha}_0}{\pi}\right)^2\frac{1}{2\varepsilon}\,.$$

Damit wäre Π_R nicht endlich. Stattdessen machen wir in der Relation

$$(1+\Pi)_R = Z_3[1 + \Pi_0(\tilde{\alpha}_0)]$$

für Z_3 den Ansatz

$$Z_3 = 1 - \frac{1}{3}\frac{\tilde{\alpha}_0}{\pi}\frac{1}{\varepsilon} + \left(\frac{\tilde{\alpha}_0}{\pi}\right)^2\left[\frac{\beta}{2\varepsilon} + \frac{\gamma}{4\varepsilon^2}\right]. \tag{18.19}$$

Damit wird

$$(1+\Pi)_R = \left\{1 - \frac{2}{3}\frac{\tilde{\alpha}_0}{\pi}\frac{1}{2\varepsilon} + \left(\frac{\tilde{\alpha}_0}{\pi}\right)^2 \left[\frac{\beta}{2\varepsilon} + \frac{\gamma}{4\varepsilon^2}\right]\right\}$$
$$\times \left\{1 + \frac{2}{3}\frac{\tilde{\alpha}_0}{\pi}\left[\frac{1}{2\varepsilon} + \frac{5}{6} - \frac{1}{2}\ln\frac{-q^2}{\mu^2} + \frac{5}{3}\varepsilon\right]\right.$$
$$\left. + \frac{1}{4}\left(\frac{\tilde{\alpha}_0}{\pi}\right)^2 \left[\frac{1}{2\varepsilon} + \frac{55}{12} - 4\zeta(3) - \ln\frac{-q^2}{\mu^2}\right]\right\} . \tag{18.20}$$

Die Polterme von $(1+\Pi)_R$ lauten

$$0 = \left\{1 - \frac{2}{3}\frac{\tilde{\alpha}_0}{\pi}\frac{1}{2\varepsilon} - \left(\frac{\tilde{\alpha}_0}{\pi}\right)^2 \left[\frac{\beta}{2\varepsilon} + \frac{\gamma}{4\varepsilon^2}\right]\right\}$$
$$\times \left\{1 + \frac{2}{3}\frac{\tilde{\alpha}_0}{\pi}\frac{1}{2\varepsilon} + \frac{1}{4}\left(\frac{\tilde{\alpha}_0}{\pi}\right)^2 \frac{1}{2\varepsilon}\right\}_{\text{Pole}}$$
$$= 1 - \frac{2}{3}\frac{\tilde{\alpha}_0}{\pi}\frac{1}{2\varepsilon} + \left(\frac{\tilde{\alpha}_0}{\pi}\right)^2 \left[\frac{\beta}{2\varepsilon} + \frac{\gamma}{4\varepsilon^2}\right]$$
$$+ \frac{2}{3}\frac{\tilde{\alpha}_0}{\pi}\frac{1}{2\varepsilon} + \frac{1}{4}\left(\frac{\tilde{\alpha}_0}{\pi}\right)^2 \frac{1}{2\varepsilon} - \frac{4}{9}\left(\frac{\tilde{\alpha}_0}{\pi}\right)^2 \frac{1}{4\varepsilon^2} . \tag{18.21}$$

Ein Koeffizientenvergleich mit Gl. (18.19) liefert

$$\beta = -\frac{1}{4} , \quad \gamma = \frac{4}{9}$$

Damit wird

$$Z_3 = 1 - \frac{1}{3}\frac{\tilde{\alpha}_0}{\pi}\frac{1}{\varepsilon} - \frac{1}{4}\left(\frac{\tilde{\alpha}_0}{\pi}\right)^2 \frac{1}{2\varepsilon} + \frac{1}{9}\left(\frac{\tilde{\alpha}_0}{\pi}\right)^2 \frac{1}{\varepsilon^2}$$

Alternativ kann man Z_3 als Funktion der renormierten Feinstrukturkonstante angeben. Dazu verwenden wir

$$\frac{\tilde{\alpha}_0}{\pi} = \frac{\alpha}{\pi}\left(1 + \frac{1}{3}\frac{\alpha}{\pi}\frac{1}{\varepsilon}\right) .$$

Dann ist

$$Z_3 = 1 - \frac{1}{3}\frac{\alpha}{\pi}\frac{1}{\varepsilon} - \frac{1}{4}\left(\frac{\alpha}{\pi}\right)^2 \frac{1}{2\varepsilon} .$$

Man beachte, dass es keinen $1/\varepsilon^2$-Term gibt, wenn Z_3 als Funktion der renormierten Ladung geschrieben wird.

Wir können jetzt aus Gl. (18.20) den renormierten Propagator bestimmen. Wir rechnen ab hier alles in renormierten Größen. Dann wird

$$(1+\Pi)_R = Z_3 \times \left\{1 + \underbrace{\frac{2}{3}\frac{\alpha}{\pi}\left(1 + \frac{2}{3}\frac{\alpha}{\pi}\frac{1}{2\varepsilon}\right)}_{\tilde{\alpha}_0/\pi}\left[\frac{1}{2\varepsilon} + C_1\right]\right.$$
$$\left. + \frac{1}{4}\left(\frac{\alpha}{\pi}\right)^2 \left[\frac{1}{2\varepsilon} + C_2\right]\right\}$$

wo

$$C_1 \equiv \frac{5}{6} - \frac{1}{2}\ln\frac{-q^2}{\mu^2} + \frac{5}{3}\varepsilon$$
$$C_2 \equiv \frac{55}{12} - 4\zeta(3) - \ln\frac{-q^2}{\mu^2}$$

oder

$$\begin{aligned}(1+\Pi)_\mathrm{R} = &\left\{1 - \frac{1}{3}\frac{\alpha}{\pi}\frac{1}{\varepsilon} - \frac{1}{4}\left(\frac{\alpha}{\pi}\right)^2\frac{1}{2\varepsilon}\right\}\\ &\times\left\{1 + \frac{2}{3}\frac{\alpha}{\pi}\left(1 + \frac{1}{3}\frac{\alpha}{\pi}\frac{1}{\varepsilon}\right)\left[\frac{1}{2\varepsilon} + C_1\right]\right.\\ &\left.\quad + \frac{1}{4}\left(\frac{\alpha}{\pi}\right)^2\left[\frac{1}{2\varepsilon} + C_2\right]\right\}\\ = &\, 1 - \frac{1}{3}\frac{\alpha}{\pi}\frac{1}{\varepsilon} - \frac{1}{4}\left(\frac{\alpha}{\pi}\right)^2\frac{1}{2\varepsilon}\\ &+ \frac{2}{3}\frac{\alpha}{\pi}\left[1 + \frac{1}{3}\frac{\alpha}{\pi}\frac{1}{\varepsilon}\right]\left[\frac{1}{2\varepsilon} + C_1\right]\\ &- \frac{4}{9}\left(\frac{\alpha}{\pi}\right)^2\frac{1}{2\varepsilon}\left[\frac{1}{2\varepsilon} + C_1\right] - \frac{1}{4}\left(\frac{\alpha}{\pi}\right)^2\left[\frac{1}{2\varepsilon} + C_2\right]\end{aligned}$$

Alle $1/\varepsilon$, $1/\varepsilon^2$-Terme heben sich weg, und wir erhalten das endgültige Ergebnis für die renormierte Vakuumpolarisation

$$\begin{aligned}\Pi_\mathrm{R} &= \frac{2}{3}\frac{\alpha}{\pi}C_1 + \frac{1}{4}\left(\frac{\alpha}{\pi}\right)^2 C_2\\ &= \frac{1}{3}\frac{\alpha}{\pi}\left[-\frac{5}{3} + \ln\frac{-q^2}{\mu^2}\right]\\ &\quad + \frac{1}{4}\left(\frac{\alpha}{\pi}\right)^2\left[\frac{55}{12} - 4\zeta(3) - \ln\frac{-q^2}{\mu^2}\right].\end{aligned}$$

Bemerkungen.

a) Man sieht an diesem Beispiel einige Besonderheiten von Rechnungen höherer Ordnungen in der Störungstheorie, die in der 1. Ordnung nicht erkennbar sind.

b) Trotz der Komplexität der Rechnung, sieht man wie erstaunlich einfach das Renormierungsprogramm funktioniert, auch bei überlappenden Divergenzen.

c) Ein interessantes Ergebnis, das spezifisch für die QED Vakuumpolarisation ist, ist dass sich für $m = 0$, d. h. bei hohen Energien die führenden Terme $\sim (\ln\frac{-q^2}{\mu^2})^2$ wegheben. Dies gilt in allen Ordnungen der Störungstheorie für Diagramme mit nur einer Fermion-Schleife.

d) Man kann zeigen, dass in der hier verwendeten dimensionalen Regularisierung auch in $\mathcal{O}(\alpha^2)$ der longitudinale Anteil von $\Pi^{\mu\nu}(q^2)$ verschwindet.

18.8 Partielle Integration in Feynman-Integralen

Das Integral I_0 lässt sich als einziges nicht elementar auswerten. Es kann auf verschieden Weise berechnet werden. Eine wichtige Methode, um I_0 und viele andere Feynman-Integrale höhere Ordnung zu berechnen, beruht auf der partiellen Integration. Wir wollen die Methode am Beispiel des Integrals

$$I_0(q) = \int \frac{d^n l}{(2\pi)^n} \frac{d^n k}{(2\pi)^n} \frac{q^2}{l^2(l-q)^2(l-k)^2(k-q)^2 k^2} \tag{18.22}$$

demonstrieren. Ausgangspunkt ist die Identität

$$\frac{\partial}{\partial k_\mu}(k-p) = n \,,$$

wo n die Dimension der Raum-Zeit und p ein konstanter Vektor ist. Wir beginnen mit der Dreiecksfunktion, die Bestandteil des Integrals I_0 ist,

$$J = \int \frac{d^n k}{(2\pi)^n} \frac{1}{(k-l)^2(k-q)^2 k^2} = \frac{1}{n} \int \frac{d^n k}{(2\pi)^n} \left[\frac{\partial}{\partial k_\mu}(k-l)_\mu \right] \frac{1}{(k-l)^2(k-q)^2 k^2} \,.$$

Eine partielle Integration ergibt

$$\begin{aligned} nJ &= -\int \frac{d^n k}{(2\pi)^n}(k-l)_\mu \frac{\partial}{\partial k_\mu} \frac{1}{(k-l)^2(k-q)^2 k^2} \\ &= -\int \frac{d^n k}{(2\pi)^n} \frac{1}{(k-l)^2(k-q)^2 k^2} \\ &\quad \times \left[-2\frac{(k-l)\cdot k}{k^2} - 2\frac{(k-l)\cdot(k-l)}{(k-l)^2} - 2\frac{(k-l)\cdot(k-q)}{(k-q)^2} \right] \,, \end{aligned}$$

wo wir verwendet haben, dass $\frac{\partial}{\partial k_\mu} \frac{1}{(k-p)^2} = -2(k-p)^\mu \frac{1}{(k-p)^4}$. Ziel der Methode ist es, möglichst viele Nenner zu kürzen. Dazu drücken wir die Skalarprodukte durch Quadrate von Impulsen aus

$$\begin{aligned} -2(k-l)\cdot k &= l^2 - k^2 - (k-l)^2 \\ 2(k-l)\cdot(k-q) &= (k-l)^2 + (k-q)^2 - (q-l)^2 \end{aligned}$$

Damit wird

$$\begin{aligned} nJ(l,q) &= -\int \frac{d^n k}{(2\pi)^n} \frac{1}{(k-l)^2(k-q)^2 k^2} \\ &\quad \times \left[\frac{l^2 - k^2 - (k-l)^2}{k^2} - 2 - \frac{(k-l)^2 + (k-q)^2 - (q-l)^2}{(k-q)^2} \right] \\ &= -\int \frac{d^n k}{(2\pi)^n} \frac{1}{(k-l)^2(k-q)^2 k^2} \left[\frac{l^2 - (k-l)^2}{k^2} - 4 - \frac{(k-l)^2 - (q-l)^2}{(k-q)^2} \right] \,. \end{aligned}$$

Da das Integral mit dem Faktor -4 gleich dem ursprünglichen Integral ist, erhalten wir

$$J(l,q) = \frac{-1}{n-4} \int \frac{d^n k}{(2\pi)^n} \frac{1}{(k-l)^2(k-q)^2 k^2} \left[\frac{l^2 - (k-l)^2}{k^2} - \frac{(k-l)^2 - (q-l)^2}{(k-q)^2} \right] \,.$$

Wir sehen, dass wir die $(k-l)^2$ kürzen können. Diese Terme hängen dann nicht mehr vom Impuls l ab. Das gleiche passiert für die anderen beiden Terme proportional zu l^2 und $(q-l)^2$ bei der Integration über l in (18.22),

$$\begin{aligned}
I_0 &= \int \frac{d^n l}{(2\pi)^n} \frac{d^n k}{(2\pi)^n} \frac{q^2}{l^2(l-q)^2(l-k)^2(k-q)^2k^2} \\
&= \int \frac{d^n l}{(2\pi)^n} \frac{q^2}{l^2(l-q)^2} \int \frac{d^n k}{(2\pi)^n} \frac{1}{(k-l)^2(k-q)^2k^2} \frac{-1}{n-4} \\
&\qquad \times \left[\frac{l^2-(k-l)^2}{k^2} - \frac{(k-l)^2-(q-l)^2}{(k-q)^2} \right] \\
&= \frac{-q^2}{n-4} \int \frac{d^n l}{(2\pi)^n} \int \frac{d^n k}{(2\pi)^n} \left[\frac{1}{(l-q)^2(l-k)^2(k-q)^2k^4} - \frac{1}{l^2(l-q)^2(k-q)^2k^4} \right. \\
&\qquad \left. - \frac{1}{l^2(l-q)^2(k-q)^4k^2} + \frac{1}{l^2(l-k)^2(k-q)^4k^2} \right] .
\end{aligned}$$

Wegen der Translationsinvarianz können wir $k \to k+q$ und $l \to l+q$ setzen. Dann sehen wir, dass der erste und der vierte sowie der zweite und der dritte Term jeweils gleich sind. Damit wird

$$I_0(q) = \frac{2q^2}{n-4} \int \frac{d^n l}{(2\pi)^n} \int \frac{d^n k}{(2\pi)^n} \left[\frac{1}{l^2(l-k)^2(k-q)^4k^2} - \frac{1}{l^2(l-q)^2(k-q)^4k^2} \right] .$$

Wir haben damit ein Feynman-Integral mit 5 Nennern auf zwei Integrale mit jeweils 4 Nennern reduziert. Allerdings müssen wir wegen des Faktors $1/(n-4) = 1/2\varepsilon$ bei der Entwicklung dieser Integrale Terme höherer Ordnung von ε mitnehmen. Man benötigt speziell die Entwicklung der Gammafunktion bis zur Ordnung ε^3

$$\lim_{\varepsilon\to 0} \Gamma(1+\varepsilon) = 1 - \varepsilon\gamma + \frac{\varepsilon^2}{2}\left(\gamma^2 + \frac{\pi^2}{6}\right) - \frac{\varepsilon^3}{3}\left[\frac{\gamma^2}{2} + \frac{\gamma\pi^2}{4} + \varsigma(3)\right] + \cdots .$$

Die Integrale können ganz analog zu den oben angeführten Integralen berechnet wereden. Das erste Integral entspricht dem Integral I_1 in Gl. (18.10) das zweite Integral faktorisiert in zwei Ein-Schleifen-Integrale und entspricht dem Integral I_2 in Gl. (18.14). Die relativ umständliche Entwicklung der Integrale ergibt das erstaunlich einfache Ergebnis

$$I_0 = \frac{-1}{(4\pi)^2} \left(\frac{-q^2}{4\pi} \right)^{-2\varepsilon} 6\xi(3) .$$

19 Renormierungsgruppengleichung in der QED

19.1 Renormierungsgruppengleichung für Observable

Wir betrachten zunächst eine dimensionslose Observable $R(p)$, die störungstheoretisch in der QED berechnet werden kann. Die auftretenden Impulse seien kollektiv mit p bezeichnet. In massenunabhängigen Renormierungsschemata, wie dem $\overline{MS}$-Schema, tritt in R unweigerlich eine Massenskala μ auf, d. h. R ist von der Form

$$R(p) = \sum_{n=0}^{\infty} \alpha^n R_n(p, m, \mu)$$

Physikalische Observable können aber nicht von μ abhängen, zumindest wenn wir alle Ordnungen der Störungstheorie mitnehmen. Dies ist aber nur möglich, wenn die Parameter α und m auch von μ abhängen,

$$\alpha = \alpha(\mu)\,, \qquad m = m(\mu)\,.$$

Wir bezeichnen $e(\mu)$ als *laufende Kopplung* und $m(\mu)$ als *laufende Masse*. Die Skala μ wird auch als Renormierungspunkt bezeichnet. Da in Graphen n-ter Ordnung stets ein Faktor $(\alpha/\pi)^n$ auftritt, definieren wir

$$a(\mu) \equiv \alpha(\mu)/\pi = e^2(\mu)/4\pi\,.$$

Ein einfaches Beispiel für die Observable $R(p)$ wäre der Imaginärteil der Vakuumpolarisation, der im totalen Streuquerschnitt der e^+e^--Paarvernichtung gemessen werden kann (wobei der Prozess $e^+e^- \to$ Hadronen allerdings dominiert). Die Größe R ist eichinvariant und muss von der Form sein

$$R(p, a(\mu), m(\mu), \mu) = \sum_{n=0}^{\infty} a^n(\mu) R_n(m(\mu), \mu)\,.$$

Da R nicht von μ abhängen kann, ist $dR/d\mu = 0$. Nach den Regeln der impliziten Differentiation erfüllt R somit die *Renormierungsgruppengleichung* (RGG)

$$\left[\mu^2 \frac{\partial}{\partial \mu^2} + \mu^2 \frac{\partial a(\mu)}{\partial \mu^2} a(\mu) \frac{\partial}{\partial a} + \mu^2 \frac{\partial}{\partial \mu^2} m(\mu) \frac{\partial}{\partial m}\right] R(p, a(\mu), m(\mu), \mu)) = 0\,. \tag{19.1}$$

Für die Lösung dieser Differentialgleichung, müssen wir wissen, wie die Ladung und die Masse von der Skala μ abhängen.

Beispiel. Wir betrachten die Vakuumpolarisation im kinematischen Bereich großer $(-q^2)$, wo wir die Masse m vernachlässigen können. In diesem Bereich treten keine Singularitäten auf, die durch Erzeugung von e^+e^--Paaren entstehen könnten. In der

https://doi.org/10.1515/9783110488593-019

QED-Störungstheorie ist $\Pi(q^2)$ im Limes großer *raumartiger* q^2 von der Form

$$4\pi^2\Pi(q^2) = -\sum_{n=0}^{\infty} a^n \sum_{k=0}^{n+1} c_{nk}L^k \, ; \quad a \equiv \frac{\alpha(\mu)}{\pi} \, ; \quad L \equiv \ln\frac{-q^2}{\mu^2} \, , \tag{19.2}$$

mit $c_{n,n+1} = 0$ für $n \geq 1$. Die Koeffizienten c_{n0} treten in Messgrößen nicht auf. Wir werden zeigen, dass nur die Koeffizienten c_{n1} unabhängig sind. Die Koeffizienten $c_{n,k}$ mit $k > 1$ sind, wie wir sehen werden, durch die $c_{n,1}$ über die RGG eindeutig festgelegt.

Für die Anwendung der RGG ist es einfacher, die sogenannte *Adler-Funktion* zu betrachten,

$$D(q^2) \equiv -q^2\frac{\partial}{\partial q^2}\Pi(q^2) \, .$$

Deren allgemeine Form folgt aus Gl. (19.2)

$$4\pi^2 D\left(\frac{q^2}{\mu^2}\right) = \sum_{n=0}^{\infty} a^n \sum_{k=1}^{n+1} k c_{nk} L^{k-1} \, . \tag{19.3}$$

Die Logarithmen divergieren für große $(-q^2)$ und die Störungstheorie bricht zusammen. Wir werden sehen, dass sich die Logarithmen mit Hilfe der RGG aufsummieren lassen. Da die Adler-Funktion endlich ist, erfüllt sie die homogene RGG

$$\frac{d}{d\mu^2} D\left(\ln\frac{-q^2}{\mu^2}, a(\mu^2)\right) = 0 \, ,$$

Die RGG besagt, dass $D(q^2)$ nicht von der Skala μ abhängen kann, bei der $a(\mu)$ definiert ist. Wählen wir speziell den Renormierungspunkt $\mu^2 = -q^2$, so erhalten wir

$$D = D(0, a(\mu^2 = -q^2))$$

D. h. in Gl. (19.3) tragen nur die Terme mit $k = 1$ bei,

$$D(q^2) = \frac{1}{4\pi^2} \sum_{n=0}^{\infty} a^n(-q^2) c_{n1} \, . \tag{19.4}$$

Die großen Logarithmen sind aufsummiert und verschwunden. In phänomenologischen Anwendungen bei hohen Energien verwendet man also vernünftigerweise die Ladung im $\overline{MS}$-Schema an einer charakteristischen Skala des Prozesses, um die auftretenden großen Logarithmen aufzusummieren. Der Preis ist, dass wir die Kopplung, die bei einem festen $\mu^2 = \mu_0^2$ gemessen wird, zu dem gewünschten $\mu^2 = -q^2$ extrapolieren müssen.

In der QED wird die Ladung standardmäßig im On-Shell-Schema bei $q^2 = 0$ gemessen. Wir werden später sehen, wie man die $\overline{MS}$-Ladung bei einer Skala μ mit der konventionellen Ladung in Beziehung setzt. Zunächst wenden wir uns aber dem Studium der Skalenabhängigkeit von Ladung und Masse im $\overline{MS}$-Schema zu.

19.2 Die Beta-Funktion der QED

Wir beginnen mit der Untersuchung der Skalenabhängigkeit der Ladung. In n Dimensionen mit $n = 4 - 2\varepsilon$ und endliches ε hängt die Kopplung a neben der Skala μ auch von ε ab. Wir definieren dazu eine Beta-Funktion in n Dimensionen $\beta(\mu, \varepsilon)$ durch

$$\widetilde{\beta}(\mu, \varepsilon) = \lim_{\varepsilon \to 0} \mu^2 \frac{1}{a(\mu, \varepsilon)} \frac{\partial a(\mu, \varepsilon)}{\partial \mu^2} = \lim_{\varepsilon \to 0} \frac{\partial \ln a(\mu, \varepsilon)}{\partial \ln \mu^2}$$

Die *Beta-Funktion* in 4 Dimensionen ist dann gegeben durch

$$\beta(a) = \lim_{\varepsilon \to 0} \widetilde{\beta}(\mu, \varepsilon) \,.$$

Um $\widetilde{\beta}(\mu, \varepsilon)$ zu bestimmen, verwenden wir, dass die unrenormierte Ladung nicht von der Skala μ abhängt, bei der die Messung der renormierten Ladung erfolgt. Die Renormierung der Ladung im $\overline{MS}$-Schema war gegeben durch

$$a_0 = \mu^{2\varepsilon} Z_a a \quad (Z_a = Z_3^{-1}) \,. \tag{19.5}$$

Man beachte, wie hier die Skala μ dadurch eingeht, dass a_0 die Dimension $\mu^{-2\varepsilon}$ hat und die experimentelle Kopplung a dimensionslos sein muss. Die Ableitung von a_0 nach $\ln \mu^2$ verschwindet offensichtlich,

$$0 = \frac{\partial \ln a_0}{\partial \ln \mu^2} = \frac{\partial}{\partial \ln \mu^2} \ln \left[(\mu^2)^\varepsilon \quad Z_a a \right] = \frac{\partial}{\partial \ln \mu^2} \left[\varepsilon \ln \mu^2 + \ln Z_a + \ln a \right] \tag{19.6}$$

$$= \varepsilon + \mu^2 \frac{\partial a}{\partial \mu^2} \frac{\partial}{\partial a} \ln Z_a + \widetilde{\beta}(a, \varepsilon) = \varepsilon + \widetilde{\beta}(a, \varepsilon) a \frac{\partial}{\partial a} Z_a + \widetilde{\beta}(a, \varepsilon) \,. \tag{19.7}$$

Auf diese Weise erhalten wir

$$\widetilde{\beta}(a, \varepsilon) = -\frac{\varepsilon}{1 + a \frac{\partial}{\partial a} \ln Z_a(a, \varepsilon)} \,. \tag{19.8}$$

Wir wollen jetzt den Zusammenhang zwischen β und Z_a genauer untersuchen. Die Störungstheorie liefert Renormierungskonstanten als Potenzen von a,

$$Z_a = 1 + \sum_{n=1}^{\infty} a^n z_n(\varepsilon) \,.$$

Im $\overline{MS}$-Schema bestehen die Koeffizienten z_n nur aus Potenzen von $\frac{1}{\varepsilon}$,

$$Z_a = 1 + \sum_{n=1}^{\infty} \sum_{\nu=1}^{n} z_{n\nu} a^n \frac{1}{\varepsilon^\nu} \,, \tag{19.9}$$

wo wir verwendet haben, dass die z_n Termen mit $\frac{1}{\varepsilon}, \frac{1}{\varepsilon^2}, \ldots, \frac{1}{\varepsilon^n}$ bestehen. Dies hatten wir für $n = 1, 2$ gezeigt, es gilt aber allgemein. Damit ergibt sich aus Gl. (19.8) und

Gl. (19.9) für die n-dimensionale Beta-Funktion

$$\begin{aligned}\widetilde{\beta}(a,\varepsilon) &= -\frac{2\varepsilon}{1 + a\frac{\partial}{\partial a}\left[1 + \sum_{n=1}^{\infty} z_{n1} a^n \frac{1}{\varepsilon}\right] + \mathcal{O}(1/\varepsilon^2)} \\ &= -\varepsilon\left[1 - a\sum_{n=1}^{\infty} n z_{n1} a^{n-1}\frac{1}{\varepsilon} + \mathcal{O}(1/\varepsilon^2)\right] \\ &= -\varepsilon + \sum_{n=1}^{\infty} n z_{n1} a^n + \mathcal{O}(1/\varepsilon)\,. \end{aligned} \tag{19.10}$$

Da $\widetilde{\beta}(a,\varepsilon)$ im Limes $\varepsilon \to 0$ endlich sein soll, müssen sich die Terme $\mathcal{O}(1/\varepsilon)$ wegheben. Damit erhalten wir für β das erstaunlich einfache Ergebnis

$$\beta(a) = \sum_{n=1}^{\infty} n z_{n1} a^n\,. \tag{19.11}$$

β bestimmt sich also einfach aus dem $1/\varepsilon$-Term der Renormierungskonstanten Z_a ($= Z_3^{-1}$) und Multiplikation mit n. Es gilt offensichtlich

$$\widetilde{\beta}(a,\varepsilon) = -\varepsilon + \beta(a)\,. \tag{19.12}$$

Wir erhalten ein weiteres nützliches Ergebnis aus Gl. (19.6),

$$0 = \frac{\partial}{\partial \ln\mu^2}(\ln Z_a + \ln a) \quad \to \quad \beta = -\frac{\partial \ln Z_a}{\partial \ln\mu^2} = \frac{\partial \ln Z_3}{\partial \ln\mu^2}\,. \tag{19.13}$$

Im $\overline{MS}$-Schema der QED hatten wir

$$Z_3 = 1 - \frac{1}{3}a\frac{1}{\varepsilon} - \frac{1}{8}a^2\frac{1}{\varepsilon}$$

oder, da $Z_a = Z_3^{-1}$

$$Z_a = 1 + \frac{1}{3}a\frac{1}{\varepsilon} + a^2\left(\frac{1}{8}\frac{1}{\varepsilon} + \frac{1}{9}\frac{1}{\varepsilon^2}\right)\,.$$

Mit Gl. (19.11) erhalten wir

$$\beta(a) = \left[\frac{1}{3}a + a^2\frac{1}{4}\right]\,.$$

Aus Gl. (19.10) und der Forderung, dass die QED für $\varepsilon \to 0$ endlich sein muss, ergeben sich noch weitere Konsistenzbedingungen. Wenn wir die Terme höherer Ordnung in $1/\varepsilon$ in Gl. (19.10) mitnehmen, dann erhalten wir

$$\begin{aligned} 0 &= [-\varepsilon a + \beta(a)]\left[1 + \sum_{n=1}^{\infty}\frac{c_n}{\varepsilon^n}\right] \\ &\quad + a[-\varepsilon + \beta(a)]\frac{\partial}{\partial a}\sum_{n=1}^{\infty}\frac{c_n}{\varepsilon^n} + \varepsilon\left[1 + \sum_{n=1}^{\infty}\frac{c_n}{\varepsilon^n}\right]\,, \end{aligned}$$

wo wir $c_n \equiv \sum_{\nu=1}^{n} z_{n\nu} a^n$ gesetzt haben. Die Terme $\varepsilon a[1 + \sum_{n=1}^{\infty} \frac{c_n}{\varepsilon^n}]$ heben sich weg und wir erhalten

$$0 = \beta(a)\left[1 + \sum_{n=1}^{\infty} \frac{c_n}{\varepsilon^n}\right] + a[-\varepsilon + \beta(a)]\frac{\partial}{\partial a} \sum_{n=1}^{\infty} \frac{c_n}{\varepsilon^n} .$$

Wir vergleichen Koeffizienten von $1/\varepsilon^n$

$$\begin{aligned}
\varepsilon^0: &\qquad \beta(a) = a\frac{\partial c_1}{\partial a} \\
\varepsilon^{-k}: &\qquad a\frac{\partial c_{k+1}}{\partial a} = \beta(a)c_k + a\beta(a)\frac{\partial c_k}{\partial a} \\
\text{d. h.}: &\qquad a\frac{\partial c_{k+1}}{\partial a} = \beta(a)\frac{\partial a c_k}{\partial a} \qquad \forall k \in \{1, 2, \ldots\}
\end{aligned} \tag{19.14}$$

Die $\mathcal{O}(\varepsilon^{-1})$ liefert z. B.

$$\varepsilon^{-1}: \qquad a\frac{\partial c_2}{\partial a} = \beta(a)\frac{\partial a c_1}{\partial a} .$$

Der Koeffizient c_2 ist also durch den Koeffizienten c_1 bestimmt. Anschließend kann man c_3 aus c_2 bestimmen, usw.

Wir fassen zusammen:

i) $\beta(a)$ wird allein durch das Residuum des einfachen Pols in ε von Z_a bestimmt.
ii) Gleichung (19.14) muss automatisch erfüllt sein. Die Residuen c_n der Pole höherer Ordnung werden vollständig durch c_1 bestimmt. In jeder Ordnung Störungstheorie entsteht eine neue Divergenz, d. h. ein neuer Pol in ε. In der n-ten Ordnung der Störungstheorie gibt es Pole der Ordnung $\mathcal{O}(1/\varepsilon^n)$, aber sie sind durch die Pole der niedrigeren Ordnung festgelegt.

19.3 Die laufende Kopplung

In massenunabhängigen Renormierungsschemata liefert die QED-Störungstheorie für die Beta-Funktion die Entwicklung

$$\beta(a) = a \sum_{n=0}^{\infty} \beta_n a^n = (\beta_0 a + \beta_1 a^2 + \cdots) \tag{19.15}$$

mit $\beta_0 = \frac{1}{3}$ und $\beta_1 = \frac{1}{4}$. Die Differentialgleichung für die laufende Kopplung lautet in dieser Notation

$$\mu^2 \frac{d}{d\mu^2} a(\mu) \equiv a(\mu)\beta(a(\mu)) \quad \text{oder} \quad \frac{d\mu^2}{\mu^2} = \frac{da}{a\beta(a)} .$$

Da β nicht von μ abhängt, lässt sich die Differentialgleichung durch Separation der Variablen lösen. Wenn wir von μ_0^2 bis μ^2 integrieren, erhalten wir

$$\ln \frac{\mu^2}{\mu_0^2} = \int \frac{1}{\beta_0 a^2} da \bigg|_{a(\mu_0)}^{a(\mu)} = \frac{1}{\beta_0}\left[\frac{1}{a(\mu)} - \frac{1}{a(\mu_0)}\right]$$

oder

$$
\begin{aligned}
a(\mu) &= \frac{1}{\frac{1}{a(\mu_0)} - \beta_0 \ln \frac{\mu^2}{\mu_0^2}} = \frac{a(\mu_0)}{1 - a(\mu_0)\beta_0 \ln \frac{\mu^2}{\mu_0^2}} \\
&\simeq a(\mu_0)\left[1 + a(\mu_0)\beta_0 \ln \frac{\mu^2}{\mu_0^2}\right] + \cdots
\end{aligned} \tag{19.16}
$$

In der nächsten Ordnung Störungstheorie erhält man

$$
a(\mu) = a(\mu_0)\left[1 + a(\mu_0)\beta_0 \ln \frac{\mu^2}{\mu_0^2} + \left(\beta_1 \ln \frac{\mu^2}{\mu_0^2} - \beta_0 \ln^2 \frac{\mu^2}{\mu_0^2}\right) a^2(\mu_0)\right] + \ldots
$$

Kennt man also die Kopplung an einer Skala μ_0, so kann man sie perturbativ bei jeder anderen Skala μ berechnen.

Wir hatten am obigen Beispiel der Ableitung der Vakuumpolarisation bei hohen Energien gesehen, dass die Skala μ^2 mit dem typischen raumartigen Impuls $\mu^2 = -q^2$ identifiziert werden sollte, um die großen Logarithmen aufzusummieren. Da $a(\mu_0) \approx 1/(137\pi)$ sehr klein ist, ändert sich a durch die QED-Strahlungskorrekturen nur sehr wenig. Eine völlig analoge Rechnung kann aber auch für die QCD durchgeführt werden. Hier ist $a \approx 1/10$ und das Laufen der Kopplung ist durchaus experimentell beobachtbar.

Wir betrachten jetzt Gl. (19.16) genauer. Die laufende Feinstrukturkonstante weist einen Infrarotfixpunkt für $\mu = 0$ auf. Wenn $\mu \to 0$ geht $a(\mu)$ proportional zu $\ln(1/\mu^2)$ langsam nach Null. Wenn μ ansteigt, steigt auch die Kopplung an. Steigt μ weiter an so tragen die höheren Ordnungen in $\beta(a)$ bei. Bei extrem hohen Energien bricht die Analyse zusammen, weil die Störungsreihe für $\beta(a)$ nicht mehr konvergiert. Insbesondere kann man auf Basis von Gl. (19.16) nicht auf die Existenz eines Pols (Landau-Pol) schließen.

Es ist interessant, die gleiche Analyse für die starke Kopplung $a_s(\mu)$ der QCD durchzuführen. Hier führt die Drei-Gluon-Kopplung zu einem geänderten Vorzeichen der Beta-Funktion, $\beta_0 = -9/4$. Damit ist jetzt $a_s(\mu) = 0$ ein stabiler UV-Fixpunkt. Diese „asymptotische Freiheit" wird experimentell beobachtet. So findet man z. B., dass $a_s \approx 0.33$ bei $\mu^2 = m_\tau^2 = 3.133$ GeV^2 und $a_s \approx 0.12$ bei $\mu^2 = M_Z^2 = 8315$ GeV^2.

19.4 Die anomale Massendimension

Statt die Masse durch den Pol des Propagators festzulegen, wird im $\overline{MS}$-Schema ein Massenrenormierungsparameter definiert, der nur die zugehörigen die $1/\varepsilon$-Singularitäten in Green-Funktionen eliminiert. Dabei tritt eine Skala μ auf, bei der die Masse definiert ist. In n Dimensionen und massenunabhängigen Renormierungsschemata war der Zusammenhang zwischen der unrenormierten Masse m_0 und der renormierten Masse $m(\mu)$ gegeben durch

$$
m_0 = Z_m(a(\mu, \varepsilon), \varepsilon) m(\mu) ,
$$

wo wir wieder $a = \alpha/\pi$ setzen. Wir wollen untersuchen, wie die Masse im $\overline{MS}$-Schema vom Renormierungspunkt μ abhängt. Wir definieren dazu eine *anomale Dimension* γ durch die Gleichung

$$\frac{d \ln m(\mu^2)}{d \ln \mu^2} = \gamma_m(a(\mu))$$

mit

$$\gamma_m(a(\mu)) = \gamma_m^{(0)} a + \gamma_m^{(1)} a^2 + \gamma_m^{(2)} a^3 + \cdots \,. \tag{19.17}$$

Da m_0 nicht von μ abhängt, folgt

$$\begin{aligned} 0 = \frac{d \ln m_0(\mu^2)}{d \ln \mu^2} &= \frac{d}{d \ln \mu^2} \left[\ln Z_m(a(\mu, \varepsilon), \varepsilon) + \ln m(\mu, \varepsilon) \right] \\ &= \frac{da}{d \ln \mu^2} \frac{\partial \ln Z_m(a(\mu), \varepsilon)}{\partial a} + \frac{d \ln m(\mu, \varepsilon)}{d \ln \mu^2} \end{aligned}$$

oder

$$\gamma_m = -\frac{\partial \ln Z_m(a(\mu), \varepsilon)}{\partial a} a\beta(a, \varepsilon) \,. \tag{19.18}$$

Die Renormierungskonstante Z_m ist von der Form

$$Z_m = 1 + \sum_{n=1}^{\infty} \sum_{\nu=1}^{n} z_{n\nu}^{(m)} a^n \frac{1}{\varepsilon^\nu}$$

oder, wegen $\ln(1 + x) = x - \frac{1}{2}x^2 + \ldots$,

$$\ln Z_m = \sum_{n=1}^{\infty} z_{n1}^{(m)} a^n \frac{1}{\varepsilon} + \mathcal{O}(1/\varepsilon^2) \,.$$

Aus Gl. (19.18) folgt daher

$$\gamma_m(a, \varepsilon) = -\sum_{n=1}^{\infty} n a^{n-1} \left[z_{n1}^{(m)} \frac{1}{\varepsilon} + \mathcal{O}(1/\varepsilon^2) \right] a\beta(a, \varepsilon) \,.$$

Nach Gl. (19.12) war $\widetilde{\beta}(a, \varepsilon) = -\varepsilon + \beta(a)$. Damit wird

$$\gamma_m(a, \varepsilon) = \sum_{n=1}^{\infty} n a^n \left[z_{n1}^{(m)} + \mathcal{O}(1/\varepsilon) \right] \,.$$

Wenn $\gamma_m(a, \varepsilon \to 0)$ endlich sein soll, dann müssen sich die $\mathcal{O}(1/\varepsilon)$-Terme wegheben und, wie im Fall von $\beta(a)$, ist γ_m in allen Ordnungen der Störungstheorie allein durch den $1/\varepsilon$-Term bestimmt,

$$\gamma_m(a) = \sum_{n=1}^{\infty} n a^n z_{n1}^{(m)} \tag{19.19}$$

Wir hatten die Massenrenormierung in $\mathcal{O}(a)$ abgeleitet,

$$Z_m = 1 - \frac{3}{4} a(\mu) \frac{1}{\varepsilon} \,.$$

Mit der Definition $\gamma_m(a) = a\gamma_m^{(0)} + a^2\gamma_m^{(1)} + \ldots$ ist

$$\gamma_m^{(0)} = -\frac{3}{4} .$$

In Ordnung a^2 findet man $\gamma_m^{(1)} = -11/96$.

19.5 Die Laufende Masse

Die Masse des Elektrons erfüllt im $\overline{MS}$-System die Differentialgleichung

$$\gamma_m(a(\mu)) = \frac{d \ln m(\mu^2)}{d \ln \mu^2} = \frac{d \ln m}{d \ln a}\frac{d \ln a}{d \ln \mu^2} = \frac{a}{m}\frac{dm}{da}\beta , \tag{19.20}$$

wo $\frac{d}{d \ln \mu^2} \ln a(\mu) \equiv \beta(a(\mu))$ und $a = \frac{\alpha}{\pi}$. Separation der Variablen ergibt

$$\frac{dm}{m} = \frac{\gamma_m}{a\beta} da . \tag{19.21}$$

Wir integrieren diese Gleichung und erhalten

$$\ln \frac{m(\mu)}{m(\mu_0)} = \int_{a(\mu_0)}^{a(\mu)} da \frac{\gamma_m(a)}{\beta(a)}$$

oder

$$m(\mu) = m(\mu_0) \exp \left[\int_{a(\mu_0)}^{a(\mu)} da \frac{\gamma(a)}{\beta(a)} \right] .$$

In niedrigster Ordnung war $\beta_0 = 1/3$ und $\gamma_m^{(0)} = -3/4$ und mit den Definitionen Gl. (19.15) und Gl. (19.17) erhalten wir

$$\frac{m(\mu)}{m(\mu_0)} = \exp \int_{a(\mu_0)}^{a(\mu)} da \frac{a\gamma_m^{(0)}}{a^2\beta_0} = \exp \left(\frac{\gamma_m^{(0)}}{\beta_0} (\ln a(\mu) - \ln a(\mu_0)) \right)$$
$$= \left[\frac{a(\mu)}{a(\mu_0)} \right]^{\gamma_m^{(0)}/\beta_0} = \left[\frac{a(\mu)}{a(\mu_0)} \right]^{-9/4} .$$

Die laufende Masse ändert sich in der QED extrem langsam, dass sich $\alpha(\mu)$ auch nur sehr langsam ändert. Während die laufende Ladung in der QED bei wachsenden Impulsen zunimmt, nimmt die laufende Masse ab. Daher kann man die Masse des Elektrons bei hohen Energien problemlos gleich Null setzen. Auch in der QCD nehmen die laufenden Massen der Quarks, wie die laufenden Kopplung, bei hohen Energien ab. Es ist aber zu beachten, dass die Massen in der QCD nur formale Parameter der Lagrange-Dichte sind, da es keine freien Quarks gibt.

19.6 Der Zusammenhang zwischen dem $\overline{MS}$ - und dem On-Shell-Schema

Wir suchen zuerst den Zusammenhang zwischen der Masse $m^{(\overline{MS})}(\mu)$ im $\overline{MS}$-Schema und der physikalischen Pol-Masse. Dazu vergleichen wir die Massenrenormierung $m_0 = Z_m m$ im $\overline{MS}$ und im On-Shell-Schema,

$$m_0 = m^{(\overline{MS})}(\mu)\left[1 - a\frac{3}{4}\frac{1}{\varepsilon}\right]$$
$$m_0 = m^{(OS)}\left[1 - a\frac{3}{4}\left(\frac{1}{\varepsilon} - \ln\frac{m^2}{\mu^2} + \frac{4}{3}\right)\right] .$$

Dividieren wir die beiden Ausdrücke durcheinander und entwickeln in $a = \alpha/\pi$, so finden wir

$$m^{(\overline{MS})}(\mu) = m^{(OS)}\left[1 - a\frac{3}{4}\left(\frac{4}{3} - \ln\frac{m^2}{\mu^2}\right) + \mathcal{O}(a^2)\right] . \qquad (19.22)$$

Auf die gleiche Weise findet man den Zusammenhang zwischen der laufenden Kopplung $a^{(\overline{MS})}(\mu)$ und der physikalische Feinstrukturkonstanten. Die Renormierung der Ladung war gegeben durch $a_0 = Z_a a = Z_3^{-1} a$ mit

$$Z_3^{(\overline{MS})} = 1 - \frac{\alpha}{\pi}\frac{1}{3}\frac{1}{\varepsilon}$$
$$Z_3^{(OS)} = 1 - \frac{\alpha}{\pi}\frac{1}{3}\left[\frac{1}{\varepsilon} - \ln\frac{m^2}{\mu^2}\right] .$$

Wir erhalten wieder durch Division

$$a^{(\overline{MS})}(\mu) = a^{(OS)}\left[1 - a\frac{1}{3}\ln\frac{m^2}{\mu^2} + \mathcal{O}(a^2)\right] . \qquad (19.23)$$

Haben wir einen Streuprozess der QED im ($\overline{MS}$)-Schema berechnet und wollen wir das Ergebnis mit dem Experiment vergleichen, so brauchen wir die Ergebnisse im On-Shell-Schema. Dafür müssen wir in den Ausdrücken nur $m^{(\overline{MS})}(\mu)$ durch m und $a^{(\overline{MS})}(\mu)$ durch $a^{(OS)} = \alpha/\pi$ entsprechend Gl. (19.22) und Gl. (19.23) ersetzen.

19.7 RGG für eine allgemeine Green-Funktion

Der Zusammenhang zwischen einer unrenormierten und einer renormierten Green-Funktion war für n_F äußere Fermionen und n_P äußere Photonen gegeben durch

$$G_0(p_1 ... p_n, m_0, a_0, \varepsilon) = Z_2^{n_F/2} Z_3^{n_P/2} G_R(p_1 ... p_n, a, m, \mu) . \qquad (19.24)$$

Für die amputierten Green-Funktionen geht der Faktor $Z_2^{n_F/2} Z_3^{n_P/2}$ über in $Z_2^{-n_F/2} Z_3^{-n_P/2}$. Die in massenunabhängigen Renormierungsschemen auftretende Massenskala μ

kann in G_R über die externen Z-Faktoren explizit und implizit in den Kopplungen und Massen auftreten,

$$a = a(\mu)\,, \quad m = m(\mu)\,, \quad Z_2(\mu)\,, \quad Z_3(\mu)\,.$$

Um die *Renormierungsgruppengleichung* für Green-Funktionen abzuleiten, differenzieren wir Gl. (19.24) nach μ unter Verwendung der Produktregel

$$\begin{aligned}\mu^2\frac{\partial}{\partial\mu^2}(ZG) &= \left(\mu^2\frac{\partial}{\partial\mu^2}Z\right)G + Z\left(\mu^2\frac{\partial}{\partial\mu^2}G\right)\\ &= Z\left[\left(\frac{1}{Z}\mu^2\frac{\partial}{\partial\mu^2}Z\right) + \mu^2\frac{\partial}{\partial\mu^2}\right]G = Z\left[\frac{\partial\ln Z}{\partial\ln\mu^2} + \frac{\partial}{\partial\ln\mu^2}\right]G\,.\end{aligned}$$

Da G_0 offensichtlich nicht von der Renormierungsskala μ abhängt, erhalten wir

$$0 = \left[\frac{\partial}{\partial\ln\mu^2} + \frac{\partial\ln a}{\partial\ln\mu^2}\frac{\partial}{\partial\ln a} + \frac{d\ln m}{d\ln\mu^2}\frac{\partial}{\partial\ln m} + \frac{\partial\ln Z_2^{n_F/2}}{\partial\ln\mu^2} + \frac{\partial\ln Z_3^{n_P/2}}{\partial\ln\mu^2}\right]G_R\,.$$

Wir führen wieder einen Satz von universellen Funktionen ein

$$\begin{aligned}\beta &= \lim_{\varepsilon\to0}\frac{\partial\ln a}{\partial\ln\mu^2}\,, &\gamma_m &= \frac{d\ln m}{d\ln\mu^2} = -\lim_{\varepsilon\to0}\mu^2\frac{\partial}{\partial\mu^2}\ln Z_m\\ \gamma_3 &= \lim_{\varepsilon\to0}\frac{\partial\ln Z_3}{\partial\ln\mu^2}\,, &\gamma_2 &= \lim_{\varepsilon\to0}\frac{\partial\ln Z_2}{\partial\ln\mu^2}\,.\end{aligned}$$

Die Größen $\beta, \gamma_m, \delta, \gamma_2, \gamma_3$ sind universell, sie hängen nicht von m oder μ ab. Da Z_m und $Z_a = Z_3^{-1}$ nicht von der Eichung abhängen, gilt dies auch für β und γ_m. Aus der Renormierbarkeit der Theorie folgt, dass $\beta, \gamma_m, \gamma_2, \gamma_3$ endlich sind.

Damit wird die RGG

$$0 = \left[\mu^2\frac{\partial}{\partial\mu^2} + \beta\frac{\partial}{\partial\ln a} + \gamma_m\frac{\partial}{\partial\ln m} + \frac{n_P}{2}\gamma_3 + \frac{n_F}{2}\gamma_2\right]G_R\,. \tag{19.25}$$

Eine weitere RGG für die Green-Funktionen folgt aus gewöhnlichen Dimensionsüberlegungen. Wir skalieren alle Impulse in G mit einem gemeinsamen Faktor λ, d. h. $p_i \to \lambda p_i$. Sei D die Massendimension von G. Dann gilt

$$G_R(\lambda p_1\ldots\lambda p_n, a, m, \mu) = \mu^D F\left(\lambda^2\frac{p_k p_l}{\mu^2}, a, m, \mu\right)\,,$$

wo F dimensionslos ist.

Das Eulersche Theorem für homogene Funktionen besagt

$$\left[\lambda\frac{\partial}{\partial\lambda} + m\frac{\partial}{\partial m} + \mu^2\frac{\partial}{\partial\mu^2} - D\right]G_R(\lambda p_1\ldots\lambda p_n, a, m, \mu) = 0\,. \tag{19.26}$$

Wir können Gl. (19.26) mit Gl. (19.25) kombinieren um $\mu^2\frac{\partial}{\partial\mu^2}$ zu eliminieren und erhalten

$$0 = \left[-\frac{\partial}{\partial t} + \beta(a)\frac{\partial}{\partial\ln a} - (1+\gamma_m)\frac{\partial}{\partial\ln x} + D + \gamma_G\right]G_R(e^t p_1\ldots e^t p_n, a, m, a, \mu)\,, \tag{19.27}$$

wo

$$\gamma_G = \frac{n_P}{2}\gamma_3 + \frac{n_F}{2}\gamma_2\,, \qquad x = \frac{m^2}{\mu^2}\,, \qquad t = \ln\lambda\,.$$

Gleichung (19.27) gibt das Verhalten von Green-Funktionen an, wenn alle Impulse um einen Faktor λ bei konstantem μ skaliert werden. Sie ist eine homogene partielle Differentialgleichung 1. Ordnung, die mit der Methode der Charakteristiken gelöst wird. Dazu definiert man „laufende" Parameter $\overline{x}$, $\overline{a}$, die folgendes System von gewöhnlichen Differentialgleichungen erfüllen sollen:

$$\begin{aligned}\frac{da(t,a)}{dt} &= \beta(a(t,a)) \quad \text{mit} \quad a(0,a) = a \quad (= a(\mu))\\ \frac{dx(t,a)}{dt} &= (1+\gamma_m(a))x(t,a) \quad \text{mit} \quad \overline{x}(0,a) = x\end{aligned}$$

Dann lautet die Lösung der RGG (19.27)

$$G_R(e^t p_i, a, m, \mu) = \lambda^D G_R(p_i, a(t), \overline{m}(t), \mu) \exp\left[-\int_0^t dt' \gamma_G[a(t')]\right]\,. \tag{19.28}$$

Beachte, dass der naive Skalenfaktor λ^D übergeht in ($t = \ln\lambda$)

$$\lambda^D \to \exp\left[tD - \int_0^t dt' \gamma_G\right]\,.$$

Daher bezeichnet man γ_G als *anomale Dimension* der Green-Funktion.

Beweis. Wir beweisen Gl. (19.28) für den einfachen Fall, dass die Abhängigkeit von m vernachlässigt wird. Dann lautet die RGG

$$\left[-\frac{\partial}{\partial t} + \beta(a)\frac{\partial}{\partial a} + \gamma(a)\right] G_R(e^t p_i, a, \mu) = 0$$

wo

$$\gamma(a) = \gamma_G + D$$

Wir substituieren $a \to a(t)$. Dann lautet die RGG

$$\begin{aligned}0 &= \left[-\frac{\partial}{\partial t} + \underbrace{\beta(a(t))}_{\frac{1}{a(t)}\frac{da(t)}{dt}} a(t)\frac{\partial}{\partial a(t)} + \gamma(a(t))\right]\\ &\quad \times G_R(e^t p_i, a(t), \mu)\\ &= \left[-\frac{\partial}{\partial t} + \frac{da(t)}{dt}\frac{\partial}{\partial a(t)} + \gamma(a(t))\right] G_R(e^t p_i, a(t), \mu)\end{aligned}$$

mit der Randbedingung

$$a(0) = a$$

Die ersten beiden Terme bilden zusammen die totale Ableitung, d. h.

$$\left[-\frac{d}{dt} + \gamma(a(t))\right] G_R(e^t p_i, a(t), \mu) = 0$$

Diese gewöhnliche Differentialgleichung hat die Lösung

$$G_R(e^t p_i, a(t), \mu) = G_R(p_i, a, \mu) \exp\left[-\int_0^t dt' \gamma(a(t'))\right] .$$

Die untere Integrationsgrenze ist so gewählt, dass die Randbedingung erfüllt ist. □

19.8 Anwendung der RGG auf die Vakuumpolarisation

Wir hatten für die renormierte Vakuumpolarisation in 1. Ordnung im Kapitel 14 folgendes Ergebnis abgeleitet

$$\begin{aligned} \Pi_R^{\overline{MS}}(q^2) &= -a(\mu) 2 \left[\int_0^1 dx x(1-x) \ln \frac{m^2 - x(1-x)q^2}{\mu^2}\right] \\ &= -a(\mu) 2 \left[\frac{1}{6} \ln \frac{m^2}{\mu^2} + \int_0^1 dx x(1-x) \ln \frac{m^2 + x(1-x)(-q^2)}{m^2}\right] , \end{aligned}$$

wo $a = a(\mu)$ und $m = m(\mu)$. Das Integral ist in Kapitel 14 ausgeführt. Für große q^2 kann man entwickeln und erhält

$$\Pi_R = a(\mu)\left(-\frac{1}{3} \ln \frac{-q^2}{\mu^2} + \frac{5}{9} + 2\left(\frac{m^2}{q^2}\right)^2 \ln \frac{-q^2}{m^2} + 2\frac{m^2}{q^2}\right) + \mathcal{O}(m^6/q^6) . \tag{19.29}$$

Die Renormierungsgruppengleichung für die Vakuumpolarisation lautet

$$\left(\frac{\partial}{\partial \ln \mu^2} + \frac{\partial \ln a}{\partial \ln \mu^2}\frac{\partial}{\partial \ln a} + \frac{\partial \ln m}{\partial \ln \mu^2}\frac{\partial}{\partial \ln m}\right) Z_3^{-1}(1 + \Pi_R) = 0$$

oder nach Gl. (19.25)

$$\left(\mu^2 \frac{\partial}{\partial \mu^2} + \beta(a) a \frac{\partial}{\partial a} + \gamma_m m \frac{\partial}{\partial m} + \gamma_3\right)(1 + \Pi_R) = 0 , \tag{19.30}$$

mit

$$\beta = \frac{\partial \ln a}{\partial \ln \mu^2} , \quad \gamma_m = \frac{\partial \ln m}{\partial \ln \mu^2} , \quad \gamma_3 = \mu^2 \frac{\partial}{\partial \mu^2} \ln Z_3^{-1} = \mu^2 \frac{\partial}{\partial \mu^2} \ln Z_a = -\beta .$$

Aus der RGG folgen nicht-triviale Beziehungen zwischen führenden Termen unterschiedlicher Ordnung in der Störungstheorie. Als Beispiel betrachten wir die RGG einschließlich $\mathcal{O}(a^2)$. Mit den Definitionen

$$\begin{aligned}\Pi_R &= a\Pi_1 + a^2\Pi_2 + \cdots\\ \beta(a) &= a\sum_{n=0}^{\infty}\beta_n a^n = (\beta_0 a + \beta_1 a^2 + \cdots)\ldots\\ \gamma_m &= a\gamma_m^{(0)} + a^2\gamma_m^{(1)} + \ldots\end{aligned}$$

hatten wir

$$\beta_0 = 1/3\,,\quad \beta_1 = 1/4\,,\quad \gamma_m^{(0)} = -3/4\,,\quad \gamma_3 = -\beta\,.$$

Dann lautet die RGG (19.30):

$$\begin{aligned}0 &= \mu^2\frac{\partial}{\partial\mu^2}(a\Pi^{(1)} + a^2\Pi) + \left(a\beta_0 + a^2\beta_1 + \cdots\right)a\frac{\partial}{\partial a}(a\Pi_1 + a^2\Pi_2 + \ldots)\\ &\quad + \left(a\gamma_m^{(0)} + a^2\gamma_m^{(1)} + \cdots\right)m\frac{\partial}{\partial m}\left(a\Pi_1 + a^2\Pi_2 + \cdots\right)\\ &\quad + \left(-a\beta_0 - a^2\beta_1 + \cdots\right)(1 + a\Pi_1 + \cdots)\,.\end{aligned}$$

Wir rechnen bis $\mathcal{O}(a^2)$

$$0 = \mu^2\frac{\partial}{\partial\mu^2}\left(a\Pi_1 + a^2\Pi_2\right) + \left(a^2\beta_0\right)\Pi_1 + a^2\gamma_m^{(0)}\frac{\partial}{\partial\ln m}\Pi_1 - a\beta_0 - a^2\beta_1 - a^2\beta_0\Pi_1\,.$$

Diese Bedingung erlaubt es, die μ-Abhängigkeit von Π in höherer Ordnung mit Hilfe eines Koeffizientenvergleichs zu berechnen.

Wir vergleichen die Koeffizienten der $\mathcal{O}(a)$ und $\mathcal{O}(a^2)$ und erhalten

$$\begin{aligned}\mu^2\frac{\partial}{\partial\mu^2}\Pi_1 &= \beta_0\\ \frac{\partial}{\partial\ln\mu^2}\Pi_2 &= \beta_1 - \gamma_m^{(0)}m\frac{\partial}{\partial m}\Pi_1\,.\end{aligned}$$

Setzen wir jetzt von Gl. (19.29) ein, so erhalten wir die Bedingung

$$\begin{aligned}\frac{\partial}{\partial\ln\mu^2}\Pi_2 &= \frac{1}{4} + \frac{3}{4}2\frac{\partial}{\partial\ln m^2}\left(a(\mu)\left(2\left(\frac{m^2}{q^2}\right)^2\ln\frac{-q^2}{m^2} + 2\frac{m^2}{q^2}\right)\right)\\ &= \frac{1}{4} + \frac{3}{4}2\frac{\partial}{\partial\ln x}\left(-2x - 2x^2\ln x\right)\qquad\left(x = -\frac{m^2}{q^2}\right)\\ &= \frac{1}{4} - \frac{3}{2}x\,(2x + 4x\ln x + 2)\end{aligned}$$

wo $a\Pi_1$ in Gl. (19.29) gegeben ist. Integrieren wir über μ^2, so erhalten wir

$$\begin{aligned}\Pi_2 = a^2&\left[\frac{1}{4} + \left(6\frac{m^4}{q^4}\ln\left(\frac{-q^2}{m^2}\right) - 3\frac{m^4}{q^4} - 3\frac{m^2}{q^2}\right)\right]\ln\frac{-q^2}{\mu^2}\\ &+ \text{konst.}\end{aligned}\qquad(19.31)$$

Die führenden logarithmischen Terme der $\mathcal{O}(a^2)$ ergeben sich aus den führenden Logarithmen der $\mathcal{O}(a)$. Analog erhält man durch Vergleich der Koeffizienten von a^3 die führenden Logarithmen der $\mathcal{O}(a^3)$. Die führenden Logarithmen in beliebiger Ordnung in a bestimmen sich also aus der Rechnung erster Ordnung. Für $m = 0$ stimmt das Ergebnis Gl. (19.31) mit der expliziten Rechnung aus Kapitel 18 überein.

19.9 Die Renormierungsgruppe

Eine amputierte 1PI (Ein-Teilchen-irreduzible) Amplitude Γ_0 der QED sei renormiert in einem Renormierungsschema R,

$$\Gamma_R = Z(R)\Gamma_0 ,$$

mit

$$Z(R) \equiv (Z_2^R)^{i/2}(Z_3^R)^{j/2} .$$

Dabei ist i die Zahl der äußeren Fermionen und j die der äußern Photonen. In einem anderen Schema R' ist

$$\Gamma_{R'} = Z(R')\Gamma_0 .$$

Da Γ_0 das selbe ist, müssen die beiden renormierten Green-Funktionen die Gleichung erfüllen

$$\Gamma_{R'} = Z(R', R)\Gamma_R ,$$

wo

$$Z(R', R) = \frac{Z(R')}{Z(R)}$$

Wir betrachten jetzt die Menge aller $Z(R, R')$ für alle möglichen R und R'. In dieser Menge gibt es ein inverses Element

$$Z^{-1}(R, R) = Z(R', R)$$

und ein Einselement

$$Z(R, R) = 1 .$$

Eine Multiplikation kann definiert werden durch

$$Z(R'', R')Z(R', R) = Z(R'', R') .$$

Die Multiplikation ist aber nicht für beliebige Paare von Elementen definiert. $Z(R_i, R_j)Z(R_k, R_l)$ ist nur für $R_j = R_k$ definiert.

Beispiel. Die Vakuumpolarisation im μ-Schema,

$$\Pi_R(\mu) = \lim_{\varepsilon\to 0}\left[\Pi_0(q^2,\varepsilon) - \Pi_0(-\mu^2,\varepsilon)\right]$$
$$= a\int_0^1 dx 2x(1-x)\ln\frac{m^2 - x(1-x)q^2}{m^2 + x(1-x)\mu^2}$$

D. h.

$$Z(\mu) = 1 + a\int_0^1 dx 2x(1-x)\ln(m^2 + x(1-x)\mu^2)$$

und

$$Z(\mu_2,\mu_1) = 1 + a\int_0^1 dx 2x(1-x)\ln\frac{m^2 + x(1-x)\mu_2^2}{m^2 + x(1-x)\mu_1^2}\,.$$

Wir betrachten eine allgemeine Multiplikation

$$Z(\mu_1,\mu_2)Z(\mu_4,\mu_3) = 1 + a\int_0^1 dx 2x(1-x)\left[\ln\frac{m^2 + x(1-x)\mu_2^2}{m^2 + x(1-x)\mu_1^2} + \ln\frac{m^2 + x(1-x)\mu_4}{m^2 + x(1-x)\mu_3^2}\right]$$
$$= Z(\mu_1,\mu_3) \quad \text{nur für } \mu_2 = \mu_4 \ (\text{oder } m = 0)\,.$$

Für $m = 0$ wird

$$Z(\mu_1,\mu_2)Z(\mu_4,\mu_3) = 1 + a\frac{1}{3}\ln\frac{\mu_2\mu_4}{\mu_1\mu_3}\,.$$

Für $m = 0$ bilden die Renormierungen im μ-Schema eine Gruppe. Das selbe gilt in massenunabhängigen Renormierungsschemen, wie dem $\overline{MS}$-Schema.

20 Entkopplung schwerer Teilchen in der QED

20.1 Die effektive QED

Wir haben bisher bei unseren QED-Rechnungen ignoriert, dass noch andere schwere Leptonen existieren. Wir vermuten, dass unsere Ergebnisse nur für sehr kleine Energien gelten können. Es bleibt die Frage, inwieweit man bei sehr niedrigen Energien bei QED-Rechnungen auch die Leptonen μ und τ (und andere schwere geladene Teilchen) mitnehmen muss.

Wir betrachten dazu die unrenormierte Lagrange-Funktion der QED mit einem leichten Fermion der Masse $m \approx 0$ und einem schweren Fermion der Masse M. Dies ist die vollständige Theorie. Das Appelquist-Carazzone-Theorem besagt, dass für Energien $E \ll M$ das schwere Teilchen entkoppelt, man sagt ausintegriert ist. Wir suchen eine *effektive Theorie* der leichten Fermionen, in der die schweren Fermionen nicht vorkommen. Bei sehr kleinen Energien $E \ll M$ können keine schweren Fermionen erzeugt werden, und wir brauchen nur Green-Funktionen mit leichten äußeren Teilchen (e, γ) zu betrachten.

Wir müssen 3 Renormierungsschemen unterscheiden:

a) *Vollständige Theorie:* In diesem Schema werden alle UV-Divergenzen mit Renormierungskonstanten Z renormiert.

b) *Schweres-Feld-Schema:* Hier werden nur die UV-Divergenzen renormiert, die von Graphen mit schweren Fermionen stammen. Die zugehörigen Renormierungskonstanten seien Z_h bezeichnet.

c) *Effektive Theorie leichter Felder:* Die UV-Divergenzen werden hier mit Renormierungskonstanten Z_l renormiert.

Die Renormierungskonstanten in der vollen Theorie sind wie folgt definiert

$$\begin{aligned} A_0^\mu &= (Z_3)^{\frac{1}{2}} A^\mu\,, \quad \Psi_{0l} = (Z_2)^{\frac{1}{2}} \Psi_l\,, \quad m_0 = Z_m m \\ \Psi_{0h} &= (Z_2)^{\frac{1}{2}} \Psi_h\,, \quad M_0 = Z_M M\,, \quad \alpha_0 = \mu^{2\varepsilon}\alpha\,, \quad \xi_0 = Z_3 \xi \end{aligned}$$

und

$$\begin{aligned} e_0 \overline{\Psi}_{0h}(x) A\!\!\!/_0 \Psi_{0h}(x) &= Z_{1h} \overline{\Psi}_h(x) A\!\!\!/ \Psi_h(x) \\ e_0 \overline{\Psi}_{0l}(x) A\!\!\!/_0 \Psi_{0l}(x) &= Z_{1l} \overline{\Psi}_l(x) A\!\!\!/ \Psi_l(x)\,. \end{aligned}$$

Dann ist wegen der Universalität der Ladung

$$Z_e = \frac{Z_{1l}}{Z_{2l}} Z_3^{-\frac{1}{2}}\,, \qquad Z_e = \frac{Z_{1h}}{Z_{2h}} Z_3^{-\frac{1}{2}}\,.$$

Aus der Eichinvarianz folgt

$$Z_{1l} = Z_{2l}\,, \quad Z_{1h} = Z_{2h} \quad \rightarrow \quad Z_e = Z_3^{-\frac{1}{2}}\,.$$

https://doi.org/10.1515/9783110488593-020

Definieren wir Z_α durch $\alpha_0 = Z_\alpha \alpha$ mit $\alpha = e^2/4\pi$, dann ist

$$Z_\alpha = Z_3^{-1}\,.$$

Wir hatten folgende Z-Faktoren im $\overline{MS}$-Schema berechnet

$$\begin{aligned}
Z_3 &= 1 - \frac{\alpha}{\pi}\frac{1}{3}n_T\frac{1}{\varepsilon} + \left(\frac{\alpha}{\pi}\right)^2 \frac{1}{4}n_T\frac{1}{\varepsilon} \\
Z_{2h} = Z_{2l} &= 1 - \frac{\alpha}{\pi}\frac{1}{4}\frac{1}{\varepsilon} \quad \text{Feynman-Eichung} \\
Z_M &= 1 - \frac{\alpha}{\pi}3\frac{1}{\varepsilon}\,,
\end{aligned}$$

wo n_T die Zahl der leichten plus die Zahl der schweren Teilchen ist (hier 2). Die RGG für die Parameter der QED lauten

$$\begin{aligned}
\frac{d\ln a}{d\ln\mu^2} &= \beta(a) = a\left[\beta_0 + a\beta_1 + \cdots\right] \\
\frac{d\ln M}{d\ln\mu^2} &= \gamma_M(a(\mu)) = \gamma_m^{(0)}a + \gamma_m^{(1)}a^2 + \cdots \quad \text{mit} \quad a = \frac{\alpha}{\pi}
\end{aligned}$$

mit

$$\beta_0 = \frac{1}{3}n_T\,, \quad \beta_1 = \frac{1}{4}n_T\,, \quad \gamma_m^{(0)} = -\frac{3}{4}$$

Für die Lösung dieser Differentialgleichungen hatten wir gefunden

$$a(\mu) = a(\mu_0)\left[1 + a(\mu_0)\beta_0\ln\frac{\mu^2}{\mu_0^2} + \left(\beta_1\ln\frac{\mu^2}{\mu_0^2} - \beta_0\ln^2\frac{\mu^2}{\mu_0^2}\right)a^2(\mu_0)\right] \tag{20.1}$$

$$M(\mu) = M(\mu_0)\left[\frac{a(\mu)}{a(\mu_0)}\right]^{\gamma_0/\beta_0} \simeq M(\mu_0)\left[1 + a(\mu_0)\beta_0\ln\frac{\mu^2}{\mu_0^2}\right]^{\gamma_0/\beta_0}\,. \tag{20.2}$$

Für charakteristische Abstände $\gg 1/M$ (Impulse $p_i \ll M$), erhält man eine effektive Lagrange-Funktion, in der schwere Fermionen nicht auftauchen,

$$L' = \overline{\psi}_0' i\not{D}_0'\psi_0' - \frac{1}{4}F'_{0\mu\nu}F_0'^{\mu\nu} - \frac{1}{2\xi_0'}\left(\partial_\mu A_0'^{\mu}\right)^2 + \frac{1}{M_0}\sum_i C_i^0 O_i'^0 + \cdots\,.$$

Die Größen in der effektiven Theorie seien durch $'$ gekennzeichnet. L' besteht aus allen Operatoren, die mit den Symmetrien der QED verträglich sind. Operatoren mit Dimension < 4 sind dabei mit Potenzen von $1/M$ unterdrückt. Wir vernachlässigen die $1/M$-Korrekturen im Folgenden.

Die Verbindung der Parameter der effektiven Niederenergie-Theorie mit den Parametern der vollen Theorie kann man herstellen, indem man Green-Funktionen in der Störungstheorie berechnet und verlangt, das die eingehenden Parameter bis auf Korrekturen der Ordnung $1/M$ in der Nähe der Schwelle der schweren Fermionen übereinstimmen. Dies ist die sogenannte *Matching-Bedingung*. Wir folgen dem Ansatz von Ovrut und Schnitzer 1981 und verwenden die Vakuumpolarisation in $\mathcal{O}(\alpha^2)$ um die Matching-Bedingung abzuleiten. Die Ergebnisse dieser Rechnung sollten nicht vom exakten Wert des Matching-Punktes abhängen.

20.2 Vakuumpolarisation in der vollständigen Theorie

Die führenden Terme der Vakuumpolarisation $\Pi(q^2)$ in Ordnung α^2 im $\overline{MS}$-Schema für n_h schwere und n_l leichte Fermionen lassen sich mit Hilfe der RGG aus der Vakuumpolarisation in Ordnung α, die wir in Kapitel 14 berechnet haben, bestimmen. Da Feynman-Graphen additiv sind, gilt dies auch für die Selbstenergien und wir erhalten

$$\begin{aligned}\Pi^1(q^2) &= \frac{\alpha}{\pi} n_h \sum_h \frac{1}{3}\left[6\int_0^1 dx x(1-x)\ln\frac{M^2 - x(1-x)q^2}{\mu^2}\right] \\ &+ \frac{\alpha}{\pi} n_l \sum_l \frac{1}{3}\left[6\int_0^1 dx x(1-x)\ln\frac{m^2 - x(1-x)q^2}{\mu^2}\right] . \end{aligned} \tag{20.3}$$

Für $M^2 \gg q^2$ kann im ersten Integral der Term $x(1-x)q^2$ gegen M^2 vernachlässigt werden; für $q^2 \gg m^2$ kann im zweiten Integral $m^2 = 0$ gesetzt werden. Wir betrachten im Folgenden die Integrale im *Zwischenbereich*

$$m^2 \ll q^2 \ll M^2 .$$

Dann erhalten wir

$$\Pi^1(q^2) = \frac{\alpha}{\pi}\frac{1}{3}n_h\left[-\ln\frac{M^2}{\mu^2} + \mathcal{O}\left(\frac{q^2}{M^2}\right)\right] + \frac{\alpha}{\pi}\frac{1}{3}n_l\left[-\ln\frac{-q^2}{\mu^2} + \frac{5}{3} + \mathcal{O}\left(\frac{m^2}{q^2}\right)\right] . \tag{20.4}$$

Um den Ursprung einzelner Beiträge aufzuzeigen, betrachten wir die QED von n_l leichten Fermionen mit Masse $m_l \approx 0$ und n_h schweren Fermionen alle mit der gleichen Masse M. Am Ende können wir dann $n_l = n_h = 1$ setzen.

In Ordnung α^2 ist $\Pi(q^2)$ von der Form

$$\begin{aligned}\Pi(q^2) &= \left[\frac{\alpha}{\pi}A + \left(\frac{\alpha}{\pi}\right)^2 B\right]\ln\frac{M^2}{\mu^2} + C\left(\frac{\alpha}{\pi}\right)^2 \ln^2\frac{M^2}{\mu^2} \\ &+ \left[\frac{\alpha}{\pi}D + \left(\frac{\alpha}{\pi}\right)^2 E\right]\ln\frac{-q^2}{\mu^2} + F\left(\frac{\alpha}{\pi}\right)^2 \ln^2\frac{-q^2}{\mu^2} \\ &+ G\frac{\alpha}{\pi} + H\left(\frac{\alpha}{\pi}\right)^2 + \mathcal{O}\left(\frac{q^2}{M^2}\right) + \mathcal{O}\left(\frac{m^2}{\mu^2}\right)\end{aligned} \tag{20.5}$$

Es gibt keinen gemischten Term $\ln\frac{-q^2}{M^2}\ln\frac{-q^2}{\mu^2}$, da es zu 2 Schleifen für $\Pi(q^2)$ keine Graphen mit sowohl schweren als auch leichten Fermionen gibt. Wenn wir uns auf die führenden Logarithmen konzentrieren, können wir den konstanten Term H vernachlässigen. Dann haben wir nach Gl. (20.4)

$$A = -\frac{1}{3}n_h , \quad D = -\frac{1}{3}n_l , \quad G = \frac{5}{9}n_l .$$

Die logarithmischen Terme der Ordnung α^2 können, wie im vorigen Kapitel, mit der RGG,

$$\left(\mu\frac{\partial}{\partial\mu} + \beta(\alpha)\alpha\frac{\partial}{\partial\alpha} + \gamma_M M\frac{\partial}{\partial M} - \gamma_3\right)\Pi = 0 ,$$

berechnet werden. Für die renormierte Vakuumpolarisation setzen wir wieder an

$$\Pi = \frac{\alpha}{\pi}\Pi^{(1)} + \left(\frac{\alpha}{\pi}\right)^2 \Pi^{(2)} + \cdots .$$

Wie im vorigen Kapitel gezeigt, ergibt ein Vergleich der Koeffizienten von α^2 die Bedingung

$$\frac{\partial}{\partial \ln \mu^2}\Pi^{(2)} = \beta_1 - \gamma_M^{(0)} M \frac{\partial}{\partial M}\Pi^{(1)} ,$$

wo $\beta_1 = \frac{1}{4}n_T$ und $\gamma_M^{(0)} = -\frac{3}{4}$. Mit Gl. (20.5) lautet die linke Seite

$$\begin{aligned} LS &= \frac{\partial}{\partial \ln \mu^2}\left\{B \ln \frac{M^2}{\mu^2} + C \ln^2 \frac{M^2}{\mu^2} + E \ln \frac{-q^2}{\mu^2} + F \ln^2 \frac{-q^2}{\mu^2}\right\} \\ &= -B + 2C \ln \frac{M^2}{\mu^2} - E + 2F \ln \frac{M^2}{\mu^2} \end{aligned}$$

und die rechte Seite

$$\begin{aligned} RS &= \frac{1}{4}n_T + \frac{3}{4}2\frac{\partial}{\partial \ln M^2}\left(\frac{-1}{3}n_h \ln \frac{M^2}{\mu^2}\right) \\ &= \frac{1}{4}n_T - \frac{1}{2}n_h \quad \text{mit} \quad n_T = n_l + n_h . \end{aligned}$$

Ein Vergleich der Koeffizienten von $\ln \frac{M^2}{\mu^2}$ liefert

$$\begin{aligned} C = F = 0 , \quad (B + E) &= -\frac{1}{4}(n_T - 2n_h) \\ B + E &= \frac{1}{4}(n_h - n_l) . \end{aligned}$$

Da zu B nur die schweren Teilchen und zu E nur die leichten Teilchen beitragen, folgt

$$B = \frac{1}{4}n_h , \quad E = -\frac{1}{4}n_l .$$

Somit erhalten wir für die renormierte Vakuumpolarisation in Ordnung α^2

$$\begin{aligned} \Pi(q^2) = &-\left[\frac{\alpha}{\pi}\frac{1}{3}n_h - \left(\frac{\alpha}{\pi}\right)^2 \frac{1}{4}n_h\right] \ln \frac{M^2}{\mu^2} \\ &-\left[\frac{\alpha}{\pi}\frac{1}{3}n_l - \left(\frac{\alpha}{\pi}\right)^2 \frac{1}{4}n_l\right] \ln \frac{-q^2}{\mu^2} \\ &+\frac{\alpha}{\pi}\frac{5}{9}n_l + \left(\frac{\alpha}{\pi}\right)^2 n_h H + \mathcal{O}(q^2/M^2) , \end{aligned} \tag{20.6}$$

mit $\alpha = \alpha(\mu)$ und $M = M(\mu)$.

Der renormierte Beitrag der schweren Fermionen ist

$$\widehat{\Pi}(0) = -\frac{\alpha}{\pi}\frac{1}{3}n_h \ln\frac{M^2}{\mu^2} + \left(\frac{\alpha}{\pi}\right)^2 n_h\left(\frac{1}{4}\ln\frac{M^2}{\mu^2} + H\right), \tag{20.7}$$

wo ^ sich im Folgenden auf den Beitrag der schweren Fermionen bezieht. Die Konstante H folgt nicht aus der RGG und muss mit einigem Aufwand berechnet werden. Wir konzentrieren uns auf die führenden Logarithmen und vernachlässigen H. Der Beitrag der schweren Fermionen zum Photon-Propagator ist gegeben durch

$$\widehat{D}_{\mu\nu}(q) = \frac{1}{\left[1+\widehat{\Pi}(q^2)\right]}\left(-g_{\mu\nu} + \frac{q_\mu q_\nu}{q^2} + (1-\xi)\frac{q_\mu q_\nu}{q^2}\left[1+\widehat{\Pi}(q^2)\right]\right)\frac{1}{q^2}\,.$$

Anhand von Gl. (20.7) erkennt man, dass im kinematischen Bereich $|q^2| \ll M^2$

$$\widehat{\Pi}(q^2) \simeq \widehat{\Pi}(0)$$

gesetzt werden kann, mit

$$\widehat{\Pi}(0) = -\frac{\alpha}{\pi}\frac{1}{3}n_h \ln\frac{M^2}{\mu^2} + \left(\frac{\alpha}{\pi}\right)^2 n_h\left(\frac{1}{4}\ln\frac{M^2}{\mu^2} + H\right). \tag{20.8}$$

Damit erhalten wir für $|q^2| \ll M^2$

$$\widehat{D}_{\mu\nu}(q) \underset{|q^2|\ll M^2}{\longrightarrow} \frac{1}{\left[1+\widehat{\Pi}(0)\right]}D^{\text{eff}}_{\mu\nu}(q)\,, \tag{20.9}$$

wo

$$D^{\text{eff}}_{\mu\nu}(q) \equiv \left(-g_{\mu\nu} + (1-\xi_{\text{eff}})\frac{q_\mu q_\nu}{q^2}\right)\frac{1}{q^2}$$

der *effektive Propagator* und

$$\xi_{\text{eff}} = (1+\widehat{\Pi}(0))\xi$$

der effektive Eichparameter sind.

20.3 Die effektive Lagrangedichte

Wir werden sehen, wie man bei gegebenem $\widehat{D}_{\mu\nu}(q)$ die effektive Lagrangedichte der leichten Felder konstruieren kann.

Wir betrachten zunächst die Vakuumpolarisation in Ordnung α^2, die durch folgende Feynman-Diagramme beschrieben wird

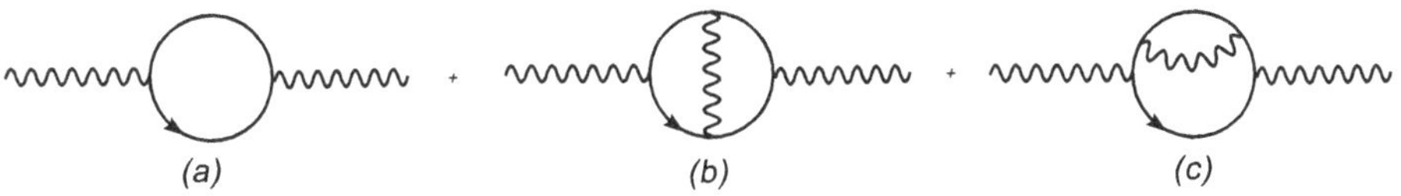

wobei die Fermionschleife sowohl leichte als auch schwere Fermionen darstellen soll.

Die UV-Divergenzen, die von den schweren Fermionen stammen, kann man renormieren mit

$$\widehat{Z}_3\,, \quad \widehat{Z}_{2h}\,, \quad \widehat{Z}_M\,.$$

Die Renormierung der schweren Fermionen ist also abgeschlossen.

Wir betrachten den Beitrag der schweren Fermionen in der Schleife. Für $q^2 \ll M^2$ kann dieser Beitrag als einfacher Baumgraph dem effektiven Propagator Gl. (20.9) und effektiver Ladung

$$e_{\text{eff}} = \frac{e}{\sqrt{1+\widehat{\Pi}(0)}} \quad \text{oder} \quad \alpha^{\text{eff}} = \frac{\alpha}{1+\widehat{\Pi}(0)} \tag{20.10}$$

angesehen werden. Als Beispiel betrachten wir die Elektron-Myon-Streuung. Sie wird in niedrigster Ordnung beschrieben durch die Amplitude

$$\bar{u}_e\gamma^\mu u_e e\widehat{D}_{\mu\nu}(q)e\bar{u}_\mu\gamma^\mu u_\mu \underset{|q^2|\ll M^2}{\longrightarrow} \frac{e}{\sqrt{1+\widehat{\Pi}(0)}}\frac{\left(-g_{\mu\nu}+\frac{q_\mu q_\nu}{q^2}\right)}{q^2}\frac{e}{\sqrt{1+\widehat{\Pi}(0)}}$$

Die schweren Fermionen bewirken also eine Renormierung der elektrischen Ladung.

Als zweites betrachten wir den Beitrag der Schleife schwerer Fermionen zur Selbstenergie eines leichten Fermions. Dieser wird beschrieben durch folgendes Diagramm

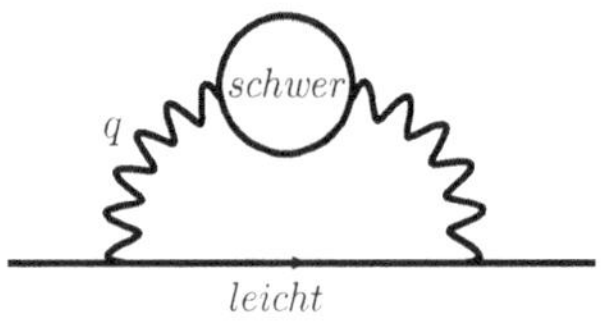

In der Schleife wird über q bis ∞ integriert. Da ist es nicht klar, ob man Terme $\mathcal{O}(q^2/M^2)$ in $\widehat{D}_{\mu\nu}(q)$ vernachlässigen darf. Man kann zeigen, dass es keine überlappenden Divergenzen der schweren und der leichten Schleifen gibt. Da M nur aus $\widehat{D}_{\mu\nu}(q)$ stammen kann, folgt, dass jeder Term $\propto (q^2/M^2)^n$ $(n > 0)$ nach Integration über q proportional zu $(p^2/M^2)^n$ sein muss. Kleine p bedeuten kleine q bei konvergenten Integralen. Das Diagramm reduziert sich wieder auf einen einfachen Ein-Schleifengraphen mit einen effektiven Photon-Propagator mit $\widehat{D}^{\text{eff}}_{\mu\nu}(q)$ und und einer effektiven Ladung e_{eff} Gl. (20.10).

Als letzten Schritt bei der Konstruktion von L_{eff} müssen wir ein effektives Photonfeld definieren. Wir definieren ein effektives Photonfeld durch

$$\left\langle 0|TA^{\text{eff}}_\mu(x)A^{\text{eff}}_\nu(0)\right\rangle = i\int\frac{d^4q}{(2\pi)^4}e^{-iqx}D^{\text{eff}}_{\mu\nu}(q)$$

Der Beitrag der schweren Fermionen zum Propagator ist

$$\left\langle 0|TA_\mu^h(x)A_\nu^h(0)\right\rangle_{\text{schw. Ferm.}} = i\int \frac{d^4q}{(2\pi)^4}e^{-iqx}\widehat{D}_{\mu\nu}(q)$$

Setzen wir

$$A_\mu^{\text{eff}}(x) = CA(x)$$

dann folgt aus Gl. (20.9)

$$C = \sqrt{1+\widehat{\Pi}(0)}$$

Damit ergibt sich für die effektive Lagrange-Funktion

$$\begin{aligned} L = &-\frac{1}{4}(\partial_\mu A_\nu^{\text{eff}} - \partial_\nu A_\mu^{\text{eff}})^2 - \frac{1}{2\xi_{\text{eff}}}(\partial A^{\text{eff}})^2 \\ &+ \overline{\Psi}_l^{\text{eff}}(x)(i\partial\!\!\!/ - ie^{\text{eff}}A\!\!\!/^{\text{eff}})\Psi_l^{\text{eff}}(x) \end{aligned} \tag{20.11}$$

mit

$$\begin{aligned} \Psi_l^{\text{eff}}(x) &= \Psi_l(x)\,, \quad A_\mu^{\text{eff}} = \sqrt{1+\widehat{\Pi}(0)}A_\mu \\ e^{\text{eff}} &= \frac{1}{\sqrt{1+\widehat{\Pi}(0)}}e\,, \quad \xi_{\text{eff}} = \sqrt{1+\widehat{\Pi}(0)}\xi \end{aligned}$$

wo $\widehat{\Pi}(0)$ in Gl. (20.8) gegeben ist.

Bemerkungen.

a) In L_{eff} treten die schweren Fermionen nicht mehr auf, sie wurden „ausintegriert", sie stecken in den Renormierungskonstanten und effektiven Parametern.

b) Die Felder in L_{eff} sind bzgl. der schweren Freiheitsgrade renormiert, aber unrenormiert bzgl. der leichten Felder. Die leichten Felder werden wieder multiplikativ renormiert, z. B.

$$A_\mu^{\text{eff}} = \sqrt{Z_3^{\text{eff}}}A_{\mu R}^{\text{eff}}$$

20.4 Matching

Wir haben gezeigt, wie in der QED für $\mu \ll M$ die schweren Freiheitsgrade entkoppeln. Die effektive Theorie verhält sich als ob nur leichte Freiheitsgrade existierten. Die Parameter der effektiven Niederenergie-Lagrangedichte hängen mit den Parametern der vollen Theorie zusammen. Die entsprechenden Anschlussbedingungen, werden durch die Forderung bestimmt, dass die zwei Theorien bei einem gegebenen μ die selben physikalischen Ergebnisse liefern. Diese Prozedur bezeichnet man als *Matching*. Man erhält die Matching-Bedingung indem man irgendeine Green-Funktion in der vollen und in der effektiven Theorie berechnet und vergleicht. Am einfachsten erfolgt dies über die Vakuumpolarisation. Auf diese Weise erhält man die Kopplungskonstante der effektiven Theorie als Reihe in Potenzen der Kopplung der vollen Theorie. Die Koeffizienten hängen dabei von $\ln(M/\mu)$ ab. Um mit wenigen Termen ein sinnvolles Ergebnis zu erhalten, wählt man für das Matching einen Punkt in der Nähe der Schwelle der schweren Teilchen, $\mu \simeq M$. Die Ergebnisse sollten nicht von der exakten Wahl von μ abhängen. Wir hatten (Gl. (20.7))

$$\widehat{\Pi}(0) = -\frac{\alpha}{\pi}\frac{1}{3} n_h \ln\frac{M^2}{\mu^2} + \left(\frac{\alpha}{\pi}\right)^2 n_h \left(\frac{1}{4}\ln\frac{M^2}{\mu^2} + H\right) .$$

Damit wird

$$\begin{aligned}
\alpha^{\text{eff}}(\tilde{\mu}) &= \frac{\alpha(\tilde{\mu})}{1+\widehat{\Pi}(0)} \\
&= \alpha(\tilde{\mu}) n_h \left[1 - \frac{\alpha}{\pi}\frac{1}{3}\ln\frac{M^2}{\tilde{\mu}^2} + \left(\frac{\alpha}{\pi}\right)^2 \left(\frac{1}{4}\ln\frac{M^2}{\tilde{\mu}^2} + H\right)\right]^{-1} \\
&= \alpha(\tilde{\mu}) n_h \left[1 + \frac{\alpha(\tilde{\mu})}{\pi}\frac{1}{3}\ln\frac{M^2(\tilde{\mu})}{\tilde{\mu}^2}\right. \\
&\quad \left. + \left(\frac{\alpha(\tilde{\mu})}{\pi}\right)^2 \left(-\frac{1}{4}\ln\frac{M^2(\tilde{\mu})}{\tilde{\mu}^2} + H + \frac{1}{9}\left(\ln\frac{M^2}{\tilde{\mu}^2}\right)^2\right) + \mathcal{O}\left(\frac{\alpha(\tilde{\mu})}{4\pi}\right)^3\right] . \qquad (20.12)
\end{aligned}$$

Dabei ist $\tilde{\mu}$ der Matching-Punkt. Dieses Ergebnis ist unabhängig von $\tilde{\mu}$. Die Lösung der RGG für die Fermionmasse war in erster Ordnung

$$\begin{aligned}
M^2(\mu) &= M^2(\mu_0)\left(1 + \alpha(\mu_0)\beta_0 \ln\frac{\mu^2}{\mu_0^2}\right)^{-4\gamma_M^{(0)}/\beta_0} \\
&\simeq M^2(\mu_0)\left(1 - 4\alpha(\mu_0)\gamma_M^{(0)} \ln\frac{\mu^2}{\mu_0^2}\right) + \cdots \qquad (20.13)
\end{aligned}$$

wo μ_0 die Referenzskala ist. Das Ergebnis ist unabhängig von β_0 und damit unabhängig von n_T, solange $\alpha(\mu_0)\beta_0 \ln\frac{\mu^2}{\mu_0^2} \ll 1$ ist.

Wir können das Ergebnis Gl. (20.13) verwenden, um die Matching-Bedingung zu vereinfachen. Dazu führen wir eine Masse M ein, die definiert ist als die laufende $\overline{MS}$-Masse bei ihrem eigenen Wert

$$M = M(M) .$$

In der Praxis geht man meist von der Niederenergie-Kopplung aus und extrapoliert zu höheren Energien. Man benötigt dann $\alpha(\tilde{\mu})$ als Funktion von $\alpha^{\text{eff}}(\tilde{\mu})$, d. h. man muss obige Reihe invertieren. Rechnerisches Detail:

Eine Potenzreihe $y(x)$, die gegeben ist durch

$$y = \sum_n t_n x^n \quad \text{mit} \quad t_1 = 1 , \quad t_2 = \frac{4}{3}L , \quad t_3 = \frac{16}{9}L^2 - 4L - k$$

$$y = \frac{\alpha^{\text{eff}}(\tilde{\mu})}{4\pi} , \quad x = \frac{\alpha(\tilde{\mu})}{4\pi} , \quad L = \ln\frac{M^2(\tilde{\mu})}{\tilde{\mu}^2} ,$$

wird invertiert,

$$x(y) = \sum_n A_n y^n ,$$

indem die Koeffizienten A_i so bestimmt werden, dass $y(x(y)) = y$. Das Ergebnis bis zur dritten Ordnung lautet

$$\begin{aligned}
A_1 &= \frac{1}{t_1} = 1 \\
A_2 &= -\frac{t_2}{t_1^3} = -\frac{4}{3}L \\
A_3 &= \frac{1}{t_1^5}\left(2t_2^2 - t_1 t_3\right) = \frac{32}{9}L^2 - \left(\frac{16}{9}L^2 - 4L - k\right) .
\end{aligned}$$

Für die Feinstrukturkonstante erhält man damit

$$\alpha(\tilde{\mu}) = \alpha^{\text{eff}}(\tilde{\mu}) \left\{ 1 - \frac{\alpha^{\text{eff}}(\tilde{\mu})}{4\pi} \frac{4}{3} \ln \frac{M^2(\tilde{\mu})}{\tilde{\mu}^2} + \left(\frac{\alpha^{\text{eff}}(\tilde{\mu})}{4\pi}\right)^2 \left(-\frac{32}{9} \ln^2 \frac{M^2(\tilde{\mu}^2)}{\tilde{\mu}^2} + 4 \ln \frac{M^2(\tilde{\mu}^2)}{\tilde{\mu}^2} + H \right) \right\} + \mathcal{O}\left(\frac{\alpha(\tilde{\mu})}{4\pi}\right)^3 . \tag{20.14}$$

Hier ist $\tilde{\mu}$ die Skala bei der das Matching erfolgt. Die Gleichung gilt für beliebige $\tilde{\mu}$, solange $\tilde{\mu}$ sich nicht zu stark von M unterscheidet.

Wir wollen die Anwendung dieser Formel für das System $e^\pm, \mu^\pm, \tau^\pm$ demonstrieren. Wir beginnen mit einer Skala unterhalb von $M_{\mu^\pm}$, wo wir die Feinstrukturkonstante kennen. Deren Wert sei α_1. Dabei ist zu bedenken, dass die Matching-Formel im $\overline{MS}$-Schema gilt. Man kann entweder $\alpha_1 = \alpha_{\overline{MS}}$ im Zwischenbereich $m^2 \ll q^2 \ll M^2$ messen oder die *effektive Ladung* im On-Shell-Schema

$$\alpha_{\text{eff}}^{\text{OS}}(q^2) = \frac{\alpha}{1 - \frac{\alpha}{3\pi} \ln \frac{-q^{22}}{\zeta m^2}} \quad \text{mit} \quad \zeta = e^{\frac{5}{3}} \quad \text{(s. Kapitel 14)}$$

verwenden und dann $\alpha_{\text{eff}}^{\text{OS}}(q^2)$ perturbativ in $\alpha_1 = \alpha_{\overline{MS}}(q^2)$ umrechnen. Wir verwenden dann Gl. (20.14) mit $\tilde{\mu} = M_{\mu^\pm}$ und bestimmen $\alpha_2(M_{\mu^\pm})$ ausgedrückt durch $\alpha_1(M_{\mu^\pm})$. Dann lassen wir α_2 von $\mu = M_{\mu^\pm}$ mittels Gl. (20.1) und der Betafunktion für zwei Fermionen bis zu $\mu = M_{\tau^\pm}$ laufen. Wir wenden wieder die Matching-Bedingung Gl. (20.14) mit $\tilde{\mu} = M_{\tau^\pm}$ an und erhalten $\alpha_3(\tilde{\mu} = M_{\tau^\pm})$. Um bis zur Skala des Z-Bosons zu extrapolieren würden wir α_3 mit Hilfe von Gl. (20.1) und der Betafunktion für drei Fermionen bis $\tilde{\mu} = M_Z = 91.2$ GeV extrapolieren. Die Situation ist natürlich komplizierter, da auch Quarks elektromagnetisch wechselwirken. Werden alle Beiträge berücksichtigt dann erhält man $\alpha(M_Z) = 1/128$ statt der $1/137$ bei $q^2 = 0$.

20.5 Skalenverhalten der effektiven Felder und Parameter

Wenn L_{eff} korrekt ist, dann müssen Felder und Parameter nach den entkoppelten RGG skalieren, die man aus der Renormierung der effektiven leichten Graphen erhält. Wenn man das beweisen will, muss man von den Parametern der vollen Theorie

$$\beta,\ \gamma_M,\ \gamma_3,\ \delta$$

ausgehen, da wir nur diese kennen. Die effektive Ladung war in führender Ordnung der Logarithmen

$$\begin{aligned}a_{\text{eff}}(\mu) = a(\mu)n_h \Bigg[1 + a(\mu)\frac{1}{3}\ln\frac{M^2(\mu)}{\tilde{\mu}^2} \\ + a^2(\mu)\left(-\frac{1}{4}\ln\frac{M^2(\mu)}{\mu^2} + \frac{1}{9}\left(\ln\frac{M^2}{\mu^2}\right)^2\right)\Bigg] ,\end{aligned} \tag{20.15}$$

mit $a \equiv \frac{\alpha(\mu)}{\pi} = \frac{e^2}{4\pi^2}$. Wenn die schweren Fermionen entkoppeln, dann muss in der effektiven Theorie die Kopplung die Differentialgleichung des $\overline{MS}$-Schemas,

$$\begin{aligned}\mu^2\frac{da_{\text{eff}}}{d\mu^2} = \beta_{\text{eff}}(a_{\text{eff}}) \quad \text{mit} \quad a_{\text{eff}} \equiv \frac{\alpha_{\text{eff}}(\mu)}{\pi} = \frac{e^2_{\text{eff}}}{4\pi^2} \\ \text{mit} \quad \beta_{\text{eff}} = \frac{1}{3}n_l a_{\text{eff}} + \frac{1}{4}n_l a^2_{\text{eff}}\end{aligned}$$

erfüllen. Das ist aber nicht offensichtlich, da wir nur das Skalierungsverhalten der vollen Theorie kennen. Im Gegensatz zur vollen Theorie hängt a_{eff} jetzt auch von M ab, $a_{\text{eff}} = a_{\text{eff}}(a, M, \mu)$. Da wir die Skalierung der vollen Theorie kennen, betrachten wir die Skalierung von a_{eff} bzgl. der vollen Theorie. Dann lautet die RGG für a_{eff}

$$\begin{aligned}\frac{da_{\text{eff}}}{d\ln\mu^2} &= \left(\frac{\partial}{\partial\ln\mu^2} + \frac{\partial\ln a}{\partial\ln\mu^2}\frac{\partial}{\partial\ln a} + \frac{d\ln M^2}{d\ln\mu^2}\frac{\partial}{\partial\ln M^2}\right)a_{\text{eff}} \\ &= \left(\frac{\partial}{\partial\ln\mu^2} + \beta(a)\frac{\partial}{\partial\ln a} + 2\gamma_M\frac{\partial}{\partial\ln M^2}\right)a_{\text{eff}} ,\end{aligned} \tag{20.16}$$

mit

$$\begin{aligned}\beta(a) &= \frac{\partial\ln a}{\partial\ln\mu^2} = n_T\left(\frac{1}{3}a + \frac{1}{4}a^2\right) \\ \gamma_M &= \frac{d\ln M}{d\ln\mu^2} = -\frac{3}{4}a , \quad \frac{d\ln M^2}{d\ln\mu^2} = 2\gamma_M = -\frac{3}{2} .\end{aligned}$$

Der Zusammenhang zwischen a_{eff} und a der vollen Theorie war durch die Matching-Gleichung (20.12) gegeben. In führender Ordnung lautet diese

$$\begin{aligned}a_{\text{eff}}(\mu) = a(\mu)\Bigg[1 + a(\mu)n_h\frac{1}{3}\ln\frac{M^2(\mu)}{\mu^2} - a^2(\mu)n_h\frac{1}{4}\ln\frac{M^2(\mu)}{\mu^2} \\ + a^2(\mu)n_h^2\frac{1}{9}\left(\ln\frac{M^2}{\mu^2}\right)^2\Bigg] .\end{aligned}$$

Wir berechnen damit die einzelnen Terme der rechten Seite von Gl. (20.16)

$$\begin{aligned}\frac{\partial a_{\text{eff}}}{\partial \ln \mu^2} &= -a^2\frac{1}{3}n_h + a^3\frac{1}{4}n_h + 2a^3\frac{1}{9}n_h^2 \ln\frac{M^2}{\mu^2}\\ \beta(a)a\frac{\partial a_{\text{eff}}}{\partial a} &= n_T\left(\frac{1}{3}a^2 + \frac{1}{4}a^3\right) + 2a^3 n_h n_T \frac{1}{9}\ln\frac{M^2(\mu)}{\mu^2} + \mathcal{O}(a^4)\\ 2\gamma_M\frac{\partial a_{\text{eff}}}{\partial \ln M^2} &= -\frac{1}{2}n_h a^3 + \mathcal{O}(a^4)\,.\end{aligned} \tag{20.17}$$

Fassen wir die einzelnen Terme zusammen, so wird Gl. (20.16)

$$\mu^2\frac{d}{d\mu^2}a_{\text{eff}} = \frac{1}{3}n_l a^2 + \frac{1}{4}n_l a^3 + \frac{2}{9}a^3 n_h n_l \ln\frac{M^2}{\mu^2}\,. \tag{20.18}$$

Da im letzten Term die Zahl der schweren Fermionen n_h auftritt, scheint dieser die Entkopplung zu verletzen. Man muss aber in Gl. (20.18) alles durch a_{eff} ausdrücken, d. h. wir invertieren

$$a_{\text{eff}} = a(\mu)\left[1 + a(\mu)n_h\frac{1}{3}\ln\frac{M^2(\mu)}{\mu^2}\right]$$

mit dem Ergebnis

$$a^2 = a_{\text{eff}}^2\left[1 - a_{\text{eff}}\frac{2}{3}n_h \ln\frac{M^2}{\mu^2}\right] + \mathcal{O}(e_{\text{eff}}^5)\,.$$

Dann sehen wir, dass sich der störende Term $\propto n_h n_l$ weghebt! Wir erhalten aus Gl. (20.18) die RGG der effektiven Niederenergie-Theorie,

$$\mu^2\frac{da_{\text{eff}}}{d\mu^2} = a_{\text{eff}}\beta_{\text{eff}}(a_{\text{eff}}) \quad \text{mit} \quad \beta_{\text{eff}} = a\frac{1}{3}n_l + a^2\frac{1}{4}n_l\,.$$

Auf die gleiche Weise kann man das Skalenverhalten des effektiven Eichparameters

$$\xi_{\text{eff}} = (1 + \widehat{\Pi}(0))\xi$$

mit

$$\xi_{\text{eff}} = \xi_{\text{eff}}(e, M, \mu, a)$$

bestimen mit dem Ergebnis

$$\mu^2\frac{d}{d\mu^2}\xi_{\text{eff}} = \gamma_3^{\text{eff}}(a_{\text{eff}})$$

wo γ_3 die anomale Dimension des Photonfeldes ist,

$$\gamma_3^{\text{eff}}(a_{\text{eff}}) = -\beta_{\text{eff}} = -\left(a_{\text{eff}}\frac{1}{3}n_l + a_{\text{eff}}^2\frac{1}{4}n_l\right)$$

Alle effektiven Parameter erfüllen also die RGG der effektiven Theorie. Wir haben damit gezeigt, dass die effektive Lagrangefunktion Gl. (20.11) eine konsistente Approximation für die QED bei niedrigen Energien darstellt.

Qualitativ ist zu erwarten, dass die Beschreibung physikalischer Phänomene davon abhängt, bei welchen Energieskalen bzw. Abständen wir diese beobachten. Es ist die Renormierunsgruppe, die es erlaubt, diese Erwartungen quantitativ zu erfassen. Die ganze historische Entwicklung der Physik beruht darauf, dass die Physik bei großen Energieskalen von der Physik bei niedrigen Skalen entkoppelt. Newton konnte seine Gleichungen finden, ohne etwas von der Quantenmechanik zu wissen oder zu ahnen und Schrödinger konnte seine Gleichung entdecken ohne etwas von der Quantenfeldtheorie zu kennen. Die Renormierungsgruppe der Quantenfeldtheorie zeigt explizit, wie man beim Übergang von ultravioletten zu infraroten Energieskalen eine effektive Theorie erhält, bei der die UV-Freiheitsgrade nicht mehr auftreten, d. h. entkoppeln.

Literatur

Es existiert eine Reihe von ausgezeichneten umfangreichen Lehrbüchern, die die Quantenelektrodynamik und Quantenfeldtheorie behandeln. Eine kleine persönliche Auswahl von Büchern, die zur Vertiefung der hier angesprochenen Themen dienen können und auf die teilweise verwiesen wird, ist:

J. D. Bjorken und S. D. Drell, Relativistische Quantenmechanik, Relativistische Quantenfeldtheorie, Spektrum Akademischer Verlag, 1967.

C. Itzykson und J.-B. Zuber, Quantum Field Theory, McGraw-Hill, 1980.

M. E. Peskin und D. V. Schroeder, An Introduction to Quantum Field Theory, Addison-Wesley, 1995.

M. Böhm, A. Denner und H. Joos, Gauge Theories of the Strong and Elektroweak Interactions, Teubner, 2001.

G. Köpp und F. Krüger, Einführung in die Quantenelektrodynamik, Teubner Studienbücher, 1997.

L. H. Ryder, Quantum Field Theory, Cammbridge University Press, 1985.

https://doi.org/10.1515/9783110488593-021

Stichwortverzeichnis

https://doi.org/10.1515/9783110488593-022

www.ingramcontent.com/pod-product-compliance
Lightning Source LLC
Chambersburg PA
CBHW061400210326
41598CB00035B/6043
* 9 7 8 3 1 1 0 4 8 8 5 8 6 *